DEVORADORAS DE LUZ

Zoë Schlanger

Devoradoras de luz

Como a inteligência das plantas nos oferece uma nova compreensão sobre a vida na Terra

TRADUÇÃO
Débora Landsberg

Grafia atualizada segundo o Acordo Ortográfico da Língua Portuguesa de 1990, que entrou em vigor no Brasil em 2009.

Título original
The Light Eaters: How the Unseen World of Plant Intelligence Offers a New Understanding of Life on Earth

Capa
Cristina Gu

Foto de capa
Polina Washington

Preparação
Diogo Henriques

Índice remissivo
Probo Poletti

Revisão
Angela das Neves
Jane Pessoa

Dados Internacionais de Catalogação na Publicação (CIP)
(Câmara Brasileira do Livro, SP, Brasil)

Schlanger, Zoë
Devoradoras de luz : Como a inteligência das plantas nos oferece uma nova compreensão sobre a vida na Terra / Zoë Schlanger ; tradução Débora Landsberg. — 1ª ed. — Rio de Janeiro : Objetiva, 2024.

Título original : The Light Eaters : How the Unseen World of Plant Intelligence Offers a New Understanding of Life on Earth.
ISBN 978-85-390-0840-7

1. Plantas – Aspectos psicológicos 2. Plantas – Fisiologia I. Título.

24-219931 CDD-571.2

Índice para catálogo sistemático:
1. Fisiologia vegetal : Biologia 571.2

Cibele Maria Dias – Bibliotecária – CRB-8/9427

EDITORA SCHWARCZ S.A.
Praça Floriano, 19, sala 3001 — Cinelândia
20031-050 — Rio de Janeiro — RJ
Telefone: (21) 3993-7510
www.companhiadasletras.com.br
www.blogdacompanhia.com.br
facebook.com/editoraobjetiva
instagram.com/editora_objetiva
x.com/edobjetiva

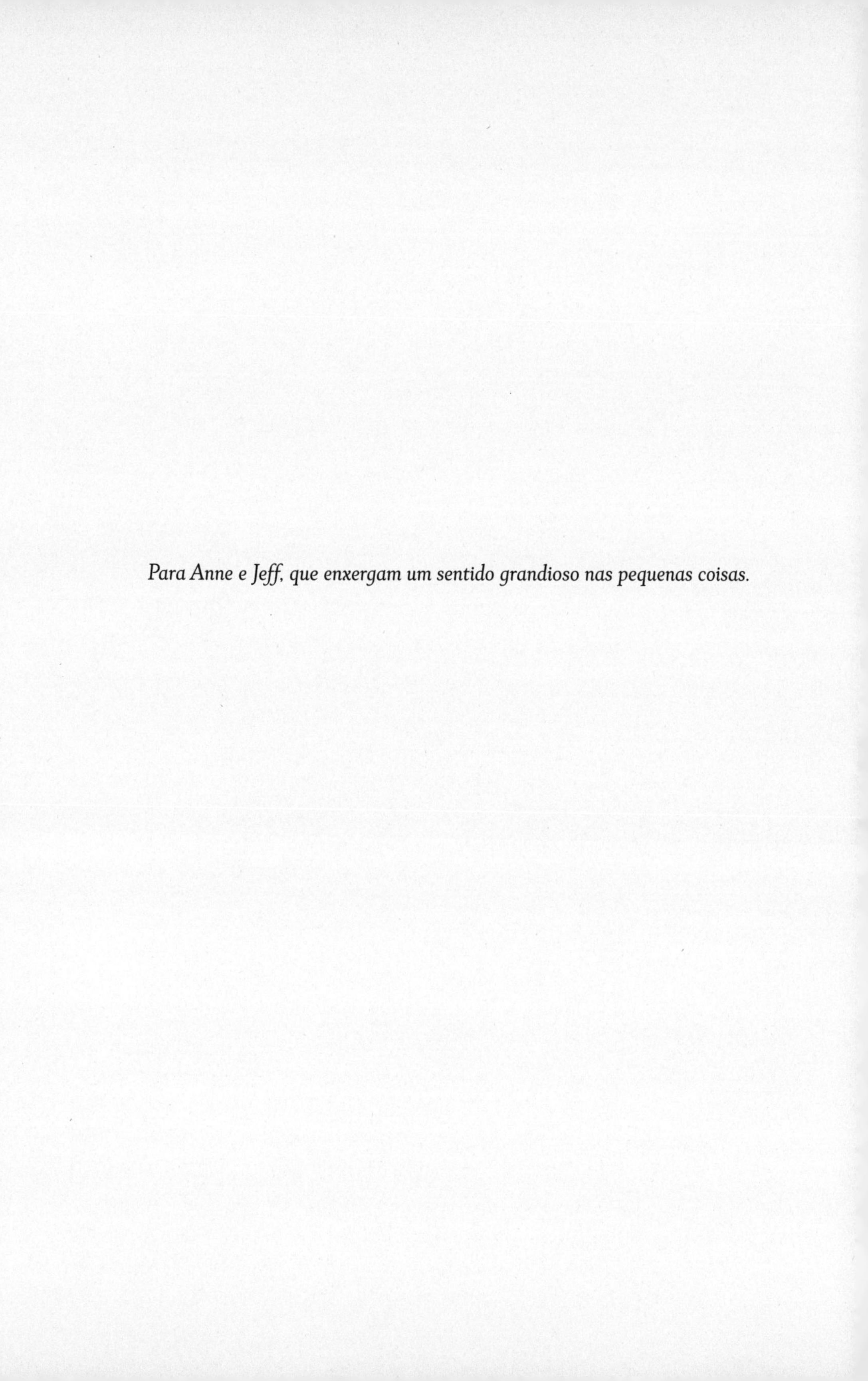

Para Anne e Jeff, que enxergam um sentido grandioso nas pequenas coisas.

Elas são capazes de comer luz, isso não basta?

Timothy Plowman, etnobotânico

Sumário

Prólogo

Caminho por uma trilha quase apagada. Montinhos compactos de musgo ondulam ao meu redor. Ergo os olhos e me espanto com os pilares de madeira úmida e lamacenta. A terra debaixo dos meus pés está molhada, cede um pouco. Uma placa no percurso avisa que devo ficar alerta à presença de alces agressivos na área. Não vejo alce nenhum, continuo a caminhada. Penachos emergem, samambaias com seus brotos enroladinhos, do tamanho do punho de um bebê, cobertos de fios de veludo avermelhado, o inesperado antecessor das frondes curvas que jorrarão sobre eles feito as plumas de um pavão. O musgo pende como dedos compridos dos galhos suspensos. Fungos se voltam para o céu numa árvore caída. Tudo parece se esticar para cima, para baixo e para os lados ao mesmo tempo.

Eu me intrometo nisso tudo, mas ninguém repara. As coisas aqui estão tão absortas nas próprias vidas que sou como uma formiga que discretamente atravessa uma esponja. Os liquens que sobem à base das árvores erguem as beiradas de seus corpos redondos, apanhando gotículas ao receberem um novo dia e uma nova oportunidade de crescer.

Estou na Hoh Rain Forest, no estado de Washington, e por todos os cantos há uma sensação de segredo. E existe um bom motivo para isso. A ciência sabe muito sobre o que está acontecendo neste lugar do ponto de vista biológico, mas o número de coisas que ela até agora não consegue explicar é ainda maior. À minha volta existem sistemas adaptativos complexos. Cada criatura se desdobra em níveis de inter-relacionamento com as criaturas ao seu redor, gerando um efeito cascata que vai da maior à menor escala. As plantas com o solo, o solo com seus micróbios, os micróbios com as plantas, as plantas com os fungos, os fungos com o solo. As plantas com os animais que as lambiscam e polinizam. As plantas entre si. Essa linda bagunça desafia qualquer tentativa de categorização.

Ao pensar nisso, lembro dos conceitos de yin e yang, a filosofia das forças opostas. Sabemos que as forças que moldam a vida estão em fluxo constante. A mariposa que poliniza a flor de uma planta é da mesma espécie que devora suas folhas quando ainda é uma lagarta. Portanto, não é do interesse da planta destruir completamente as lagartas que vão se transformar justamente nos bichinhos de que ela vai depender para espalhar seu pólen. Mas a planta tampouco aguentaria a destruição total de sua folhagem: sem as folhas, ela não pode comer luz e acaba morrendo. Assim, depois de um tempo, a planta importunada, já tendo perdido alguns ramos e demonstrado portanto um tremendo comedimento, tem o bom senso de encher suas folhas de substâncias químicas pouco apetitosas. A maioria das lagartas já vai estar nutrida o bastante para sobreviver, se metamorfosear e polinizar. Todos nessa situação ficam à beira da morte e no final das contas florescem. É o morde e assopra da interdependência e da competição. No quadro geral, por enquanto ninguém parece ter saído vencedor. Todos os participantes continuam presentes, animais, plantas, fungos, bactérias. O que temos no fim é o equilíbrio do movimento constante. Todo esse morde e assopra, toda essa união, como vim a entender, são sinais de uma fantástica criatividade biológica.

Como fazer para compreender toda essa complexidade é um problema profissional compartilhado pela ciência e pela filosofia, mas também por todos que já pararam para pensar sobre o assunto. Toda essa vida agitada se recusa a permanecer imóvel por tempo suficiente para que possamos examiná-la a fundo. A princípio, restringir nosso foco somente às plantas parece fazer sentido: o trabalho seria mais fácil, já que se trata de uma coisa só. Mas logo percebemos que se trata de uma ideia ingênua. A complexidade existe em todas as escalas.

Jornalistas da minha especialidade tendem a se concentrar na morte. Ou em seus prenúncios: doenças, desastres, decadência. É assim que os jornalistas do clima marcam o tempo à medida que a Terra passa por cada ponto de referência macabro rumo à crise prevista. Ninguém aguenta falar apenas disso. Ou talvez a minha tolerância seja baixa e tenha se esgotado depressa após anos de dedicação às secas e inundações. Nos últimos anos, comecei a me sentir entorpecida e vazia. Precisava de um pouco do oposto. Qual é, eu me perguntava, o oposto da morte? Talvez a criação. A percepção dos começos em vez dos finais. As plantas são assim, visto que estão em crescimento constante. Elas me alegraram a vida inteira, muito antes de haver estudos confirmando o que já sabíamos: o tempo que passamos em meio às plantas apazigua mais a mente do que uma longa noite de sono. Morando numa cidade apertada, quando precisava espairecer, eu andava pelo parque, sob as copas de teixos e olmos; quando estava exausta, passava um bom tempo olhando para as folhas novas que se formavam nos meus vasos de filodendros. As plantas são o símbolo da transformação criativa: estão em constante movimento, ainda que esse movimento seja lento, sondando o ar e o solo numa busca implacável por um futuro suportável.

Na cidade, elas parecem fazer morada nos lugares menos convenientes. Saltam das frestas nas calçadas gastas. Escalam as cercas de arame nos cantos dos terrenos baldios cheios de lixo. Secretamente, fiquei encantada ao observar uma árvore-do-céu — considerada uma espécie invasora no noroeste dos Estados Unidos — emergir de uma rachadura na entrada da minha casa e alcançar quase a altura de um prédio de dois andares no decorrer de uma única estação. Secretamente porque eu sabia que essa espécie era vista como diabólica em Nova York, por injetar veneno no solo de modo que impede o crescimento de qualquer outra coisa à sua volta, garantindo assim seu lugar ao sol; e encantada porque isso me parece de um brilhantismo perverso. Quando meu vizinho cortou a árvore no final da estação, entendi perfeitamente. Todo dia, porém, ao sair de casa, eu encarava o toco com admiração. Dali já brotavam novas protuberâncias verdes. Há de se respeitar uma boa luta.

Assim, achei que o assunto certo para o qual voltar minha já cansada atenção apocalíptica eram as plantas. Sem dúvida elas renovariam meu ânimo. Mas não demorei muito para descobrir que elas poderiam fazer ainda mais do que isso. Ao longo de anos de obsessão, as plantas mudaram minha forma de entender o sentido da vida e as possibilidades que ela nos oferece. Agora, ao olhar para a Hoh Rain Forest, não vejo apenas uma enorme e tranquilizante paisagem verde. Vejo uma aula sobre como atingir nosso potencial de plenitude, excepcionalidade e engenhosidade na vida.

Para começo de conversa, uma vida que cresce constantemente, mas sempre enraizada num só lugar, apresenta desafios colossais. Para enfrentá-los, as plantas precisaram bolar alguns dos métodos mais criativos de sobrevivência já elaborados pelos seres vivos, inclusive os humanos. Muitos deles são tão engenhosos que parecem quase impossíveis para uma categoria de seres que geralmente relegamos às margens de nossas vidas, à decoração que emoldura a teatralidade da existência animal. Porém, lá estão elas mesmo assim, essas inacreditáveis habilidades das plantas, desafiando nossas anêmicas expectativas. Seu estilo de vida é tão extraordinário, eu logo descobri, que ninguém sabe ainda os limites do que uma planta é capaz de fazer. Aliás, parece que ninguém sabe direito o que é uma planta.

É claro que esse é um problema do campo científico da botânica. Ou talvez seja a coisa mais empolgante a acontecer com essa área em uma geração, se você é daqueles que gostam de ver grandes mudanças naquilo que até então acreditava ser verdade. As controvérsias em um campo científico tendem a servir de presságio para algo novo, uma nova compreensão de seu objeto de estudo. Nesse caso, o objeto é a vida verde como um todo. Comecei a me interessar cada vez mais por uma ideia emergente na botânica. Quanto mais os botânicos revelavam a complexidade das formas e dos comportamentos das plantas, menos as suposições tradicionais sobre a vida desses seres pareciam se aplicar. A comunidade científica se devorava viva em meio a tantas contradições, os pontos em disputa se multiplicando na mesma velocidade que os mistérios. Mas sinto uma certa atração por essa falta de respostas objetivas, e desconfio que muita gente seja assim. Quem não sente ao mesmo tempo atração e repulsa pelo desconhecido?

Este livro trata dessas novas epifanias na botânica, e da batalha travada ao longo do caminho sobre como se dá a produção de novos conhecimentos científicos. É raro que alguém consiga ter um vislumbre de uma área em verdadeira turbulência, debatendo os princípios do que sabe, prestes a dar à luz um novo conceito de seu objeto. Também vamos ponderar uma ousada questão que vem suscitando acalorados debates em laboratórios e periódicos acadêmicos: as plantas são inteligentes? Ao que sabemos, as plantas não têm cérebro. Ainda assim, há um grupo que defende que elas devem ser consideradas inteligentes, com base nas incríveis coisas que são capazes de fazer. Detectamos inteligência em nós mesmos e em outras espécies por meio da inferência – pela observação de como algo se comporta, não pela procura de algum sinal fisiológico. Se as plantas conseguem fazer coisas que, nos animais, consideramos indícios de inteligência, diz esse grupo, então é ilógico, um absurdo preconceito zoocêntrico, não atribuir essa característica a elas. Outros vão ainda mais longe, sugerindo a possibilidade de que as plantas tenham consciência. A consciência talvez seja o fenômeno mais incompreendido nos seres humanos, que dirá em outros organismos. Mas o cérebro, afirmam os representantes dessa área, pode ser apenas uma das maneiras de se desenvolver uma mente.

Outros botânicos são mais cautelosos e não se dispõem a aplicar às plantas o que percebem como noções distintamente zoocêntricas. Afinal, as plantas são um grupo de seres vivos à parte, com uma história evolutiva que se afastou da nossa muito tempo atrás. Retratá-las segundo nossas concepções de inteligência e consciência é um desserviço à sua essência. Também conheceremos essa ala de cientistas. De qualquer forma, não conheci ninguém — nem um único botânico sequer — que não tenha ficado embasbacado com o que estão descobrindo que as plantas são capazes de fazer. Graças às novas tecnologias, nas últimas duas décadas os cientistas adquiriram poderes incríveis de observação. Suas descobertas estão reformulando o significado de "plantas" bem diante dos nossos olhos.

Independentemente do que pensemos das plantas, elas continuam a se espichar em direção ao sol. Neste momento de ruína global, as plantas são uma janela para um modo de pensar verdejante. Para que sejamos realmente parte deste mundo, para estarmos atentos à sua turbulenta vivacidade, precisamos entendê-las. As plantas espalham na atmosfera o ar que respiramos, e literalmente constroem nosso corpo com os açúcares que extraem da luz do sol. Elas produzem os ingredientes que possibilitaram a existência de nossas vidas. No entanto, não são apenas máquinas utilitárias. Elas têm uma vida própria complexa, dinâmica — uma vida social, sexual, e uma série de capacidades sensoriais sutis que em geral presumimos só existir nos animais. Além disso, elas percebem coisas que nem sequer imaginamos, e detêm um universo de informações que somos incapazes de enxergar. Entender as plantas destrava um novo horizonte de compreensão para os seres humanos: o de que dividimos o planeta com uma forma de vida que é por si só astuta, ao mesmo tempo estranha e familiar, e à qual devemos nossas vidas.

Na Hoh Rain Forest, um bordo de folhas grandes se estende acima de mim. Seu tronco é revestido de samambaias de alcaçuz, pulmonárias e selaginelas, o que dá a impressão de que a árvore está fantasiada de Grinch. Só algumas saliências da casca estão visíveis, surgindo em meio à penugem verde como uma cordilheira acima de uma mata densa, como os cumes olímpicos que atravessam as florestas de sempre-vivas a leste dali. Eu me aproximo, examino de perto. A roupa verde é um mundo dentro do mundo, as moitinhas e as frondes replicam a estrutura de uma floresta em pequena escala. Trevos-de-três-folhas e musgos-de-samambaia cobrem o solo. Me perco nesse mundo, mergulho nele. No entanto, faz muito tempo que estamos perdidos nele, alheios às suas verdadeiras maquinações. Isso me parece imprudente. Eu queria saber, por isso saí à procura.

1. A questão da consciência das plantas

O que é uma planta? É provável que você tenha alguma ideia. Talvez imagine um girassol rechonchudo com sua flor redonda e caule grosso felpudo, ou as vagens de feijão enroscadas na treliça do quintal da sua avó. Talvez, assim como eu, você esteja olhando para a jiboia que fica na janela da sua cozinha, e que você provavelmente devia regar. Uma entidade conhecida: o verde de todo dia.

É claro que você tem razão. Os seres humanos também sempre foram capazes de apontar um polvo e chamá-lo de polvo. Mas, até pouco tempo atrás, não sabíamos que os polvos sentem gosto com os braços,[1] usam ferramentas,[2] lembram-se de rostos humanos[3] e têm uma visão de mundo muito mais sensível do que a nossa; eles têm neurônios distribuídos pelo corpo que são como vários cérebros distintos em miniatura. Então o que é um polvo? Algo que vai muito além do que havíamos imaginado.

A resposta está só começando a despontar e já está causando uma revolução no nosso entendimento de um aspecto crucial da inteligência não humana: a linhagem do polvo na árvore genealógica se desviou da nossa bem no início da história da vida animal. O último ancestral que tivemos em comum provavelmente foi um platelminto que se arrastava no leito do mar há mais de 500 milhões de anos.* Até esse ponto, já tínhamos descoberto inteligência

* A título de comparação, o último ancestral que humanos e golfinhos tiveram em comum foi um mamífero que vivia em terra firme há cerca de 50 milhões de anos. O último ancestral que temos em comum com os chimpanzés existiu há apenas 6 milhões de anos.

em animais mais próximos de nós em termos evolutivos, como golfinhos, cachorros e primatas, que são primos muito mais recentes dos seres humanos. Mas agora sabemos que uma astúcia pujante pode se desenvolver de forma completamente independente da nossa. Uma mudança tectônica similar está acontecendo com as plantas, só que — por enquanto — de maneira mais discreta, nos laboratórios e nas pesquisas de campo de uma das disciplinas menos vistosas das ciências da vida. Mas o peso desse novo conhecimento ameaça explodir a caixinha em que colocamos as plantas na nossa cabeça. No final das contas, talvez ele acabe mudando a maneira como pensamos sobre a vida.

Então o que é uma planta? Eu achava que sabia a resposta. Mas isso foi antes de começar a conversar com botânicos.

Alguns anos atrás, eu era uma repórter especializada em meio ambiente que enfrentava um problema. Focava boa parte do meu trabalho em duas coisas: o avanço constante das mudanças climáticas e o impacto do ar e da água poluídos na saúde humana. Em outras palavras, eu escrevia sobre a caminhada implacável da humanidade rumo à morte. Depois de cinco ou seis anos nesse ritmo, uma sensação de pavor ameaçava me eclipsar. Minha reação foi adotar um comportamento esquisito. Eu explicava aos meus colegas o último relatório do Painel Intergovernamental sobre Mudança do Clima — aqueles que dizem que temos poucos anos para protelar a catástrofe — com uma alegria meio lúgubre, aguardando a palidez no rosto deles. Vira e mexe passava a manhã consumindo notícias sobre furacões e incêndios florestais sem precedentes e em seguida ia almoçar em meio às fofocas da redação. A compartimentalização era tão absoluta que eu já não esboçava nenhuma reação emocional ao cataclismo ambiental. As geleiras que derretiam na Groenlândia eram apenas mais uma boa história.

Foi nessa época que comecei a procurar, sem me dar conta disso, algum aspecto das ciências naturais que me parecesse vivo e maravilhoso. Eu gostava de plantas: adorava ver minha dama-da-noite escalar o caixilho da janela e três novas folhas brotarem de repente da minha fícus-lira, depois de meses sem nenhuma mudança visível. Meu apartamento era um refúgio de conflitos vegetais satisfatórios, bem melhores do que aqueles que se desenrolavam no meu computador. Então, pensei, por que não voltar meu cérebro de repórter para elas? Comecei a revirar periódicos de botânica no horário de almoço, recorrendo ao mesmo portal on-line em que buscava artigos sobre o clima, e cujo sistema permite que os jornalistas leiam as últimas pesquisas antes que elas se tornem acessíveis ao público, sob a condição de que não publiquem matérias sobre elas antes da data estipulada. Os periódicos estavam repletos de descobertas fundamentais sobre plantas: revelavam, por exemplo, as origens evolutivas da banana, e explicavam, finalmente, por que algumas flores são escorregadias (para deter formigas que roubam néctar). Eu tinha a impressão de estar espiando uma versão da ciência saída do passado: havia mesmo tantas coisas essenciais que ainda não tinham sido descobertas? Depois de duas semanas desse fascínio, descobri que o genoma completo de uma samambaia tinha sido sequenciado pela primeira vez, e que um artigo sobre o tema seria publicado em breve.[4] Eu ainda não sabia o quanto isso era incrível — as samambaias, que são extremamente arcaicas, podem ter até 720 pares de cromossomos, enquanto os seres humanos têm apenas 23, o que explicava por que a revolução genômica havia levado tanto tempo para chegar nelas.[5] Fiquei pasma com a imagem da samambaia que acompanhava o artigo científico embargado. Era a fotografia de uma planta pequena, fatiada, em cima da unha do polegar de um pesquisador. Uma azola. Ela era tão verde que sua luz parecia vir de dentro para fora. Fiquei apaixonada.

A *Azolla filiculoides*, ou, para abreviar, apenas azola, é uma das menores samambaias do mundo, e cresce na água há milênios. Como geralmente acontece quando se trata de plantas, é uma bobagem pensar que tamanho é sinal de complexidade. Há cerca de 50 milhões de anos, quando a Terra era um lugar muito mais quente, a azola começou a crescer no oceano Ártico, formando enormes lençóis de samambaias. Durante os milhões de anos seguintes, elas absorveram tanto CO_2 que os paleobotânicos acreditam que elas cumpriram um papel fundamental no resfriamento do planeta, e alguns pesquisadores investigam se poderiam repetir o feito.

A azola também tem outra habilidade miraculosa: cerca de 100 milhões de anos atrás, ela desenvolveu um bolso específico no corpo para abrigar um pacotinho de cianobactérias fixadoras de nitrogênio. Quase 80% do ar que nos rodeia é composto de nitrogênio, e todos os organismos, inclusive o nosso, precisam que ele fabrique ácidos nucleicos, os tijolinhos que constroem todas as vidas. Mas, em sua forma atmosférica, ele está completamente fora do nosso alcance. Há muito nitrogênio, nitrogênio por todos os lados, e nem uma única molécula sequer que possamos usar. Numa reviravolta aviltante, as plantas dependem inteiramente de bactérias capazes de recombinar nitrogênio em formatos que a planta – e todos nós, que obtemos nosso nitrogênio delas – seja capaz de utilizar. E assim a azola se transformou em um hotel para essas bactérias. A minúscula samambaia fornece às cianobactérias os açúcares de que elas precisam, e estas se ocupam da transformação do nitrogênio. Esse fato não passou despercebido aos agricultores da China e do Vietnã, que há séculos trituram azola para jogar nas plantações de arroz.[6]

Fui atrás de guias e fatos curiosos sobre as samambaias. Fiquei admirada com minha própria avidez, poucas vezes na vida despertada nesse nível. Meu encanto chegou a tal ponto que tatuei uma pequena azola no braço esquerdo. Jornalistas são famosos pelo generalismo: eles se interessam e mergulham em um assunto por um breve período e logo depois o deixam de lado. Mas eu pensei que aquela devia ser a sensação de ser *arrebatada* por um tema. De repente eu tinha um monte de perguntas sobre esse grupo de plantas tão comum, que parecia ter brotado sem alarde. Essas plantas mudaram o mundo. O que mais eu ainda não sabia?

Como parte de minha pesquisa, comprei e devorei o *Diário de Oaxaca*, um volume fino com as observações que Oliver Sacks fez durante uma excursão ao sul do México para ver samambaias, em um ônibus cheio de dedicados pteridologistas amadores, todos da divisão nova-iorquina da Sociedade Americana de Samambaias. Um dos guias da excursão era Robbin C. Moran, que aos 44 anos era o curador de samambaias do Jardim Botânico de Nova York. Foi ele quem levou todo mundo para o estado de Oaxaca. A certa altura, depois de alguns dias de visitas a vilarejos e paisagens, maravilhado com as hortaliças e frutas dos mercados e as tinas de corante de cochonilha, além de diversos tipos de hepáticas e samambaias, Sacks vive um momento que só pode ser descrito como de arrebatamento. O sol da tarde se põe, forte e oblíquo, sobre os pés altos de milho. Um cavalheiro mais idoso, botânico e especialista na agricultura de Oaxaca, está parado ao lado do milharal. Sacks fala desse momento formidável – uma brevíssima centelha – com meia frase, que imediatamente me soa genuína:

> [...] o milho alto, o sol forte, o velho tornam-se unos. É um daqueles momentos, indescritíveis, em que impera uma sensação de intensa realidade, tão realista

> que é quase sobrenatural – e então descemos a trilha até o portão, embarcamos no ônibus, todos numa espécie de transe, como quem teve uma súbita visão do sagrado, mas agora está de volta ao mundo secular, ao cotidiano.[7]

A experiência de lampejos de eternidade, de realidade, de estrutura, é um fio que conecta toda a literatura naturalista. Eu não era a única que tinha sido arrebatada desse jeito. Em *Pilgrim on Tinker Creek* [Peregrina no Tinker Creek], a escritora Annie Dillard vive um momento parecido diante de uma árvore, vendo a luz se derramar em meio aos galhos. Uma visão da realidade. Assim que se dá conta de que a testemunha, a visão some, mas o que permanece é a consciência de uma atenção plena que pode ser acessada aos fragmentos e que talvez seja uma observação mais direta do mundo do que aquela que fazemos no dia a dia.

À medida que, depois do horário de trabalho e de manhã cedo, eu lia mais livros sobre plantas e naturalistas arrebatados, eu notava mais momentos como esses espalhados por toda parte. Em *A invenção da natureza*, a biografia que Andrea Wulf escreveu sobre Alexander von Humboldt, o famoso naturalista do século XIX, descobri que ele também teve momentos desse tipo. Humboldt se perguntava em voz alta por que estar ao ar livre lhe evocava algo existencial e verdadeiro. "A natureza que existe por todos os lados fala ao homem em uma voz familiar à sua alma", ele escreveu; "tudo é interação e reciprocidade", e portanto a natureza "transmite uma impressão do todo". Humboldt apresentaria à intelectualidade europeia o conceito de planeta como um todo vivo, com sistemas climáticos e padrões biológicos e geológicos entrelaçados, formando uma "trama complexa, semelhante a uma rede". Esse foi o primeiro vislumbre que a ciência ocidental teve de um pensamento ecológico, em que o mundo natural se torna uma série de comunidades bióticas que geram consequências umas para as outras.

A leitura de artigos sobre botânica me dava um pouquinho dessa sensação, vislumbres de um tipo de totalidade que eu ainda não conseguia traduzir em palavras. Eu tinha a impressão de que descobria lacunas abissais no meu conhecimento. Quanto tempo tinha passado rodeada de plantas, mas sem saber quase nada sobre elas? Eu sentia que uma cortina se abria pouco a pouco, revelando um universo paralelo. Agora eu já sabia que ele existia, mas não ainda o que guardava.

Então, me matriculei em um curso sobre a ciência das samambaias no Jardim Botânico de Nova York, ministrado por ninguém mais ninguém menos do que o mesmo Moran da excursão de Sacks, não mais com 44 anos, mas ainda jovial. (Com o tempo, eu descobriria que o mundo da botânica conta com um elenco de personagens recorrentes com histórias que se conectam, algumas delas com narrativas amistosas, outras não.) Aprendemos a identificar samambaias e a sua estrutura básica, e sobre as espécies mais idiossincráticas do grupo: a samambaia-da-ressurreição cresce em ramos de carvalho e pode se desidratar quase completamente em épocas de seca, se encolhendo e parecendo tostada, morta. Ela pode permanecer ressecada por mais de um século e depois se reidratar por completo. Samambaias de árvores podem alcançar mais de vinte metros de altura, e outras, como a pequena azola, são minúsculas fábricas de fertilizantes. E existe também a samambaia-de-metro, que provoca hemorragias internas letais nas vacas que têm a audácia de comê-las. "É uma samambaia muito cruel", disse Moran.

Descobri que em termos evolutivos as samambaias são muito, muito mais antigas do que as plantas floríferas. Elas surgiram antes de a evolução sequer sonhar com o conceito de sementes: as samambaias se reproduzem sem elas. Dias depois, durante um almoço que passei lendo sobre as samambaias, já perdida numa verdadeira obsessão, descobri que durante séculos a inexistência de sementes deixou os europeus encafifados. Todas as plantas tinham sementes: tratava-se de um elemento-chave para a reprodução sexual, ou assim pensavam os medievais. Como eles não conseguiam achar as sementes da samambaia, a lógica contemporânea lhes dizia que elas deviam ser invisíveis. E como uma outra tese predominante na época sugeria que as características físicas das plantas davam pistas sobre a utilidade que teriam, as pessoas acreditavam que encontrar essas sementes invisíveis daria aos seres humanos o poder da invisibilidade.

O sexo das samambaias se revelou bem mais esquisito do que se imaginava. Para começar, elas se reproduzem a partir de esporos, não de sementes. Mas existe uma pegadinha: elas têm um espermatozoide nadador. Antes de crescerem e virarem as frondes folhosas que conhecemos, elas têm uma outra vida como samambaias gametófitas, plantinhas com lóbulos de somente uma célula compacta — que nem de longe reconheceríamos como a samambaia que ela se torna mais tarde. Elas nos passariam despercebidas no chão de uma floresta.

O gametófito macho solta o espermatozoide que nada na água acumulada no chão depois de uma chuva e procura óvulos de uma samambaia gametófita fêmea para fertilizar. O espermatozoide de samambaia parece uma rolha minúscula e é um atleta de resistência – consegue nadar por até sessenta minutos. Pode-se vê-lo serpentear sob a lente de um microscópio.

Mas o espermatozoide não é a coisa mais incrível da reprodução das samambaias. Em 2018, quando minha paixão começou, estavam surgindo pesquisas indicando que as samambaias competiam entre si emitindo um hormônio capaz de fazer o espermatozoide de espécies vizinhas de samambaias desacelerar. Quando o espermatozoide fica mais lento, menos exemplares da espécie sobrevivem, e assim a samambaia sabotadora pode desfrutar de uma quantidade maior de um recurso escasso, seja a água, o sol ou a terra.

Os cientistas estavam apenas começando a entender esse fato. "É uma grande novidade", disse-me ao telefone Eric Schuettpelz, botânico pesquisador do Museu Nacional de História Natural Smithsonian, em Washington, DC. O espermatozoide sabotador era obviamente a vanguarda da ciência das samambaias. "Sabemos que é o hormônio da planta, mas não temos ideia de como o processo funciona", ele disse. Como a samambaia sabia estar perto de uma samambaia rival? De que forma cronometrava seu lançamento malevolente? Um pesquisador de samambaias da Universidade Colgate tinha apresentado um artigo inicial sobre o fenômeno em uma conferência de botânica naquele mesmo mês.

Parei um instante para assimilar os fatos: à distância, uma samambaia consegue atrapalhar o espermatozoide de outra samambaia. Era uma atividade vegetal mordaz. Comecei a entender do que Moran estava falando. Isso também me parecia de um brilhantismo incrível. O que mais as plantas eram capazes de fazer?

Com essa pergunta na cabeça comecei a voltar minha lente recém-descoberta para uma área relativamente nova da botânica: a área comportamental. Percebi que as publicações de pesquisas emergentes estavam repletas de artigos sobre o comportamento das plantas. Essa era uma nova barreira mental que eu precisava transpor; o fato de que as plantas podiam ter um comportamento ainda era uma possibilidade encantadora para mim. Mas vários artigos que encontrei levavam os limites mais extremos desse conceito ainda mais longe, sugerindo que talvez as plantas tivessem inteligência. Fiquei curiosa e cética.

Não fui a única. Ao que consta, a sugestão da inteligência vegetal desencadeou uma guerra desenfreada.

Deparei-me com esse cantinho do mundo científico num momento bastante empolgante. Na última década e meia, o renascimento das pesquisas sobre o comportamento das plantas gerou inúmeras novas constatações na botânica, mais de quarenta anos depois que um best-seller irresponsável quase erradicou esse campo. *A vida secreta das plantas*, publicado em 1973, despertou a imaginação do público em escala global. Escrito por Peter Tompkins e Christopher Bird, o livro era uma mistura de ciência de verdade com experimentos superficiais e projeções não científicas. Em um dos capítulos, Tompkins e Bird sugerem que plantas têm sentimentos e audição — e que preferem Beethoven a rock. Em outro, um ex-agente da CIA chamado Cleve Backster acopla um polígrafo à planta que tem em casa e a imagina pegando fogo. A agulha do polígrafo dispara, num suposto sinal de que a planta estaria passando por um pico de atividade elétrica. Em seres humanos, acreditava-se que uma reação dessas denotava um auge de estresse. A planta, segundo Backster, estaria reagindo a seus pensamentos malévolos. A insinuação era de que existiria não só uma espécie de consciência nas plantas, mas também de que as plantas seriam capazes de ler mentes.

O livro fez um sucesso imediato e meteórico no mercado, algo surpreendente para uma obra sobre botânica. A Paramount lançou um filme sobre ele. Stevie Wonder fez a trilha sonora. As primeiras cópias do álbum vinham com um aroma floral. Para muitos de seus atônitos leitores, o livro oferecia uma nova maneira de enxergar as plantas, que até então pareciam ornamentais, passivas, mais próximas das pedras que dos animais. Essa nova ideia também combinava com o advento da cultura New Age, que estava pronta para assimilar a narrativa de que as plantas são tão vivas quanto nós. As pessoas começaram a conversar com suas plantas e a deixar música clássica tocando para seus vasos de fícus quando saíam de casa.

Mas tudo não passava de uma bela reunião de mitos. Muitos cientistas tentaram reproduzir as "pesquisas" mais interessantes apresentadas no livro, sempre em vão. Em 1979, o fisiologista celular e molecular Clifford Slayman e o fisiologista botânico Arthur Galston escreveram na *American Scientist* que o livro era um "corpus de alegações falaciosas e de comprovação impossível".[8] Para piorar a situação, o ex-agente da CIA, Backster, assim como Marcel

Vogel, um pesquisador da IBM que se declarava capaz de reproduzir o "efeito Backster", acreditavam que era preciso que uma pessoa criasse uma relação sentimental com a planta para que algum efeito fosse possível. Na opinião deles, isso explicava por que outros laboratórios não conseguiam reproduzir seus resultados. "A empatia entre planta e ser humano é *a chave*", disse Vogel, e "a evolução espiritual é indispensável".

De acordo com os botânicos em atividade na época, o dano que *A vida secreta das plantas* causou à área foi colossal. Os dois maiores guardiões da ciência, os financiadores e os conselhos de revisão por pares — instituições sempre conservadoras —, fecharam as portas. Nos anos seguintes, segundo vários pesquisadores com quem conversei, a Fundação Nacional da Ciência relutou em conceder bolsas a qualquer um interessado em estudar as reações das plantas ao ambiente. Qualquer proposta com um pé na investigação do comportamento das plantas era rejeitada. O dinheiro, já escasso antes, secou. Cientistas pioneiros da área mudaram de rumo ou abandonaram suas pesquisas.

Mas alguns poucos continuaram, seguindo por outras linhas de investigação enquanto esperavam a maré virar com a passagem do tempo.

Na última década e meia, ela finalmente virou, com a retomada do financiamento para algumas pesquisas sobre o comportamento das plantas, ainda que no começo a obtenção de bolsas ainda fosse complicada. Periódicos de botânica, embora geralmente editados por adversários do campo de inteligência vegetal, começaram a permitir que uns poucos artigos sobre o assunto fossem publicados. É provável que essa mudança tenha sido consequência das novas tecnologias, como o sequenciamento genético e a criação de microscópios mais modernos, que possibilitaram que conclusões outrora bizarras fossem obtidas com efetivo rigor. Ou talvez a zombaria política que se seguiu ao fiasco de *A vida secreta das plantas* já tivesse ficado para trás. Muitos dos autores não usavam palavras como "inteligência" para falar do que haviam descoberto, mas ainda assim os resultados indicavam que as plantas eram muito mais sofisticadas do que as pessoas ousavam pensar.

Nos últimos anos, conforme descobri em minhas leituras, pesquisadores encontraram indícios promissores de memória nas plantas. Outros descobriram que há muitas plantas capazes de se perceber diferentes de outras, e saber se elas são ou não suas parentes genéticas. Quando se dão conta de que estão ao lado de suas irmãs, essas plantas reorganizam suas folhas em dois dias para não lançar sombra sobre elas.[9] As raízes das ervilhas parecem ser capazes de ouvir a água passando[10] em canos fechados e crescer na direção deles, e várias plantas, entre elas o feijão-de-lima[11] e o tabaco,[12] reagem ao ataque de insetos mastigadores convocando os predadores desses insetos. (Outras – inclusive um tipo específico de tomate – excretam uma substância química que faz com que lagartas famintas parem de devorar suas folhas e passem a comer umas às outras.)[13] Artigos examinando outros comportamentos dignos de nota passaram da escassez a um fluxo bastante robusto. A botânica parecia estar às raias de algo novo. Eu queria continuar por perto, observando.

De volta à minha mesa na redação climatizada, eu saboreava esses pequenos rasgos na trama dos meus dias. Esse renascimento do estudo do comportamento das plantas cativava uma versão anterior de mim. Fui filha única até os nove anos, quando meu irmão nasceu. Um recém-nascido não tinha muita serventia para uma menina de nove anos, sobretudo uma que se acreditava uma adulta presa no corpo de uma criança. Ou seja, eu era solitária e predisposta a fantasias. Meninas assim tendem a construir mundos internos complexos que em seguida jogam sobre o mundo que as cerca como se fosse um lençol. Os adultos que não entendem esse jeito de ser tendem a chamá-lo de melodramático. Mas eu me ressentia dessa palavra, que insinuava que minha versão da realidade não era confiável. Eu tinha certeza de que enxergava as coisas à minha volta exatamente como eram. Na maioria das vezes, essas coisas eram árvores e esquilos, às vezes pedras, e eles estavam vivíssimos, alertas ao mundo. É bem sabido que as crianças são animistas inatas.

Perceber coisas que outras pessoas – isto é, adultos – pareciam não ver só exacerbou minha sensação de isolamento. Na primavera, eu observava as pontas duras do açafrão-roxo romperem a terra fria que nem pintinhos saindo do ovo. Um pica-pau-de-barriga-vermelha furava o enorme carvalho-branco que eu via da janela do meu quarto. Sempre que flagrava um bicho num ato de bichice desenfreada, eu tinha a sensação de que, escondida atrás da cortina, conseguira obter um vislumbre do seu mundo. O mundo real.

O lugar mais legal da casa onde passei a infância era uma depressão de tamanho médio no terreno, algumas centenas de metros mata adentro. Na primavera, quase um metro de água da chuva se acumulava e permanecia ali praticamente o ano inteiro, congelando em dezembro. No verão, eu checava se não havia uma aranha dentro das minhas galochas e então saía sem pressa, afundando os pés na terra, afagando o musgo esponjoso que aderia às pedras semissubmersas e saudando o repolho-gambá como se fossem meus amigos. E eles eram, de certa forma. Um casal de patos-reais também vivia no pântano, mas eu não falava com eles, que pareciam já estar muito ocupados um com o outro. As plantas, por outro lado, pareciam não ter mais o que fazer.

Não é que eu imaginasse que essas plantas fossem pequenos seres humanos sob outra forma. Não me lembro de pensar que elas me respondiam. Mas tampouco sentia que estavam mudas. Elas tinham a vidinha delas. Assim como eu. Elas eram como crianças: subestimadas.

Em *The Ecology of Imagination in Childhood* [A ecologia da imaginação na infância], a escritora e pesquisadora Edith Cobb relata as descobertas das duas décadas que passou analisando o papel da natureza nos primeiros pensamentos da criança. Ela conclui que as crianças têm uma "atitude de sistema-aberto" que possibilita certa proximidade emocional com o mundo natural. "Para a criança pequena, o eterno questionamento da natureza da realidade é em grande medida uma dialética silenciosa entre ela e o mundo", afirma Cobb, que faz referência a muitos artistas e pensadores que descrevem sua metodologia criativa basicamente como uma canalização da perspectiva que tinham quando eram crianças. Bernard Berenson, gigante da crítica de arte do século XX, diz em sua autobiografia que talvez seu momento mais feliz tenha sido na infância, quando subiu no toco de uma árvore:

> Foi numa manhã, no começo do verão. Uma bruma prateada cintilava e vibrava acima dos limoeiros. O ar estava tomado pela fragrância dessas árvores. A temperatura era uma carícia. Lembro — não preciso me esforçar para lembrar — que subi no toco de uma árvore e de repente me senti imerso na Existência. Não a chamei por esse nome. Não precisei de palavras. Eu e ela viramos uma coisa só.[14]

Quem não tem uma lembrança parecida? A "Existência" aqui é muito semelhante à sensação de "realidade" ecoada por Sacks, Dillard e Humboldt. E ao que senti na infância, agachada, observando o açafrão. Eu me pergunto o que *são* esses momentos e o que são capazes de fazer. Que espaço abrem para a reflexão.

Décadas depois de me mudar daquela casa no meio do mato, eu era uma moradora da cidade grande hermeticamente fechada dentro de um prédio comercial. A sabedoria dos meus nove anos, do mundo que existia além do teatro das pessoas, virou um nó escorregadio. Mas então fui tomada pela obsessão por samambaias, e depois pelo debate sobre a inteligência das plantas. Algo familiar tornou a pulsar silenciosamente dentro de mim.

A botânica do horário de almoço virou minha motivação diária. Nas revistas científicas, eu descobria algumas das polêmicas mais brutais com que já tinha me deparado nos meus anos como repórter. Tão comuns quanto os artigos que estudavam a inteligência das plantas eram as objeções criticando o campo emergente, via de regra por escolhas vocabulares. O termo "inteligência", quando aplicado às plantas, não caía bem para muitos botânicos. "Consciência", uma conjectura ainda mais ousada, menos ainda. Os argumentos eram bons: plantas não têm cérebro, que dirá neurônios. E as plantas enfrentavam desafios muito diferentes dos nossos. Que necessidade teriam de uma coisa ou da outra? Um artigo publicado na *Trends in Plant Science*, intitulado "Plants Neither Possess nor Require Consciousness" [Plantas não têm consciência nem precisam dela] e escrito por oito botânicos cheios de credenciais, desencadeou uma série de réplicas e tréplicas acaloradas.[15] Os autores diziam ser "extremamente improvável que plantas, desprovidas de estruturas anatômicas remotamente comparáveis à complexidade do cérebro mais básico, tenham consciência". A bem da verdade, diziam eles, tudo o que uma planta faz pode ser atribuído à "programação inata" via "informações genéticas adquiridas por meio da seleção natural e essencialmente diferentes da cognição ou do conhecimento, pelo menos na forma como esses termos são amplamente entendidos".

Os autores reconheciam a existência de "artigos excelentes" publicados por defensores da consciência das plantas nos quais não se faziam alegações efetivamente controversas – mesmo os que falavam do papel da sinalização elétrica no organismo das plantas, que, eles admitiam, seria análoga (mas não homóloga, eles tomavam o cuidado de dizer) ao sistema nervoso dos animais. A controvérsia, segundo eles, era suscitada por pesquisadores que levavam suas conclusões longe demais, que simplificavam de maneira "risível" o sentido de termos como "aprendizagem" e "sensação" em prol da plausibilidade de suas afirmações. "Por que o antropomorfismo está ressurgindo na biologia atual?", lamentavam eles.

A ciência tem seus motivos para ser uma instituição conservadora. O conservadorismo é um obstáculo crucial às informações falsas. Entretanto, esse artigo é um tanto contraproducente. A ciência de fato não tem uma definição consagrada de vida, morte, inteligência ou consciência. É claro que as palavras importam, mas as definições dessas palavras não estão estabelecidas, são elásticas. Será que as plantas não podem ter uma inteligência bem diferente da nossa? E a verdade é que o pseudossistema nervoso com sinais elétricos de que os cientistas falavam era bastante cativante.

A ciência, apesar de todos os seus pontos fortes, se limita aos tipos de questões passíveis de serem respondidas através do método científico. Pode-se argumentar que o sentido ou a definição da vida não é uma dessas questões. Relegadas às ciências, que não foram criadas para investigar questões éticas de existência ou inexistência, as plantas permanecem conceitualmente presas na frieza inanimada. E no entanto aqui estava esse bando de destemidos cientistas tentando abordar a questão mais difícil de todas, a natureza de se estar atento ao mundo: o problema complexo da consciência. E eles eram, afinal de contas, os procuradores das informações científicas passíveis de serem usadas para se chegar a uma conclusão ética sobre o lugar que cabe às plantas e sobre a forma como nos relacionamos com elas. A decisão de permitir ou não que certos experimentos fossem feitos, além de publicados, estava apenas nas mãos deles. Eu queria ouvir mais.

Era evidente que o campo contrário à inteligência das plantas queria deixar claro que as plantas não são como os animais, mas estava usando uma definição antropocêntrica de inteligência e consciência para afirmar que plantas não podiam ter nem uma coisa nem a outra. Para mim, esse argumento é arruinado por uma contradição interna: ele se volta contra si mesmo. Paco Calvo, filósofo da ciência da Universidade de Múrcia, e Anthony Trewavas, veterano bem conhecido da fisiologia das plantas que atua na Universidade de Edimburgo, concordam: "Sem dúvida é um raciocínio circular".[16]

Além disso, eu me perguntava se não haveria medo. Dava para perceber que quem argumentava contra a ideia da inteligência vegetal não queria que a narrativa escapulisse e fizesse uma entrada precoce na cultura predominante, onde poderia ser despida de complexidade e absorvida sob uma forma diluída, fantasiosa. Talvez ela fosse usada para embasar os mesmos conceitos New Age que tinham causado tantos problemas antes, com *A vida secreta das plantas*.

Até aí eu meio que entendia. A cultura popular sempre teve uma tendência excessiva de impor narrativas humanas simples a outras espécies, como vemos em praticamente todos os contos de fadas e filmes de animação. Ao mesmo tempo, eu tinha a impressão de que se tratava de uma clara desvalorização dessa nossa capacidade: a imaginação do público é elástica, eu pensava. Ela poderia muito bem ser expandida e abarcar tipos não humanos de inteligência, se a oportunidade surgisse. Sim, era uma tarefa vultosa. Criar espaço mental para imaginar inteligências realmente diferentes, sem tirar conclusões humanas fáceis, é uma missão difícil. Em sua grande maioria, as pessoas nunca foram convocadas a isso. Mas lidar com a complexidade é um exercício de expansão mental. Refrear a pesquisa científica no sentido mais amplo com base no medo de como ela seria recebida me parecia injusto com todos nós. O mundo que poderíamos ter se a complexidade não fosse contida era o mundo onde eu queria viver.

Senti que havia chegado no debate sobre a inteligência das plantas durante seu período de formação, mas na hora certa. Ainda havia muitos fios para explorar. No entanto, havia uma ciência de verdade por trás do tema, e os resultados que chegavam eram deslumbrantes demais para ser ignorados. O que estava em jogo? Repetidas vezes, eu via o debate enquadrado como uma disputa sintática. Mas eu achava que era mais uma disputa de visões de mundo. Sobre a natureza da realidade. Sobre o que as plantas eram, principalmente quando comparadas a nós.

Dizem que tentar entender uma cultura é como olhar um iceberg: há vastas profundezas invisíveis aos nossos olhos. Eu via o universo dos botânicos e sua cultura — ideias com as quais trabalhavam e a partir das quais faziam elaborações — como uma planta rizomática. De onde eu estava, imprimindo e revirando artigos, eu via os brotos. Os nomes, os conceitos. Mas pouco depois um botânico implorou que eu falasse com outro, que por sua vez me encaminhou a outro. Redes de conhecimento começaram a surgir, as muitas relações subterrâneas invisíveis entre laboratórios e periódicos. Quem confiava em quem e quem não confiava. Brotos e estolhos, brotos e estolhos.

Sempre que telefonava para um cientista, eu era lembrada de que a maioria não tem nenhum interesse em pôr as plantas a serviço da humanidade. As melhores conversas foram com pesquisadores completamente apaixonados por seus objetos de estudo, o tipo de paixão que faz uma pessoa querer discutir o assunto com todo mundo. Quando se convenciam de que eu realmente queria aprender, eles ficavam à vontade para descarregar seu entusiasmo vulcânico, e me falavam do cantinho do mundo que eles mesmos tinham acabado de desmistificar, sua própria pecinha no vasto e caótico quebra-cabeça da biologia, que haviam descoberto separando com a melhor peneira o sedimento do mundo, revirando-o nas mãos, e por meio de uma mistura de anos árduos de leituras, trabalho laboratorial e interesse obsessivo, eles entenderam que sentido aquilo tinha, qual era o lugar certo para encaixá-lo.

Eu sabia que enxergar a natureza sob esse prisma era ter apenas uma visão parcial. A natureza não é um quebra-cabeça esperando para ser montado, ou um códice à espera de ser decifrado. A natureza é caos em movimento. A vida biológica é uma difusão espiralada de possibilidades, fractal em sua profusão. Todo organismo — e é claro que toda planta — ricocheteou de outro fragmento da rede evolutiva de folhas verdes para gerar ainda mais variantes. É óbvio que todas continuam se transformando, pois esse tipo de coisa nunca termina, a não ser em caso de extinção. A multiplicidade me parecia infinita e inalcançável. Os cientistas com quem conversei sabem disso, mas mesmo assim tentavam alcançá-la. Isso me fez adorá-los ainda mais.

Comecei a descobrir o que dizer — ou, para ser mais exata, o que não dizer — para o cientista não desistir da conversa. "Sensibilidade das plantas" em geral não causava problemas, era território neutro. Já "comportamento das plantas" era arriscado, e "inteligência das plantas" era francamente perigoso. Percebi que só poderia abordar a questão da consciência depois de sobreviver ao tormento desses conceitos anteriores sem achar que desligariam na minha cara ou que eu levaria um sermão. Quando falava uma palavra que servia de gatilho, eu sentia na hora. O pesquisador adotava uma postura cautelosa, menos receptiva, sobretudo se ainda estávamos naquela dança de sondagem mútua, em que eu sabia que ainda estavam decidindo se deviam ou não falar comigo.

Mas vez por outra eu percebia o ponto fraco. Onde havia flexibilidade, onde eles claramente tinham suas próprias curiosidades quanto ao que um comportamento queria dizer ou o que podia ser considerado inteligência. Eles refletiam sobre minhas perguntas e, depois de hesitar um pouco, davam respostas ponderadas. Era normal que essas respostas revelassem conflitos internos. Para muitas pessoas com quem falei, "inteligência" era perigoso, sim, mas só porque a maioria das pessoas salta direto para a inteligência humana. Comparar a cognição das plantas à humana não faz sentido: só torna as plantas inferiores aos humanos, inferiores aos animais. Antropomorfizar é perigoso porque rebaixa esses organismos verdes, não abre espaço para o reconhecimento de que as plantas acionam vários sentidos — ou poderíamos dizer inteligências? — que vão muito além de qualquer coisa que os seres humanos são capazes de fazer numa categoria similar. Nossas versões desses sentidos, se é que as temos, são insignificantes em comparação. Foi difícil para esses pesquisadores falar da inteligência das plantas: eles temiam que fosse uma emboscada que levaria a conclusões que não representavam o milagre verdadeiro de suas descobertas.

Agora já faz mais de um ano que descambei para essas questões. Foi em agosto de 2019, em Nova York, e o ar estava carregado do fedor de asfalto e lixo quente. Todo dia eu saía do meu apartamento mormacento em Flatbush e andava seis quarteirões para chegar a Prospect Park. Às vezes parava para comprar água de coco gelada (uma drupa) ou um copinho de cana-de-açúcar (uma gramínea) com um homem que tinha uma barraquinha na esquina. Depois que passava pelas colunas de pedras do parque, eu desacelerava o passo. A luz ia embora e a temperatura caía graças à respiração de milhões de plantas ao mesmo tempo. Antes da descoberta da fotossíntese como uma reação que produzia açúcar, os naturalistas acreditavam que seu propósito era servir de ar-condicionado natural.[17] O ar fresco se alojava na minha pele e eu respirava fundo. O aroma puro de folhas úmidas desanuviava minha mente. Em seguida, eu encarava a tanchagem e o pé gigante de blueberry com uma mistura de admiração e desconfiança. Fazia pouco tempo que tinha consciência de que havia muito mais coisas acontecendo na vida de todas as plantas com as quais cruzava, tanto acima como abaixo da terra, do que eu jamais imaginaria. Talvez elas soubessem que eu estava passando perto delas. Em meio ao emaranhado de verdes, viçosos e encardidos, eu começava a ver uma série de espécies distintas, e crescia exponencialmente o número de indivíduos que eu enxergava. Eu sabia que existia uma boa dose de drama por todos os lados, embora não o enxergasse nem soubesse direito qual era sua essência.

Ao olhar as plantas, eu readquiria uma intimidade material com a natureza. Não era uma forma de ignorar a catástrofe ambiental, mas de me apegar de novo ao que estava em risco. Cada planta era a encarnação de um mundo que poderíamos perder, cada ecossistema era outra galáxia. No entanto, ler artigos sobre a inteligência das plantas era como tentar entender uma montanha olhando apenas através de uma lupa. O surto de revelações recentes apenas sublinhava esse fato. Os pesquisadores haviam acabado de descobrir que as plantas possuíam memória, mas não sabiam onde as lembranças eram armazenadas. Eles tinham descoberto o reconhecimento de parentes, mas não como estes eram reconhecidos. Essas descobertas estavam mais para pistas, fragmentos que apontavam para algo maior, para um todo.

O que é uma planta? Por ora, ninguém parecia saber. Resolvi, durante essa caminhada, largar meu emprego e pensar sobre plantas em período integral. A redação onde eu trabalhava passava por dificuldades. As pessoas eram demitidas porque a receita publicitária havia caído e os investidores tinham fugido. O moral bateu no chão. Eu já não via motivos para continuar ali. Minha sensação era de que a qualquer instante seria demitida, e portanto até a segurança do emprego em período integral era uma mentira. Eu tinha algum dinheiro guardado, enxugaria minha vida. Estava na hora de fazer uma mudança. Um amigo de infância tinha um quarto para mim na antiga casa da fazenda onde havia sido criado, em cujos campos de centeio corríamos quando éramos pequenos. Eu poderia me instalar lá e viajar para ver plantas em outros lugares, em seus habitats ancestrais, os cantos onde tinham passado a viver.

Valeria a pena: algo obviamente relevante estava acontecendo na botânica. A ciência se aproximava de um precipício de onde não tinha como voltar: nossa crença de que as plantas são seres mudos, insensíveis, parecia estar completamente equivocada. O momento era propício. Era uma história boa, boa demais para ficar restrita ao obscuro âmbito da academia. Minha sensação era de que ela poderia mudar o mundo. Já estava mudando o meu. A importância do tema parecia muito maior do que meu interesse pessoal por ele. Ou talvez os dois fossem uma coisa só, pensei. Quanto mais tempo passava pensando nas plantas, mais tempo eu queria passar pensando nelas; a ideia me parecia maravilhosa. Eu tinha a impressão de conseguir enxergar tudo com mais clareza.

Voltei para casa e olhei para a jiboia gigante que ficava na janela da cozinha. Todas as folhas estavam empertigadas. Tinham se virado para a vidraça desde que saí, estavam praticamente grudadas nela. Olhei para as minhas outras plantas. O filodendro enfiava uma raiz aérea marrom e fina na planta-jade do vaso ao lado. Olhei para a minha fícus elástica, uma muda da fícus dos meus pais, que a tinham ganhado de presente de casamento sessenta anos antes. A planta original, agora uma árvore formidável, ainda ficava junto ao piano de cauda na sala de estar da casa deles, dominando o cenário. Ela já havia quase morrido: a mãe da minha avó tinha podado seu galho sobrevivente e encharcado sua extremidade estéril de água até as raízes brancas surgirem, conseguindo assim ressuscitá-la a partir de seu único ramo sadio. Quatro gerações da minha família tinham cuidado dessa planta, e ela continuava ali, criando novos órgãos em silêncio. Isso já não era uma memória?

Minha falta de conhecimento havia se tornado insuportável. Eu precisava sair para ver com meus próprios olhos.

2. Como a ciência muda de ideia

Os fatos são carregados de teoria; as teorias são carregadas de valores; os valores são carregados de história.
Donna Haraway, *In the Beginning Was the Word: The Genesis of Biological Theory*[1]

Perguntar à humanidade o que significa estar no mundo [...] é reproduzir uma imagem muito parcial do cosmos.
Emanuele Coccia, *A vida das plantas*[2]

A superfície turva de plasma do sol lança um punhado de luz. As partículas – bilhões de fótons – atravessam 149,6 milhões de quilômetros de espaço negro e caem feito pão e mel na pele esticada da massa viva mais abundante da Terra. As plantas comem luz. A fotossíntese, tão básica para elas, é um pré-requisito para quase todos os organismos da Terra. Por meio dela, as plantas enchem o ar com o oxigênio que respiramos.

Como chegamos até aqui? Um bilhão e meio de anos atrás, uma célula parecida com uma alga engoliu uma cianobactéria. Essa célula foi o organismo primitivo do qual surgiriam depois os animais e os fungos, e a cianobactéria é a ancestral da impressionante diversidade de bactérias que hoje inundam o mundo. Mas juntas elas foram o começo de um ramo de vida totalmente novo.* Boiando nas águas turvas do período pré-cambriano, essa única sentinela do novo reino começou a fazer fotossíntese, captando a luz do sol e transformando os materiais sobressalentes do ambiente em que vivia — água, dióxido de carbono, talvez alguns resquícios de minerais — em açúcar.

A primeira planta foi uma quimera, um organismo feito de células geneticamente distintas.[3] As folhas de todas as plantas verdes da Terra guardam a marca genética dessa primeira união. As células das plantas que hoje captam fótons caídos do espaço também são quimeras em miniatura; aquela primeira cianobactéria ainda está dentro delas, ainda se dedica a transformar luz em comida.[4]

Passados 1,5 bilhão de anos dessa primeira criação, as plantas evoluíram e se proliferaram em meio milhão de espécies que vicejam em todos os ecossistemas do planeta. Sua supremacia é incontestável. Se fossem pesadas, as plantas constituiriam 80% da matéria viva da Terra.[5]

Quando saíram do oceano, mais ou menos 500 milhões de anos atrás, as plantas chegaram a terra firme envoltas em uma inóspita névoa de dióxido de carbono e hidrogênio. Inóspita, na verdade, para tudo — menos para elas, que já sabiam como liberar o oxigênio do dióxido de carbono dissolvido no oceano. Elas adaptaram a tecnologia a seu novo mundo, e de certo modo trouxeram o mar à tona junto com elas. Ao expirar incessantemente, essas primeiras legiões de plantas terrestres fizeram o equilíbrio dos gases penderem para a oxigenação,[6] criando a atmosfera de que desfrutamos agora. Não seria um exagero dizer que elas deram origem a um mundo habitável. Nas palavras do filósofo italiano Emanuele Coccia, elas construíram nosso cosmos: "O mundo é, acima de qualquer outra coisa, tudo o que as plantas conseguiram fazer dele".

Através desse mesmo processo, as plantas criaram cada bocadinho de açúcar que já consumimos. A folha é a única coisa no mundo que sabemos ser capaz de fabricar açúcar a partir de materiais — luz e ar — que nunca foram vivos. Todos nós somos usuários secundários que reciclam coisas feitas pelas plantas. Nossas recombinações podem até ser geniais, mas a matéria não é original. A original é criada da seguinte forma: quando os fótons do sol caem nas partes verdes esticadas pelas plantas, os cloroplastos nas células da folha convertem a partícula de luz em energia química. Essa energia solar é armazenada em

* Um terceiro organismo, um parasita bacteriano, também esteve envolvido — ele era o intermediário, levando a comida da cianobactéria domesticada à célula hospedeira que parecia uma alga.

moléculas especializadas em guardar energia, as baterias recarregáveis do mundo das plantas.

Ao mesmo tempo, a folha extrai o dióxido de carbono do ar por meio de orifícios minúsculos, parecidos com poros, na face inferior da folha, que são chamados de estômatos. Sob o microscópio, os estômatos parecem lábios entreabertos, boquinhas de peixe que abrem e fecham. Afinal, à sua própria maneira, estão respirando. O estômato suga o dióxido de carbono, que então se encontra tanto com a energia solar armazenada no cloroplasto quanto com a água que está sempre correndo nas veias da folha. Por meio desse encontro com a energia pura da luz, as moléculas de dióxido de carbono e de água são separadas à força. Metade das moléculas de oxigênio de ambos saem boiando desse encontro, voltando ao mundo pelos lábios entreabertos do estômato — e viram o ar que respiramos. O carbono, o hidrogênio e o oxigênio que continuam nelas são transformados em fios de glicose açucarada. Para ser mais exata, são necessárias seis moléculas de dióxido de carbono e seis moléculas de água, separadas pela força do sol, para formar seis moléculas de oxigênio e — o verdadeiro objetivo desse processo todo — uma preciosa molécula de glicose. A planta usa a glicose para formar novas folhas, que serão usadas para produzir mais glicose. Ela também transporta a glicose de um lado para outro de seu corpo, fazendo-a transitar por sua arquitetura subterrânea, onde ela é usada para desenvolver mais raízes, que vão puxar para o corpo mais água, que vai ser destrinchada para produzir mais glicose. É assim que a vida se desenvolve.

Nós também somos feitos de glicose. Sem um suprimento constante de açúcar das plantas, nossas funções vitais cessariam em pouco tempo. Pense nisto: todos os órgãos dos animais são feitos de açúcar das plantas. A carne nos nossos ossos — e, aliás, os próprios ossos — contêm a assinatura de suas moléculas. Nosso corpo é fabricado com os fios de materiais antes fiados pelas plantas. Todos os pensamentos que já passaram pela nossa cabeça também foram possibilitados pelas plantas.

Isso é de uma literalidade acachapante. O cérebro, em especial, é uma máquina que funciona sobretudo à base de glicose. Sem uma fonte contínua de glicose, a comunicação entre os neurônios desacelera e para. A memória, o aprendizado e o pensamento desligam. Sem a glicose, o cérebro definha pouco antes da pessoa. Toda a glicose do mundo, que chega ao nosso corpo embrulhada em uma banana ou em uma fatia de pão branco, foi fabricada do nada por uma planta um instante depois de fótons do sol caírem nela.

Nesse sentido, estamos a todo instante travando uma conversa com as plantas, e elas conosco. Nossos pensamentos e os produtos deles — o tecido de nossas culturas, a direção de nossas invenções — têm como pano de fundo trilhões de corpos de plantas, todos fazendo alquimias para trazer o mundo à existência.

No entanto, apesar de todas as suas habilidades, as plantas são incapazes de sair andando por aí. Talvez seja uma das grandes proezas da vida que elas tenham conseguido se dispersar tanto, considerando sua mobilidade limitada. Para colonizar os sete continentes terrestres, elas precisaram de criatividade, adaptação e sorte. Mas chegar a todos os continentes foi apenas uma de suas façanhas. Sobreviver, se reproduzir e criar comunidades complexas — enquanto frustravam as pressões dos predadores, as estações, a escassez e as pragas — foi uma tarefa completamente diferente.

Ninguém sabe disso melhor do que um especialista em plantas raras que trabalha em uma ilha enorme. Steve Perlman é o botânico principal do Programa de Prevenção de Extinção de Plantas no Havaí. Quando o conheci, ele tinha 61 anos, compleição robusta e cabelo grisalho. Antes de me aventurar no espinhoso mundo da pesquisa sobre inteligência das plantas, eu queria ver como era a pesquisa botânica objetiva, à moda antiga. Cheguei então para ver o trabalho dele, mas, por ora, sacolejando na minivan que aos trancos e barrancos sobe uma sinuosa estrada lamacenta no noroeste da ilha de Kauai, conversamos sobre sentimentos. Perlman não é adepto do Prozac, como outros botânicos de plantas raras que ele conhece. Prefere escrever poesia. Em todo caso, ele me diz, é preciso fazer alguma coisa quando uma planta que você conhece há muito tempo entra em extinção. Cada morte singularmente solitária de uma planta marca o fim de um projeto evolutivo de milhões de anos. O grande experimento genético da espécie se encerra: ela foi a última de sua linhagem.

Todas as plantas nativas de Kauai, a quarta maior ilha do Havaí e o lugar que Perlman escolheu para morar, são produtos de um golpe de sorte e acaso estonteante. Cada espécie chegou à ilha como uma única semente que boiou no oceano ou voou na barriga de um pássaro, cruzando milhares de quilômetros de distância – mais de 3 mil quilômetros de mar aberto separam Kauai do continente mais próximo. Os botânicos acreditam que uma ou duas sementes chegam ali a cada mil anos.

A ilha de Kauai foi formada por um vulcão 5 milhões de anos atrás e empurrada para longe da zona de atividade vulcânica pelo movimento das placas tectônicas. A ilha continua se deslocando rumo ao noroeste, pouco a pouco, todos os anos. Outra ilha, depois outra, emergiriam desse nascedouro geológico e seguiriam em direção à esquerda. Como foi a primeira ilha havaiana, sendo portanto a mais antiga do arquipélago, Kauai teve mais tempo para receber sementes errantes. Quando uma semente nova se enraizava em seu jovem solo, a planta resultante se tornava uma espécie nova, e às vezes até diversas espécies novas, todas testando um estilo de vida diferente no ambiente aconchegante das condições climáticas perfeitas da ilha. Esse processo ganhou o nome de irradiação adaptativa. O resultado são milhares de variações de algumas poucas espécies; cada nova variação se tornou endêmica (é encontrada exclusivamente na ilha).

Tento não me esquecer da grandiosidade desse fato enquanto olho pela janela da minivan saltitante. Perlman é quem dirige. Frondes cerradas roçam a lateral do veículo feito mãos enluvadas.

O precipício de um dos lados da estrada tem alguns quilômetros de profundidade e se abre em um cânion coberto de plantas verde-claras. Quanto mais subimos, mais densa é a neblina que cerca a van. Pouco depois, a vegetação espessa que vejo pela janela se torna um borrão úmido, verde. A estrada se estabiliza e Perlman estaciona e salta do carro. Estamos num lugar muito alto. Ele anda até a beira do despenhadeiro e olha para baixo. A descida é coberta por samambaias que lembram um casaco de pele felpudo, com pequenas palmas esticadas em ângulos esquisitos surgindo em meio à bruma. Os penhascos formam um pequeno vale em forma de meia-lua, sua outra margem o oceano Pacífico. O declive contém todos os tons de verde. A umidade perolada gruda em tudo feito seda de aranha.

Em muitos sentidos, Kauai é o exemplo máximo do que o mundo poderia ser se as plantas estivessem no comando. A ilha inteira é revestida dos produtos surreais da liberdade floral total. Quando podem se desenvolver sem medo, as plantas se tornam escrupulosa e vistosamente específicas. Peguemos o gênero *Hibiscadelphus*, por exemplo. Encontradas somente no Havaí, essas plantas têm longas flores tubulares feitas sob medida para o bico curvo do saíra-beija-flor, justamente o passarinho que as poliniza. Existe também a palmeira havaiana, *Brighamia insignis*, ou Ōlulu, em havaiano, uma árvore baixinha cuja melhor descrição é seu apelido, "repolho no palito". Ao longo de dezenas de milhares de anos, sua evolução a levou a ser polinizada somente pela mariposa-da--esfinge-de-pandora (seu nome verdadeiro), fabulosa e raríssima.

A palmeira havaiana, que ainda corre um grande risco na natureza, foi salva da extinção total pelo trabalho de Perlman no começo do Programa de Prevenção de Extinção, quando ele fez seu próprio arnês dando nós em cordas para se pendurar nos despenhadeiros do litoral de Nā Pali. Ali, a 1200 metros do chão, ele usaria uma escovinha emprestada da mulher para imitar a mariposa, transferindo com todo o cuidado o pólen dos machos para as fêmeas. "Dá para saber se você fez direitinho", disse Perlman. "Quando eu voltei lá, havia frutas se abrindo, cheias de sementes." (Hoje em dia a palmeira havaiana é cultivada como planta doméstica na Holanda, onde existem estufas repletas delas. Fico me perguntando se quem tem uma palmeira havaiana envasada no parapeito de sua janela em Amsterdam sabe do drama que ela viveu para chegar até ali.) Outras plantas se adaptaram para viver em altitudes bastante específicas, onde, digamos, o vapor que goteja das samambaias que se agarram a uma parte mais alta do despenhadeiro cria um equilíbrio perfeito em termos de umidade.

Fora de Kauai, em praticamente qualquer lugar da Terra, as plantas tiveram uma trajetória evolutiva bem diferente. As primeiras plantas com sementes e flores surgiram há cerca de 200 milhões de anos. Desde então, se separaram e deram origem a centenas de milhares de espécies que precisaram se adaptar a ameaças de todos os tipos, que surgem desde o instante em que brotam.

Quando uma semente decide se enraizar, faz uma tremenda aposta. Sementes são embriões embalados em nutrientes; um cientista especializado me disse que elas são como uma "planta dentro de uma marmita". O projeto da planta inteira está ali dentro, dormente, mas sempre vivo. A semente pode passar uma década voando, esperando com toda a paciência que as condições sejam boas para ela criar uma primeira raiz. Ao lançá-la, ela abre mão de qualquer possibilidade de movimento; imobilizada, ela agora vai encarar qualquer ameaça que possa surgir — vento, neve, seca, bocas animais — do lugar onde está.

A raiz bebê da planta tem 48 horas após essa decisão para emergir e encontrar água e nutrientes, pôr para fora uma ou duas folhinhas e começar a fazer a fotossíntese, do contrário seus recursos se esgotam e ela morre. As primeiras partes verdes de qualquer planta estão dobradas, pré-montadas, à espera dentro da semente. Essa plantinha pré-montada pouco lembra a planta em si: consiste em um ou dois lóbulos verdes em um caulezinho verde, a manifestação física do emoji vegetal, e é completamente temporária. Ela se desdobra e se expande, se enchendo com o primeiro gole de seiva tragado pela raiz pioneira, e dá início ao trabalho de fotossíntese. Se for bem-sucedida, essa protoplanta, esse ônibus espacial que se lança no mundo de ar e luz, será disparado como um foguete e substituído por folhas de verdade, e suas variações são infinitas. Só depois desse período de experiência, essa espera para ver se a coisa "pega", é que a planta começa a ter a aparência que ela deve ter, se revestindo das características de sua linhagem, e em seguida se adaptando ao novo ambiente.

Mas nesse momento a planta só superou a primeira das muitas ameaças à sua jovem vida. As sementes têm uma chance cada vez menor de chegar à sua forma de planta desenvolvida. Muitas dessas ameaças são animais que pastam: bichos que podem correr e saquear um amplo terreno e cujas funções essenciais incluem um sistema nervoso central. As plantas não têm nenhuma dessas vantagens. Elas não podem correr, mas desenvolveram meios engenhosos e complexos de se defender de seus torturadores, além de modos de extrair uma vida inteira de nutrientes do lugarzinho onde pousaram sob a forma de sementes.

Os perigos da imobilidade estão justamente nas forças que induziram as plantas a realizarem algumas das adaptações mais impressionantes da natureza. Talvez a maior façanha de uma planta seja a descentralização anatômica. A planta é modular: você arranca uma folha e ela desenvolve outra. Sem um sistema nervoso central para proteger, os órgãos vitais das plantas são dispersos e duplicados. Isso significa também que a planta elaborou formas incríveis de coordenar seu corpo e se defender. Elas podem criar espinhos, espigões e pelos causadores de urticária, desenvolvidos com extraordinária precisão para cortar a pele ou o exoesqueleto do mamífero ou inseto que represente sua maior ameaça. Podem também excretar açúcar melado a fim de atrair e depois imobilizar seus antagonistas, colando suas bocas famintas. Suas flores podem ser bem escorregadias, para dissuadir formigas que roubam seu néctar. Seja qual for a adaptação, ela tende a ser econômica em sua especificidade.

Existe um objetivo em cada pequena variação. Isso vale para todas as áreas da fisiologia vegetal: todas as partes da arquitetura do corpo da planta existem por algum motivo, são calibradas para cumprir uma função. Nem mais nem menos.

A ideia de que imobilidade acarreta passividade é rapidamente dissipada quando observamos a vasta capacidade que as plantas têm de fabricar armas químicas. Se pensarmos na engenhosa complexidade das substâncias que elas conseguem sintetizar, as plantas superam até as melhores tecnologias humanas. A folha, ao sentir que foi mordiscada, produz uma pluma de químicos carregados pelo ar que avisam aos galhos mais distantes da planta que eles devem ativar seus sistemas imunológicos para fabricar ainda mais substâncias repelentes a fim de conter pulgões e outros insetos devoradores. Hoje sabemos que vários tipos de plantas são capazes de identificar espécies de lagarta pelos componentes de sua saliva, e em seguida sintetizar os compostos exatos para atrair sua espécie predadora. Então as vespas parasitárias fazem a gentileza de se livrar das lagartas.

Mas as plantas de Kauai não possuem essas defesas, ou as possuem em número muito baixo. As defesas que suas predecessoras tiveram — espinhos, venenos, aromas repelentes — foram completamente abandonadas depois que elas pousaram na ilha. Nenhum mamífero terrestre de grande porte, réptil ou outro possível predador fez o trajeto do continente para o remoto arquipélago. A bem da verdade, o único mamífero terrestre nativo do Havaí é um morcego pequeno e peludo. (A jornada que seu ancestral deve ter feito a partir da América do Norte é quase inimaginável: é provável que ele tenha sido empurrado por uma tempestade.) Da perspectiva evolutiva da planta, é dispensável gastar energia em defesas se não há predadores a rechaçar, e portanto a hortelã perdeu seu óleo de hortelã e as urtigas não causam urticária. Em tom agourento, ao se referir a esse processo, os cientistas dizem que as espécies estão ficando "ingênuas".

Quando as ameaças surgem, essa bem-aventurada ingenuidade costuma ser fatal: a ilha de Kauai, assim como o resto do Havaí, agora é sitiada por espécies invasoras que se desenvolveram em outros lugares, em condições menos cômodas. Elas são mais agressivas — ou engenhosas, para usar um termo menos carregado de emoção — porque precisam ser. Em Kauai, se apoderam de nichos ecológicos sem dificuldade alguma. As plantas nativas não têm como se defender. O resultado é que o Havaí está perdendo espécies de plantas à razão de uma por ano, quando o índice histórico natural é de cerca de uma a cada 10 mil anos. É aí que entra Perlman. Ele e seu parceiro de campo, Ken Wood, lidam exclusivamente com plantas das quais restam no máximo cinquenta indivíduos — em muitos casos, são pouquíssimos indivíduos, talvez dois ou três. Das 238 espécies da lista na época da minha visita, 82 estavam em Kauai.

Sem Perlman, plantas havaianas raras se extinguem. Com ele, têm pelo menos uma chance de sobrevivência.

Perlman faz rapel em despenhadeiros e às vezes pula de helicópteros para se aproximar de um aglomerado de apenas cinco plantas na encosta do penhasco isolado de uma ilha do Pacífico. Nos casos em que as plantas macho restantes estão longe demais das últimas fêmeas para que ocorra a polinização e a reprodução natural, Perlman ensaca o pólen dos machos e carinhosamente o leva às fêmeas, aplicando-o em seus órgãos sexuais com um pincel. Para achar essas plantas, ele tem que passar dias caminhando, comendo barras de cereais e sachês de atum a fim de guardar espaço na mochila para as ferramentas grandalhonas da botânica. Às vezes ele chega na planta cedo demais — quando ela ainda não atingiu a maturidade sexual e a flor ainda não está aberta, por exemplo — e tem que adiar a empreitada.

A essência cronometrada desse processo significa que Perlman desenvolve uma relação com as plantas que pretende salvar. Nem sempre é bem-sucedido; seria impossível. "Eu já vi umas vinte espécies se extinguirem na natureza", diz. Ele já se sentou ao lado do último exemplar de uma espécie e lhe fez companhia enquanto agonizava. A morte de uma planta, assim como a morte humana, é uma questão tanto biológica quanto filosófica. A pessoa morre quando o coração deixa de funcionar? Ou quando o cérebro para? Tecnicamente, uma planta pode ser recriada em laboratório a partir de algumas células vivas. Mas uma planta com poucas células vivas não é uma planta próspera. Perlman considera a planta morta quando um número suficiente de seus tecidos sucumbiu a ponto de já não lhe restar mais nenhuma possibilidade de sobreviver na natureza. Ela fica desidratada, murcha, amarronzada, e desmorona.

Para Perlman, a ideia de que a inventividade evolutiva da planta se encerraria aí já é motivo suficiente para salvá-la. Não se abandona uma espécie, não se ainda for possível resgatá-la, mesmo que ela esteja na encosta de um penhasco remoto e irregular. Ou, nas palavras de Wood, "a gente tenta porque não vai deixar de tentar". Infelizmente, o fracasso faz parte do trabalho. Uma vez, quando o último indivíduo conhecido de uma flor nativa murchou e morreu, Perlman desenterrou a planta e a levou para o bar. Tomado pela emoção, ele fez um brinde à vida da planta.

É justo dizer que a maioria não sente muita coisa por plantas raras, e ainda menor é o número de pessoas que têm noção da luta que está sendo travada para tirá-las da beira do desastre. Um indivíduo mediano sabe distinguir várias raças de cães, mas é bem menos provável que saiba separar uma faia de uma bétula, ou uma espiga de milho de uma espiga de centeio. É compreensível: as plantas são muito mais distantes de nós em termos evolutivos, pois se desenvolveram em um contexto muito diferente do nosso. Elas transformam luz em alimento e criam raízes em um lugar, passando décadas ou séculos sondando seu ambiente em busca de subsistência. Seu estilo de vida é tão estranho que em geral excluímos da nossa imaginação o fato de elas sequer terem um estilo de vida.

Essa invisibilidade se tornou uma angústia com nome, lastimada pelos botânicos: "cegueira botânica", a tendência de enxergar a vida vegetal como uma massa indistinta, um borrão verde, em vez de algo formado por milhares de indivíduos geneticamente diferentes e frágeis, tão díspares quanto um leão de uma truta. O termo é usado em artigos e conferências nos quais cientistas preocupados abanam os braços ao pensar em como fazer a população ao menos enxergar seus objetos de estudo. Para os botânicos, a cegueira botânica implica uma luta eterna para conseguir subvenções para pesquisas básicas ou para convencer alguém de que uma planta específica precisa ser salva mesmo não sendo uma das plantas que fazem parte da economia humana, como o tipo de trigo com maior teor de amido que usamos para alimentar o gado ou as duas espécies de café que tomamos.

De modo geral, a espécie humana sabe muito pouco sobre a tenra carne verde que emoldura todas as paisagens e povoa quase todos os milímetros de chão não asfaltado que nos cerca. O reino vegetal esconde muito bem seus segredos de uma espécie que não se dá ao trabalho de tentar achá-los. Mas as plantas têm uma autoridade suprema para influenciar nossa biologia e cultura, uma esfera de influência compartilhada, é preciso dizer, com as bactérias e os fungos, que são igualmente ignorados. Parece que somos acometidos pela falta de juízo, nossa lealdade absurdamente mal direcionada.

* * *

Uma explicação comum para essa falta de interesse geral é que as plantas são lentas. Seu mundo existe em uma escala de tempo diferente da nossa. É verdade que não costumamos ver seus movimentos diários, como os de um pepineiro ao enrolar e desenrolar suas gavinhas e ir para a frente e para trás várias vezes por dia. Isso acontece tão devagar que só os mais pacientes seriam capazes de reparar neles. No entanto, a lentidão é relativa. Uma árvore de quarenta anos é muito, muito mais alta do que um homem de quarenta anos. Um pé de feijão pode atingir a estatura de uma criança de dez anos em menos de um mês, e a uva kudzu levaria duas semanas para engolir um carro.

Tenho a impressão de que a cegueira botânica é algo mais profundo, mais ligado ao nosso sistema de valores, que obviamente é resultado da perspectiva cultural. Pois nem todas as culturas têm esse problema. Praticamente todos os grupos indígenas do mundo têm uma relação mais íntima com as plantas e reconhecem a vida vegetal. Muitas culturas atribuem pessoalidade a plantas, e os seres humanos são vistos como apenas mais um tipo de pessoa. É comum que pessoas humanas e pessoas vegetais sejam literalmente parentes: o povo canela, um grupo de indígenas do Brasil, inclui as plantas em suas estruturas familiares.[7] Jardineiros são pais; feijão e abóbora são seus filhos e filhas. Em *Plants Have So Much to Give Us, All We Have to Do Is Ask* [As plantas têm muito a nos dar, só precisamos pedir], uma coletânea de lições dos povos tradicionais anishinaabe a respeito das plantas, Mary Siisip Geniusz afirma que a primazia das plantas é central para a compreensão dos povos da região dos Grandes Lagos, dos quais ela faz parte.[8] As plantas são os "segundos irmãos" do mundo, criados logo depois do "irmão mais velho": as forças do vento, das pedras, da chuva, da neve e do trovão. As plantas dependem dos irmãos mais velhos para viver, mas sustentam toda a vida que foi criada depois delas. Animais não humanos são "terceiros irmãos", e se fiam tanto nas intempéries quanto nas plantas. A humanidade é o "irmão caçula", o ser de criação mais recente. Os humanos são os únicos que precisam de todos os três irmãos para sobreviver. "Os humanos não são os soberanos desta terra", diz Geniusz. "Somos os caçulas desta família. Somos os mais fracos porque somos os mais dependentes."

Enquanto Geniusz fala de vínculos, de dependência e parentesco, o pensamento europeu é obcecado pela distância e pelo desapego. Talvez em nenhum outro lugar isso fique tão claro quanto na corrupção da palavra "vegetal", que hoje é uma palavra grosseira para designar o ser humano após a morte cerebral. Mas *vegetabilis* vem do latim medieval e significa algo que cresce e floresce.[9] *Vegetare*, o verbo, era animar ou avivar. *Vegere* era estar vivo, ativo. Está claro que as coisas nem sempre foram como são hoje.

Penso na teórica Jane Bennett, interessada na linguagem que usamos para falar da vivacidade de coisas não humanas. Levamos muito a sério a atitude abobalhada de traçar fronteiras entre sujeitos e objetos, ela diz. "O projeto filosófico de apontar onde a subjetividade começa e termina geralmente é associado a fantasias de singularidade humana", ela escreve no livro *Vibrant Matter* [Matéria vibrante].[10] Ou então ele se baseia na crença no nosso suposto domínio sobre a natureza, ou na nossa superioridade aos olhos de Deus, ou em alguma outra alegação frágil, o que torna a coisa toda deslumbrada e materialmente inútil. Nós podemos fazer melhor, pensei.

Então como foi que a perspectiva europeia branca sobre o lugar da humanidade no mundo se desviou tanto da realidade inequívoca de que somos dependentes das plantas?

As raízes da resposta são profundas. Na filosofia grega antiga, quase no mesmo instante em que a "alma" passou a diferenciar coisas animadas de inanimadas, as plantas foram incluídas na categoria de detentoras de alma. Empédocles deu alma às plantas em seu inventário do mundo e se referiu a elas como animais justamente por serem animadas — vivas —, e por não ver razão para dividir essa categoria. Mais tarde, Platão afirmou que as plantas tinham alma "desejosa" e "sensitiva", que, apesar de ser o tipo mais humilde de alma, era dotado de inteligência, simplesmente porque, para ele, não havia sensação sem inteligência, nem desejo sem intenção.[11] Os seres humanos também possuíam essa alma sensitiva-desejosa, mas aprimorada pela racionalidade e pela moralidade, que fazem dos humanos — sobretudo os homens livres — um caso especial. A racionalidade virou a marca do sentido superior, algo que Platão acreditava que só os homens eram capazes de possuir, ao contrário da maior parte das mulheres, crianças e escravos. O razoável, portanto, era que os homens imperassem sobre essas pessoas inferiores, bem como sobre a natureza inteira.[12]

Aristóteles escreveu alguns anos depois e aprofundou essa hierarquia. Ele descreveu uma escada da vida, uma *scala naturae*, com plantas no degrau mais baixo e a humanidade no mais alto. Não existe inteligência na parte inferior, ele argumentou, tampouco sensação. Um degrau acima, os animais têm sensação, mas não racionalidade. A essa altura, a filosofia grega fazia uma transição clara rumo à crença fervorosa na relação racional de causa e efeito e virava as costas para os gregos antigos, que acreditavam na necessidade de manter relações respeitosas com os outros seres vivos. Para manter a paz, já não eram necessários rituais de deferência aos elementos e a criaturas não humanas, mas uma simples compreensão racional do que causava os fenômenos naturais.[13] Aristóteles despiu as plantas até da capacidade de desejar e sentir: elas existiam apenas como instrumentos do homem.

Aqui encontramos uma bifurcação no caminho. Fiquei surpresa quando a descobri. Essa bifurcação se chama Teofrasto, e ele apresentou outro final para essa história, um rumo que o pensamento ocidental não tomou, mas poderia ter tomado. Ao morrer, Aristóteles deixou sua escola para Teofrasto, um discípulo que havia se destacado. Teofrasto tinha um grande interesse pelas plantas, tendo publicado os primeiros textos de que se tem notícia sobre elas, e não apenas sobre a serventia que poderiam ter para a humanidade.[14] Ele descreveu o comportamento delas: como cresciam, o que queriam e as coisas de que pareciam gostar ou desgostar. As plantas, ele escreveu, não eram de modo algum passivas, mas seres em constante movimento, que vão atrás de seus desejos. O incrível é que ele descreveu a agricultura como uma relação colaborativa. Teofrasto percebeu que plantas cultivadas pareciam ter uma vida mais breve do que suas congêneres selvagens, mas achava que esse encurtamento poderia valer a pena em troca dos muitos benefícios de proteção contra predadores e de receberem todo o alimento e água de que precisavam.[15]* Teofrasto parecia totalmente disposto a levar as plantas a sério como seres autônomos com desejos e a vontade de saciá-los.

Igualmente curioso é o fato de Teofrasto ter explicado em que sentidos as plantas eram completamente diferentes de animais e humanos, mas sem fazer nenhum julgamento sobre o lugar que lhes cabia numa hierarquia imaginária,

* A planta poderia "aceitar essas modificações internas como algo adequado; e é razoável que ela as queira e as procure", afirmou Teofrasto (*De causis plantarum*, 1.16.12).

como tinha feito Aristóteles. Ele traçou certos paralelos entre pessoas e plantas — com destaque para a equiparação entre o líquido que flui pelas plantas e o sangue dos animais, ressaltando que ambos percorrem veias, e a descrição do coração das árvores como "cerne",[16] termo que ainda hoje usamos. Mas esclareceu desde logo que não considerava as plantas humanoides inferiores, afirmando que elas formam uma categoria de seres que não deve ser comparada à dos animais. As comparações entre coração e cerne eram úteis apenas como uma ponte para auxiliar o entendimento. "É por meio da ajuda do que é mais conhecido que devemos investigar o desconhecido, e são mais conhecidas as coisas maiores e mais simples para os nossos sentidos", ele escreveu.[17] Isso me soa profundamente humano. Teofrasto estava indo ao encontro de seus leitores, usando metáforas que lhes dissessem alguma coisa, enceguecidos que estavam por sua perspectiva humana. Em suma, ao escrever sobre a complexidade das plantas, ele reconheceu os limites das pessoas. Como seria a história moderna caso o modelo de Teofrasto tivesse prevalecido?

Mas por conta de algum ardil do tempo e das modas prevalentes, foi a hierarquia de Aristóteles, e não a de Teofrasto, que se perpetuou nas ciências naturais e na moralidade ocidental desde então. O resultado? Muitos. Mas talvez nenhum deles mais simbólico dessa herança do que a dissecação cirúrgica de cães totalmente despertos em anfiteatros até quase o início do século XX.

Aristóteles acreditava que os humanos tinham "almas racionais", mas todos os outros animais tinham "almas locomotivas", que os impeliam a seguir adiante, sem pensar, rumo à reprodução e à sobrevivência. Essa ideia dominou o mundo ocidental durante dois milênios e foi renovada no século XVII pelo filósofo e cientista francês René Descartes, que acreditava que o corpo dos animais era apenas um enigma solucionável da física e da química, popularizando o conceito de "animal-máquina".[18]

A ideia era de que "os fenômenos vitais, como todos os outros fenômenos do mundo físico, são passíveis de explicação mecânica", como declarou duzentos anos depois, em 1874, o biólogo Thomas Huxley.[19] A passagem do tempo só reforçou a compreensão descartiana das ciências, pois cada novo avanço da época parecia corroborá-la. A fisiologia e a anatomia tinham feito descobertas cruciais quanto ao funcionamento do corpo — como digerimos a comida, respiramos e nos movimentamos. Tudo se provava bastante mecânico. Os homens de ciência europeus acreditavam estar prestes a descobrir a força da vida, que sem dúvida se provaria ser só mais um composto mecânico, como o sangue ou os ossos. Era a época do monstro de Frankenstein: montando as peças do jeito certo, seria possível criar uma vida em estado bruto.

No entanto, apesar da natureza mecânica de seu corpo, os humanos eram dotados de uma capacidade de raciocínio inefável e de uma alma que os distinguia dos outros animais, como os cães. Na época, pensava-se que as formas como os cães percebiam o ambiente, ou até sentiam coisas, não eram experiências verdadeiramente conscientes, mas reflexos maquinais de um autômato. Qualquer expressão de dor, como latidos, era o mesmo: mero reflexo. Tudo isso era considerado um fato científico. E essa base mecânica dos animais absolvia os humanos de qualquer culpa que eles pudessem sentir ao dissecá-los vivos para fazer seus estudos.

Nos anos 1800, a vivissecção, como era chamada, voltou à moda e gerou uma nova compreensão científica. O fisiologista inglês William Harvey foi o primeiro europeu a descrever com precisão a circulação do sangue, graças à dissecação de animais vivos. (Ibn al-Nafis, um médico árabe de Damasco, foi muito mais rápido, descrevendo com exatidão a circulação pulmonar três séculos antes.)[20] Claude Bernard, o renomado fisiologista francês, supostamente dissecou vivo o cachorro de estimação da família na década de 1860. Reza a lenda que, depois de chegar em casa e ver o que ele tinha feito, a esposa e as filhas o abandonaram e aderiram a uma associação pioneira antivivissecção. A vivissecção saiu de moda não porque a ciência mudou de ideia, mas porque as primeiras associações em prol do bem-estar animal — geralmente encabeçadas por mulheres — surgiram para se opor ao método.

Refletir sobre a forma como os animais eram vistos até pouquíssimo tempo atrás é útil para a nossa história sobre plantas porque serve como um exemplo potente das flutuações das opiniões científicas, e também mostra como a filosofia e a ética podem interferir no modo como criaturas não humanas são percebidas. Se dependesse totalmente da ciência, é provável que demorássemos muito mais (se é que chegaríamos lá) a considerar os animais dignos de algo parecido com um tratamento humano. Hoje em dia, não pensamos muito no fato de que concedemos pelo menos a alguns animais as vantagens da personalidade e da inteligência. Também decidimos que é cruel fazer mal a eles. É claro que a moralidade em torno do que se deve e não se deve fazer aos animais ainda é bastante permissiva, e temos nossos favoritismos em termos de espécies. Mas a questão é apenas que agora existe uma ética do tratamento humano que inexistia antes, e nós a tomamos como ponto pacífico.

Na verdade, a ideia de cientistas imputarem consciência a qualquer animal que seja é mais recente do que a internet. Em 1976, um zoólogo chamado Donald Griffin publicou *The Question of Animal Awareness* [A questão da consciência animal], um livro em que argumentava que a cognição animal precisava ser levada a sério. Ele e um colega foram os responsáveis pela descoberta, em 1944, de que os morcegos se orientam por ecolocalização.[21] Agora, depois de uma vida observando esses bichos, Griffin estava convencido de que eles possuíam uma vida interior, além de um comportamento flexível, isto é, a capacidade de mudar de comportamento conforme as circunstâncias externas, uma particularidade da inteligência verdadeira. Ele já tinha visto esses mamíferos desenvolverem técnicas engenhosas para achar comida; estava claro que eles conseguiam tomar decisões de improviso e tinham a mesma capacidade de resolver problemas observada nos seres humanos. O pensamento e o raciocínio animais precisavam ser estudados de forma legítima, ele argumentou. Afinal, apesar do florescimento da neurociência, por enquanto ninguém tinha encontrado uma parte do cérebro exclusiva dos seres humanos que pudesse constituir essa santificada "consciência". Já não estava na hora de mandar essa ideia para o limbo?

Griffin foi alvo de muitas críticas pelo pecado da antropomorfização. Só anos depois suas afirmações seriam levadas a sério. Mas seus escritos botaram no mapa a ideia da consciência animal.

Foi preciso que houvesse a revolução neurocientífica da década de 1960 para que os pesquisadores pensassem na "mente" como algo que os cientistas poderiam estudar através da observação do comportamento das pessoas e não da observação direta do cérebro. Nos anos 1990 e 2000, zoólogos ambiciosos já usavam essas mesmas técnicas em golfinhos, papagaios e cachorros. Eles descobriram que elefantes se reconhecem no espelho, que gralhas sabem fabricar instrumentos e que gatos exibem o mesmo estilo de apego dos bebês humanos.[22]

Hoje, apenas quatro décadas depois do apelo feito por Griffin a seu campo de estudos, não é uma heresia falar em cognição animal, analisar o comportamento de animais como indivíduos e lhes atribuir personalidades. Na verdade, o assunto está na crista da onda. Em 2012, um grupo de cientistas se reuniu na Universidade de Cambridge para conferir formalmente consciência a todos os mamíferos, aves e "muitas outras criaturas, inclusive polvos".[23] Animais não humanos tinham todos os indícios físicos de estados conscientes, e era claro que agiam com intencionalidade. "Logo, tudo indica que os humanos não são os únicos seres com substratos neurológicos que geram consciência", eles declararam.

Era uma lista curta: mamíferos, aves, polvos. No entanto, para onde quer que os pesquisadores olhem, a vida interior de todos os animais parece ser muito mais densa do que jamais se havia concebido. O que vem depois dos mamíferos e aves, no nosso conceito de ordem das espécies? Talvez répteis, talvez insetos? Lagartos já se mostraram capazes de aprender a percorrer labirintos, um sinal de flexibilidade comportamental muito usado como indício de inteligência.[24] Há pouco tempo, descobrimos que abelhas são capazes de distinguir estilos de arte[25] e que todas sabem fazer uma "dancinha" complexa,[26] cheia de simbolismos, para dizer às companheiras de enxame exatamente a distância e a que ângulo em relação ao sol elas têm que voar para achar comida. Novas pesquisas sugerem que as abelhas podem ter alguma forma de subjetividade, o que muitos consideram denotar consciência.[27] Se baixarmos ainda mais o olhar, indo além dos insetos, onde vamos parar? Que tal nas plantas?

Neste momento, um grupo de botânicos argumenta que esta é a hora de expandirmos nossa noção de consciência e inteligência para incluir as plantas, mas outro declara que esse seria um rumo ilógico a se tomar. Um número ainda maior de botânicos está no meio do caminho, fazendo trabalhos incríveis sem alarde, esperando para ver como termina o debate mais amplo. Tenho me sentado à mesa com eles. Tampouco sei como as coisas vão acabar. Mas acredito que estamos à beira de um novo entendimento da vida vegetal. A ciência pode parecer um monólito: o que ela diz ser verdade agora vai sempre ser verdade. Mas as coisas podem mudar de um dia para o outro.

Certa vez, em uma biblioteca de livros raros de botânica na zona rural da Virgínia, pude tocar nos produtos de uma época diferente do conhecimento botânico. Os textos de botânica, pintados à mão em papel caseiro, já foram o ápice da tecnologia botânica. Eles diziam aos leitores como se curar usando cataplasmas de plantas, ou lhes davam um primeiro vislumbre da folhagem de um continente longínquo. Era muito comum que apenas difundissem status: esses artigos eram de luxo, produtos de centenas de horas da labuta de pessoas com pigmentos volúveis sobre um papel delicado à luz de lampiões. A biblioteca na Virgínia era a coleção particular de um filantropo abastado, já falecido. Era aberta apenas com hora marcada, e poucas pessoas de fora do universo dos livros raros pareciam saber de sua existência. Portanto, tinha um ar tranquilo de jardim secreto, com prateleiras de madeira clara que iam até o teto e milhares de tomos dos séculos XV ao XIX. Tony, o sábio bibliotecário, atuou como um sommelier de livros, avaliando meus interesses e pegando volumes que me agradariam.

Ler textos de botânica antigos é um puro deleite — as cores, o peso do papel feito à mão, a inacreditável atenção às minúcias que faziam as plantas parecerem tão vivas quanto panteras, prestes a pular da página. Mas o que me dá mais prazer são os livros antigos que claramente foram projetos diletantes, e não encomendas. Eles não são uma exibição de status: às vezes as plantas são muitíssimo comuns nas regiões, e são pouquíssimos os exemplares extravagantes importados. As ilustrações podem até ser consideradas meio juvenis: o narciso tem um jeitinho granuloso, ou o açafrão tem um caule grosso demais, quebrando a quarta parede visual. São livros pessoais, às vezes guardados e complementados ao longo da vida do pintor. Tony achou que eu gostaria de vê-los, e pegou um tomo grosso da prateleira, com encadernação de couro. Era uma crônica pessoal sem palavras. Charles Germain de Saint-Aubin começou o livro na adolescência, em 1721, pintando uma folha de cada vez, e foi fazendo acréscimos ao livro até sua morte, em 1786. Seu estilo e refinamento se transformam com o tempo, melhorando do ponto de vista técnico, mas para mim esse não era nem de longe o ponto. Todas as imagens tinham o mesmo toque de emoção — a devoção às plantas, a sensível necessidade de documentá-las no auge da floração e dispô-las em pequenos arranjos. Tornar suas formas permanentes através da pintura parece ter sido um prazer óbvio para ele: eram retratos das flores e frondes com as quais Saint-Aubin dividia a vida. Está claro que as plantas não eram apenas decorativas. Parecem quase uma companhia.

A botânica, o estudo da vida vegetal, é tão antiga quanto o pensamento humano. Mas os questionamentos sobre a vida das plantas, sobre como vivem, demoraram um pouco para aparecer na literatura. Os mistérios que as plantas escondem sempre foram vitais para a sobrevivência, e portanto as informações sobre plantas como alimento e remédio surgem já nos primeiros exemplares de escrita, sem dúvida com base no conhecimento que era transmitido verbalmente havia milhares de anos. Antes do advento da farmacêutica, plantas e fungos – um reino de vida independente, e frequentes colaboradores das plantas – eram os remédios para tudo o que nos afligia.

As primeiras informações escritas sobre plantas, e não sobre sua utilização pelos seres humanos, apareceram em *Historia plantarum*, de Teofrasto, por volta de 350 a.C. Ele classificava as plantas em categorias baseadas em estrutura, reprodução e crescimento. Normalmente, esse é considerado o primeiro texto da botânica. Mas o comportamento vegetal levaria mais de 2 mil anos para enfim ingressar na literatura ocidental. No fim da era vitoriana, a botânica já havia se tornado uma atividade popular entre a classe intelectual rica, que atuava segundo a mesma suposição de sempre, de que as plantas eram totalmente inertes, pedras que por acaso cresciam. Esses intelectuais se concentravam quase exclusivamente na classificação e na ilustração botânica.

Então, na década de 1860, Charles Darwin foi arrebatado pelas plantas. A essa altura, ele já era famoso. Fazia alguns anos que tinha publicado *A origem das espécies*, e viagens por ilhas, animais exóticos e geologia vulcânica pareciam ser mais condizentes com sua juventude. Já um homem mais velho, ele voltou a atenção para coisas que estavam mais perto dele, a seus pés: quase todos os livros que escreveu depois de *A origem das espécies* foram sobre plantas. Por isso, vamos ouvir falar dele inúmeras vezes neste livro.

No decorrer de dezenas de experimentos que desembocaram em vários livros, Darwin observou que as plantas se movimentavam com uma destreza atlética incrível, apesar da lentidão (*On the Movements and Habits of Climbing Plants* [Os movimentos e hábitos das plantas trepadeiras], 1865), que às vezes produziam versões curiosas, irregulares, de si mesmas (*The Variation of Animals and Plants Under Domestication* [As variações de animais e plantas sob domesticação], 1868, e *The Different Forms of Flowers on Plants of the Same Species* [As diferentes formas das flores em plantas da mesma espécie], 1877), e que plantas carnívoras usavam truques para atrair e então comer insetos (*Insectivorous Plants* [Plantas insetívoras], 1875). Ele tratava as plantas como sujeitos com atividade e propósito.

The Power of Movement in Plants [O poder do movimento nas plantas], sua penúltima publicação, era uma investigação sobre por que as plantas se mexiam como se mexiam. Trata-se de um livro repleto de experimentos com raízes de plantas, que ele fez junto com o filho Francis. A conclusão a que chegaram foi assustadora. A pontinha da raiz de uma planta, ele escreveu, é recoberta por uma cutícula singela que parece ser um centro de comando. Se alguém cutucar ou queimar essa pontinha, a raiz crescerá para o lado oposto ao do golpe ofensivo; se colocar terra úmida de um lado e seca do outro, ela dará uma guinada rumo à umidade; se colocar a planta entre uma pedra e uma argila, ela sempre se afastará da pedra antes de sequer encostar nela e seguir na direção contrária, atravessando a argila.

Umidade, nutrientes, obstáculos, perigos: a pontinha da raiz sentiu tudo, classificou e se desviou conforme deveria. Darwin deu a isso o nome de "raiz-cérebro". Corte a pontinha e as raízes continuam a crescer, mas às cegas — elas seguem na direção em que já estão inclinadas quando a pontinha é retirada. Mas então vem o milagre: a pontinha extirpada começa a se regenerar em poucos dias, exatamente como era antes. Uma das maiores forças das plantas é que basicamente qualquer parte que lhe for amputada pode crescer de novo — mas, quando uma folha volta a crescer, ela volta diferente. A pontinha é a única parte que cresce de novo exatamente como era antes.

"Acreditamos não haver nas plantas uma estrutura mais incrível, no que diz respeito a suas funções, do que a ponta da radícula", afirmam Charles e Francis no último parágrafo do livro, com despudorada euforia. Eles fizeram inúmeras coisas com a extremidade da raiz e ela reagiu na mesma moeda. "Não é um exagero dizer que a ponta da radícula assim dotada, e tendo o poder de dirigir os movimentos das partes vizinhas, age como o cérebro de um dos animais inferiores; o cérebro fica alojado na extremidade anterior do corpo; recebe impressões dos órgãos sensoriais e coordena movimentos diversos."

Tendemos a pensar na ciência como um avanço constante rumo à verdade. Caso essa hipótese da raiz-cérebro fosse verdadeira, poderíamos pensar que essa nova visão radical das plantas teria sido adotada e imediatamente redirecionada à ciência, levando-a a enxergar as plantas como seres semelhantes aos animais na capacidade de conduzir a própria vida. Mas a maior falha e a maior virtude da ciência é que ela quase sempre confunde concordância e verdade. E ninguém concordou com Darwin. Ele foi francamente rechaçado pelos botânicos contemporâneos. A hipótese da raiz-cérebro foi esquecida na mesma hora e até hoje não sabemos se ela é verdadeira ou falsa.

Em *A estrutura das revoluções científicas*, Thomas Kuhn traça a história da ciência não como um retrato do progresso linear, com novas descobertas baseadas nas antigas, mas como uma série de mudanças abruptas de paradigma em campos específicos, em que um conjunto de condições se alinham para provocar uma crise científica e uma mudança de um sistema de pensamento para outro completamente novo. Aqui, a crise é a parte importante. "Ciência normal" é a forma predominante de se fazer ciência antes de uma crise. A ciência normal é necessariamente hostil a qualquer coisa que extrapole demais seus limites. Podemos pensar em como Copérnico e Galileu foram vistos por sua crença de que a Terra girava ao redor do Sol, ou Darwin por sugerir a evolução na época da Vontade de Deus. Louis Pasteur enfrentou uma resistência ferrenha da comunidade médica por apoiar a teoria dos germes nas doenças. A lista de luminares científicos punidos antes que suas teorias fossem aceitas é bastante longa. "A ciência normal não visa provocar novos tipos de fenômenos; aliás, os que não se encaixam geralmente não são sequer vistos", diz Kuhn.

Um paradigma não pode questionar alguma coisa que não considera existir. A resistência dos cientistas a descobertas científicas é um fato conhecido: serve de baluarte contra charlatanismos.[28] Mas também deixa passar ou adia descobertas genuínas. O reconhecimento de algo como uma anomalia relevante que deve ser explicada, nas palavras de Ian Hacking na introdução do livro de Kuhn, é um "acontecimento histórico complexo". E nem ele basta para suscitar uma revolução científica. É preciso haver outro paradigma a ser aceito antes que o primeiro seja rejeitado. "Rejeitar um paradigma sem substituí-lo imediatamente por outro é rejeitar a própria ciência", Kuhn afirma.

Aceitar a ideia das plantas como seres inteligentes — até, em certo sentido, conscientes — seria sem dúvida uma mudança de paradigma. Mas um erro nesse sentido geraria o risco de uma rejeição à ciência, um salto rumo ao nada. Primeiro, as evidências — e até sua ampla aprovação — precisam se acumular. A situação atual da botânica é um estudo de caso de uma revolução científica que ainda não chegou a uma resolução. Essa resolução não é sequer garantida.*

* Uma comunidade científica em crise, diz Kuhn, se envolve em pesquisas "extraordinárias", em vez de pesquisas "normais", e vê uma "proliferação de articulações conflitantes, a disposição para tentar de tudo, a manifestação explícita de descontentamento, o recurso à filosofia e o debate sobre conceitos fundamentais". A primeira vez que li esse trecho, fiquei espantada: ele se encaixa perfeitamente no estado atual da botânica.

A comunidade científica está se reorganizando: o paradigma básico da botânica está em transição. Temos a oportunidade, aqui, de ver como o conhecimento científico é produzido.

O que acontece depois de uma mudança de paradigma? Kuhn diz que todo mundo volta ao normal. Em pouco tempo, já é difícil acreditar que outra ideia foi predominante. O que eram algumas pedras agitadas provocou uma avalanche e não há o que se fazer além de seguir o fluxo. Na verdade, só existe o fluxo. Quase todo mundo que a princípio hesitou adota o novo paradigma como se ele fosse óbvio, natural, predeterminado. Fico me perguntando se isso vai acontecer com as plantas, e me questiono se daqui a quarenta anos vamos olhar para trás e considerar nossas crenças anteriores a respeito das plantas absurdas e falsas, assim como hoje consideramos as opiniões sobre vivissecção.

Uma hora ou outra, diz Kuhn, só restam alguns poucos baluartes. "E mesmo estes, não podemos dizer que são errados", ele escreve. Afinal, estavam corretos durante a fase da história científica a que ainda se aferram. Mas agora existe um novo mundo. "No máximo, pode-se dizer que o homem que continua a resistir quando sua profissão como um todo foi transformada ipso facto deixou de ser cientista." Estes ficam à margem, fora de compasso, deixados para trás.

Em 2006, um grupo de botânicos tentou deliberadamente começar uma avalanche pequena, mas impossível de ignorar, na esperança de que ela provocasse uma mudança de paradigma. Num artigo polêmico, eles acusaram cientistas de praticarem "autocensura", deliberadamente ou não, silenciados pelo antigo fantasma de *A vida secreta das plantas*.[29] O estigma os inibia, impedindo que fizessem boas perguntas sobre possíveis paralelos entre neurobiologia e fitobiologia, e "perpetuava a ignorância" de grandes estudos — a saber, a hipótese da raiz-cérebro proposta por Darwin, que eles queriam revisitar.* O novo grupo, formado em sua grande maioria por cientistas de carreira já bem avançada, clamava pelo exame da ideia das plantas como seres inteligentes, no sentido de serem capazes de processar múltiplas formas de informação para tomar decisões sofisticadas. Todos tinham experiência na observação de plantas fazendo justamente isso, e estavam cansados, ao que parece, das tentativas linguísticas de não falar francamente do que estava acontecendo de fato: as

* De novo penso em Kuhn: "Volta e meia um novo paradigma emerge, pelo menos de forma embrionária, antes de uma crise ir longe ou ser explicitamente reconhecida".

plantas estavam agindo com inteligência. Eles se intitularam a Sociedade pela Neurobiologia das Plantas. František Baluška, biólogo celular da Universidade de Bonn, Elizabeth Van Volkenburgh, bióloga vegetal da Universidade de Washington, Eric D. Brenner, biólogo molecular do Jardim Botânico de Nova York, e Stefano Mancuso, fisiólogo vegetal da Universidade de Florença, foram alguns de seus membros fundadores. Nosso conhecimento sobre as plantas ainda é tão incipiente que chega a ser rudimentar, eles disseram. "Precisamos de novos conceitos e precisamos fazer novas perguntas."[30]

Evocar a neurociência foi uma ousadia – e muitos botânicos com quem conversei mais de uma década depois ainda acham que foi audácia demais. Mas eles estavam tentando defender um argumento. É claro que as plantas não têm neurônios nem cérebro, mas as pesquisas sugeriam que possuíam estruturas análogas, ou pelo menos uma fisiologia capaz de coisas similares, além de uma capacidade cognitiva que deveria ser tratada com seriedade. As plantas produzem impulsos elétricos, e parecem ter nós nas pontas das raízes que servem como centro de comando local. O glutamato e a glicina, dois dos neurotransmissores mais comuns nos cérebros animais, também estão presentes nas plantas e parecem ser cruciais para a transmissão de informações por meio dos caules e folhas. Já foi revelado que elas formam, guardam e acessam memórias, sentem mudanças muito sutis no meio ambiente e reagem soltando no ar substâncias químicas muito sofisticadas, que enviam sinais a diversas partes do corpo para coordenar defesas. A neurobiologia vegetal "tem como objetivo estudar as plantas em toda a sua complexidade sensorial e comunicativa", eles escreveram.

E o que é o cérebro, aliás, senão um aglomerado de células especializadas, excitáveis, tomadas por impulsos elétricos? A "neurobiologia vegetal" não era algo literal, é claro, mas tampouco era um exagero, diziam seus defensores. Não precisamos de palavras novas para coisas funcionalmente similares – só precisamos de especificações novas. Cérebros vegetais, sinapses vegetais, pensamentos vegetais. Vejam, eles disseram: Darwin já fazia isso um século atrás.

Passado algum tempo da época dos naturalistas-filósofos, de Humboldt e Darwin, a ciência virou uma busca pela especialização. Apesar de gestos relativamente recentes rumo à interdisciplinaridade acadêmica, ainda vivemos na era dos especialistas, e cada um deles só enxerga sua frestinha estreita dentro do grande problema do funcionamento da vida. Isso provocou tremendos saltos de conhecimento: a especialização traz profundidade. Porém, em grande medida, os especialistas continuam desatentos ao quadro geral. Talvez, ao lidar com plantas, esta seja a fórmula da ignorância: a planta é um organismo multidimensional em constante conversa biológica com seus arredores, as bactérias, fungos, insetos, minerais e outras plantas que fazem parte de seu mundo. Não é nenhum espanto que zoólogos e entomologistas tenham feito algumas das descobertas mais inovadoras sobre as plantas, em geral enxergando-as pelo prisma dos animais e insetos. Não estou querendo desmerecer os botânicos, mas, numa época em que a genética é prevalecente, muitos deixaram de ver a planta como um organismo integral e pulsante, passando a enxergá-la como um amálgama de maçanetas genéticas e portões de proteína. É claro que o ser humano também pode ser visto nesses termos. Mas o que perdemos ao olhar as coisas desse jeito?

A Sociedade pela Neurobiologia das Plantas acabou desistindo de seu provocativo nome, sendo rebatizada por seus membros de Sociedade dos Sinais e do Comportamento das Plantas. Mas até a palavra "comportamento" incomodou alguns botânicos. A caixa de Pandora já estava aberta. O que veio depois foram as refutações. E elas foram bastante ácidas.

Os acadêmicos, tomados pelo excesso de leituras, às vezes são cruéis nas discordâncias. Nas páginas da revista *Trends in Plant Science* (*TiPS*) descobri pesquisadores céticos lançando um maldisfarçado veneno acadêmico. Um deles descreveu o incidente como "Balbúrdia da *TiPS*" e me contou das cartas de colegas que nunca foram publicadas, ou de versões em que o antagonismo foi um pouco amenizado antes da publicação. Mas um trecho de uma carta escrita pelo campo contrário à inteligência das plantas me pareceu especialmente revelador. "Embora Darwin tenha acertado em muitas coisas, a analogia com o cérebro simplesmente não resiste a uma análise aprofundada", declarou Lincoln Taiz, autor do livro didático *Plant Physiology* [Fisiologia das plantas], em uma carta escrita em conjunto com vários colegas.[31] "Se a ponta da raiz é um centro de comando semelhante ao cérebro, então a ponta do broto também é, a ponta do coleóptilo, a folha, o caule e a fruta. Como as interações regulatórias ocorrem na planta como um todo, podemos considerar a planta inteira um centro de comando semelhante a um cérebro, mas assim a metáfora do cérebro perderia o valor heurístico que supostamente tem."

O intuito do comentário era ser desdenhoso. Mas acho que ele revela falta de imaginação. Talvez a planta inteira *possa* ser considerada um centro de comando semelhante ao cérebro. E então? Pensei no polvo, com seus braços semelhantes a cérebros, os neurônios distribuídos pelo corpo. Estamos só começando a imaginar como é o mundo para eles. Com certeza é completamente diferente de como é para nós. Também é certo que seus substratos neuronais espalhados são parte do que lhes permite ter um comportamento tão inteligente, e a consciência que há pouco tempo nos dignamos conceder a eles. Ver as plantas sob esse prisma também as colocaria nas conversas que estão fervilhando sobre as diferentes formas de inteligência distribuída: a ideia de que redes descentralizadas construídas por fungos e mixomicetos podem ser inteligentes, e talvez ainda mais ágeis na capacidade de reagir a novos desafios justamente por conta de sua natureza difusa.

Até o cérebro humano, por mais que seja um centro de processamento centralizado em relação ao corpo, parece ser menos claramente centralizado em si mesmo. Quando os neurocientistas examinam o cérebro, se deparam com uma rede distribuída. Não existe um posto de comando discernível. Nossa inteligência parece emergir de uma rede de células cerebrais especializadas que trocam informações, mas não parecem atender a uma força dirigente. As decisões inteligentes que tomamos emanam não de um ponto específico, mas de algo parecido com uma rede, uma cidade consolidada de partes interligadas, comunicativas, dentro do crânio.* Como afirmou certa vez o jornalista Michael Pollan, talvez não haja mágico atrás da cortina.[32]

* As questões que isso suscita para a consciência reverberam ainda mais alto. Então também não existe o fantasma dentro da máquina? A questão da consciência humana é de modo geral um debate corrente entre dois campos. O primeiro é formado pelos que acreditam que devemos nossa consciência a uma força maior do que as operações materiais do cérebro — algo como a alma, digamos, ou uma propriedade que ainda não foi descoberta além ou à parte da massa cerebral física. O pampsiquismo está nesse campo. No segundo campo estão aqueles que acham que a consciência é meramente um fenômeno biológico gerado pela evolução, assim como tudo na natureza, e que sua causa provavelmente se situa na complexidade imensurável do órgão que há em nosso crânio; só que ainda não descobrimos o mecanismo. Os membros desse campo às vezes são chamados de materialistas. Tecnicamente, porém, nenhuma das duas teorias gerais supõe um cérebro, pelo menos não exatamente do jeito que o nosso cérebro existe. Na verdade, ambas deixam espaço para a possibilidade de graus de consciência em vez de algo que se tem ou não. Se a consciência é resultado de uma propriedade do universo que é

Novas ideias na ciência acarretam novos métodos e novas teorias. Sem revoluções, a ciência entraria em degeneração. É importante não perder isso de vista. Kuhn disse que a mudança de paradigma científico tem o poder de mudar a visão que uma pessoa tem do mundo em que vivemos. "É claro que o mundo continua o mesmo", ele escreveu. As plantas vão continuar sendo plantas, o que quer que decidirmos pensar sobre elas. Mas a forma como decidirmos pensar nelas pode mudar tudo para nós.

---

transcendente, solta, não existiria a possibilidade de uma criatura tê-la em maior ou menor grau do que seu vizinho? E se a consciência se resume a uma propriedade emergente da evolução biológica, esse traço não poderia simplesmente ter sido mais ou menos enfatizado na trajetória evolutiva de cada ser? No que diz respeito às plantas, a questão em pauta é se poderia haver consciência em algo além de nós mesmos e num seleto grupo de animais.

3. A planta comunicativa

Eu acordava com o nascer do sol porque havia pouco tempo tinha reparado que era nesse horário que o mundo estava mais vivo. Como não havia me dado conta disso antes? Ao amanhecer tudo ganha o brilho da atividade. Em comparação, o dia pleno é um período morto. Os pássaros no pântano salgado debaixo da casa berravam feito loucos, como se tivessem tomado cafeína. Eu ainda não tinha tomado, pelo menos por enquanto, mas gostava dos minutos turvos antes de minha cabeça se voltar mais para as relações humanas. Estava em uma residência para escritores em Point Reyes, na Califórnia, para continuar pensando e escrevendo sobre plantas. Queria entender direito que perguntas fazer, como organizar minha curiosidade. Nosso grupinho morava na borda da Falha de San Andreas, empoleirado na beirada da placa tectônica de onde se via outra placa, da qual era separada pelo pântano. No quintal havia uma plantação de sálvias, representantes da família de mesmo nome, na minha cabeça as monarcas das plantas cheirosas, todas exalando um aroma de cânfora e óleo condimentado. Havia espécimes grandes de sálvia roxa, sálvia russa e uma calêndula mexicana com seus milhares de flores douradas. Arbustos densos de alecrim reluzente despontavam por todos os lados, com flores azul-claras que fechavam suas pétalas aladas à noite.

Saí na varandinha. A barba-de-velho que pendia de uma bétula ao meu lado parecia ter subido com um enorme propósito até o alto da jovem árvore, revestindo seu tronco feito uma meia no pé. Ela avançava pela nuca dos galhos mais baixos. Fiquei com a sensação onírica de que havia tido a astúcia de parar ali bem a tempo de vê-la. O tempo do líquen é mais vagaroso do que o tempo humano, então eu imaginava que sim – ele e todos os irmãos em movimento, mas parados no nosso momento de percepção. Estiquei os tornozelos como um cervo, cheirando o ar, abrindo o gramado raquítico como se qualquer movimento súbito pudesse perturbar o véu de aroma. Ele não se abalou – é claro que não –, os aromas não eram para mim. Eu tinha lido sobre as novas teorias da linguagem das plantas na noite anterior, e sem dúvida elas estavam influenciando minha cabeça pré-aurora. A linguagem do cheiro, segundo se dizia, bafejava mensagens no ar. Comecei a entender que um drama em muitas camadas se desenrolava ao meu redor, com mais personagens e tramas do que um épico russo. De algumas delas eu conseguia sentir o cheiro, mas meu nariz era ingênuo demais para perceber a maioria.

Resolvi começar daqui: as plantas estavam se comunicando? E o que mudaria caso estivessem? A comunicação implica um reconhecimento de si e do que há além – a existência dos outros. A comunicação é a formação de fios entre indivíduos. É uma forma de tornar uma vida útil às outras vidas, de se fazer importante para os outros. Ela transforma indivíduos em comunidades. Se é verdade que a floresta ou o campo inteiro estão se comunicando, isso muda a natureza da floresta ou do campo. Muda a noção do que *é* uma planta. O que é a planta sem um meio de comunicação? Uma casca. E, sem conversa, a floresta não é floresta.

Eu tinha passado a noite anterior lendo o artigo que transformou a botânica para sempre.[1] A essa altura ele estava quase esquecido, e ao que consta não existia em arquivo digital; Richard Karban, o Rick, ecologista especialista em plantas e insetos da Universidade da Califórnia em Davis, teve que mandar uma fotocópia para a minha casa. Eu tinha descoberto que o artigo causara brigas que acabaram com a carreira de pelo menos um cientista e destravara a questão da comunicação vegetal para todos os botânicos futuros. Mas, apesar de todas as mudanças que geraria, o artigo era de uma brandura obsequiosa. Seu linguajar era no máximo reservado. Fazia sentido. Ele existia no fio da navalha: sua conclusão era tão original que seria mais fácil desdenhá-la do que aderir a ela. E o desdém era a norma na época em que foi escrito. A situação da biologia vegetal era tensa. David Rhoades pisava em ovos.

Era 1983 e a repercussão de *A vida secreta das plantas* ainda era sentida. David Rhoades — que a maioria das pessoas chamava de Davey — era um zoólogo e químico da Universidade de Washington e costumava estudar insetos. Era britânico, gregário, imponente, fumava que nem uma chaminé e gesticulava sem parar. O bigode grosso extrapolava os cantos da boca, e os olhos se fechavam quando ele ria. Davey encarava seus dados com uma seriedade mortal, e adorava elaborar experimentos que gerassem o mínimo de gastos, criando iscas para os insetos com o que achava no mercado. Seu artigo mudaria tudo, e, numa reviravolta cruel, acabaria com sua carreira. Pois na época ninguém acreditou nele.

O artigo, publicado em *Plant Resistance to Insects*, um periódico relativamente obscuro (se é que dá para acreditar nisso) da Sociedade Americana de Química, embrulha sua proposta incendiária em camadas suaves de jargão científico. Ao longo de doze páginas, Rhoades tem o zelo de reproduzir o peso da pupa de larvas de insetos e a perda de folhas das árvores. Fazia anos que ele vinha testemunhando a dizimação da floresta experimental da universidade por uma invasão de lagartas. Mas de repente algo mudou: as lagartas começaram a morrer. Por que, ele questionava, as vorazes lagartas de repente pararam de mascar, deixando as árvores intactas? Por que pareciam morrer abruptamente?

A resposta, segundo descobriu Rhoades, era improvável, incrível e perigosa: as árvores estavam se comunicando. As árvores onde as lagartas ainda não tinham chegado estavam preparadas: haviam transformado suas folhas em armas. As lagartas que as comeram ficaram doentes e morreram.

A comunicação entre árvores através das raízes já tinha sido verificada um pouco antes da descoberta de Rhoades, mas agora era diferente. As árvores estavam afastadas demais para trocar informações por meio das raízes. Mas o recado — de que as lagartas estavam chegando — estava sendo passado mesmo assim. Sua empolgação com o que isso acarretava era irrefreável. Depois que todo o espaço para descrições áridas foi explorado, e ele já não tinha mais nada a fazer além de dizê-lo, Rhoades não teve como não soltar o cerne de seu artigo como se fosse um gorjeio, usando uma pontuação reveladora: "Isso sugere que os resultados podem se dever a feromônios carregados pelo ar!".[2] As árvores estavam trocando sinais, ele disse, a longas distâncias, pelo ar.

A comunicação é mais um dos processos vitais básicos sobre os quais não existe definição científica consagrada. Para a maioria, comunicação é nos exprimirmos a fim de dizer a outro ser alguma coisa que ele precisa saber. Sugere uma forma complicada de intencionalidade, premeditação e consciência de causa e efeito. Talvez seja assim, mas a vida começou a se comunicar, a depender de sua definição, antes do advento de uma existência mais complexa. Tudo começou com o primeiro organismo multicelular, no mínimo 600 milhões de anos atrás. Para que a vida se abrisse para a possibilidade da multicelularidade, células individuais tiveram que se coordenar. Até então, todas as vidas eram unicelulares. Esses seres autônomos estavam à deriva no mar antigo, cada um por si. Para que formas mais complexas emergissem, células individuais precisaram trocar informações.

Até hoje, para se aglutinar em um corpo, cada célula do organismo tem que saber o que é e o que faz. As células se entendem a partir de outras células: em uma série de três células, por exemplo, a terceira sabe que é a terceira — e, portanto, é incumbida de uma tarefa especial reservada a terceiras células —, porque tem ciência da presença da célula um e da célula dois. É essa a natureza de um sistema que se organiza sozinho, um corpo coeso. Mas *como* a célula sabe que é a terceira ainda é um mistério. Sabemos que essa informação deve ser transmitida por suas células colaboradoras.[3] A comunicação, seja ela qual for, começa com a primeiríssima divisão celular, quando uma célula vira duas e depois quatro — a estratégia que todos os organismos multicelulares usam para crescer. O veículo dessa informação — elétrico? químico? de algum outro tipo? — é desconhecido. A natureza da comunicação também continua sendo uma grande questão da embriologia animal; gostaríamos de saber como um esperma e um óvulo se organizam para nos criar.[4]

As células das plantas também fazem isso. Num uso muito liberal do termo, elas "conversam". Assim, cada célula entende para que serve — ou, em outras palavras, quem ela é. Barbara McClintock, a geneticista ganhadora do prêmio Nobel que descobriu que os genes do milho podem mudar de posição, chamou essa consciência celular de "conhecimento que a célula tem de si mesma".[5]

Quando as células conversam, coisas grandiosas acontecem. Toda a vida vegetal provém dessas interações fundamentais. Em 2017, pesquisadores da Universidade de Birmingham identificaram a presença, dentro das sementes latentes, de um "centro de tomada de decisões"[6] que reúne informações e decide quando a planta deve emergir. Esse centro é feito de um aglomerado de células situadas na ponta da raiz embrionária da semente. As células conversam sobre a abundância de dois hormônios na semente: um que promove a dormência e outro que promove a germinação. Elas reúnem informações sobre as mudanças de temperatura do solo ao redor para regular esses hormônios. Assim, o aglomerado de células decide quando trocar a chave e vir ao mundo. O momento da decisão de emergir é crucial. Essa arriscada decisão se torna mais certeira ao se basear no acúmulo de reações de várias células; ao decidir segundo duas variáveis antagônicas — a relativa abundância de dois hormônios, ambos sensíveis a mudanças de temperatura —, a planta tem uma chance maior de tomar uma decisão acertada num mundo instável. Os pesquisadores observaram que esse é um método de comunicação entre células análogo a certas estruturas do cérebro humano. Nosso cérebro também troca hormônios antagonistas entre as células para melhorar nossa tomada de decisões no mundo instável. Em vez de resolver mexer um músculo com base em um único estímulo, o cérebro toma suas decisões acumulando informações hormonais de várias células e eliminando dados irrelevantes nesse processo. No fundo, esse é um caso de comunicação intercelular.

Por meio do bate-papo de suas células, as plantas são consideradas sistemas que se organizam sozinhos. Mas a ideia de que elas se comunicam de modo intencional — de que a comunicação pode ir de uma planta para outras — é relativamente nova e ainda controversa na botânica. Um grande problema faz a coisa toda ser tema de debate: não existe uma definição consensual do que conta como comunicação nem mesmo entre os animais.[7] O sinal tem que ser enviado de propósito? Precisa suscitar uma reação no receptor? A *consciência* e a *inteligência* não têm uma definição consagrada, enquanto a *comunicação* derrapa entre os âmbitos da filosofia e da ciência e não finca o pé em nenhum deles. Para seguir em frente com alguma objetividade, vou definir a comunicação como o que acontece quando um sinal é enviado, recebido e causa reação. Repare que eu não disse que é quando o sinal é enviado *intencionalmente*. É mais complicado discernir intencionalidade, em certa medida porque não sabemos como é ser uma planta. A intenção é o mais complicado dos problemas, pois é impossível descobri-la de forma objetiva. Só nos resta construir conhecimento em torno do problema da intenção, traçando nosso perímetro mais junto dela, e torcer para que, ao circundá-la, ela possa começar a adquirir um formato que sejamos capazes de entender.

No entanto, a princípio, a mera ideia de que uma planta tivesse alguma informação a transmitir às outras estava ausente do mapa científico. Rhoades só sabia que uma praga havia começado e parado. Em 1977, a floresta experimental da Universidade de Washington estava em sua terceira primavera consecutiva de prolongados e horripilantes ataques de lagartas que teciam casulos em forma de tendas. Amieiros vermelhos e salgueiros sitka, geralmente capazes de resistir ao incômodo de alguns meses de inquilinato dessas devoradoras de folhas, estavam sucumbindo às centenas. As lagartas os desfolhavam quase por completo, ou seja, causavam fome às árvores: sem folhas para fazer a fotossíntese na estação de florescimento, a árvore não fabrica açúcar e de fato morre de fome.

Mas, na primavera seguinte, em 1978, o equilíbrio de poder parecia ter mudado. As lagartas estavam morrendo. Sua população estava em queda. Poucos ovos de lagartas apareceram nas folhas restantes das árvores, por onde se espalhavam na primavera anterior. Os ovos que surgiram geralmente não eclodiam. Na primavera de 1979, as lagartas já tinham sumido por completo. As árvores tinham parado de morrer. Sua folhagem era densa e fecunda. A sorte das duas partes havia sofrido um revés.

Como todo ecologista sabe, em um ecossistema nada muda sem motivo. Algo provocou a mudança. Rhoades, doutor tanto em química orgânica como em zoologia, começou a procurar uma explicação. Por anos a fio acalentou uma ideia polêmica sem muito apoio dos colegas: ele achava que as plantas criavam resistência a certas ameaças depois de expostas a elas, assim como o sistema imunológico dos animais cria anticorpos contra doenças com que já tiveram contato. Ele percebeu que, volta e meia, insetos começavam a comer uma planta e depois paravam, apesar de ainda haver um monte de folhas boas para degustar. De novo, nada na natureza acontece sem razão. Alguma coisa havia feito os insetos pararem.

Será que a planta estava registrando a invasão e preparando uma espécie de reação imune? Isso explicaria a demora: as plantas funcionam numa escala de tempo mais lenta do que a dos insetos, então fazia sentido que sua reação também fosse mais devagar. Testes laboratoriais confirmaram essa ideia. Rhoades constatou que, depois que as folhas aguentavam um enxame de lagartas devoradoras por um tempo, sua química mudava: a planta alterava o conteúdo de suas folhas para que se tornassem menos nutritivas. A noção de que uma planta pudesse se defender ativamente, entretanto, era uma heresia diante das premissas segundo as quais os cientistas achavam que as plantas funcionavam. Não se imaginava que elas pudessem ser tão ativas ou ter reações tão drásticas e estratégicas. Rhoades encontrou poucos apoiadores para sua hipótese.

Mas a invasão de lagartas nas terras da universidade era a situação perfeita para que ele estudasse sua teoria no mundo real. As árvores sitiadas realmente mudaram a composição de suas folhas, debilitando as lagartas, que essencialmente morreram de fome por causa da diarreia. Ele ficou satisfeito. A teoria se comprovava. Mas Rhoades também percebeu outra coisa: até as folhas de árvores distantes, intocadas pelas lagartas, tinham mudado de composição. Elas haviam sido avisadas, e de alguma forma o aviso tinha atravessado uma grande distância. Que as plantas são incríveis no que diz respeito à síntese química, ele já sabia. E certas substâncias químicas vegetais voam com o ar. Todo mundo já sabia, por exemplo, que as frutas maduras produziam etileno aerotransportado, incitando as frutas do entorno a amadurecerem. A indústria de frutas usava esse conhecimento para fazer com que armazéns repletos de bananas verdes amadurecessem a tempo das vendas, possibilitando o comércio global de uma fruta que normalmente apodrece rápido. Não é nenhum absurdo imaginar que substâncias químicas vegetais que contêm outras informações — de que a floresta está sob ataque, por exemplo — também sejam carregadas pelo ar.

Rhoades apresentou essa hipótese em conferências. A história das árvores falantes se espalhou, cochichada de botânico em botânico como uma fofoca arbórea. Será que era verdade? De qualquer forma, ninguém estava disposto a assumir o risco de publicar algo tão excêntrico. A descoberta acabou enterrada em um periódico obscuro. Rhoades passou os anos seguintes cumprindo seus deveres acadêmicos de hábito. Lecionava e dava palestras enquanto era azucrinado pelos colegas em periódicos e conferências.[8] Ele se concentrou cada vez mais em seu papel de mentor, percebendo muito mais abertura em estudantes e novos professores, talvez porque ainda não tivessem sido encegueecidos pelo conservadorismo institucional.

Rhoades começou a trocar correspondências com Rick Karban, um professor de entomologia recém-formado que se interessou por sua ideia de "resistência induzida", fenômeno em que a planta mastigada por insetos alterava sua química e se tornava menos propensa a ser devorada. Karban achava que a ideia corrente, de que as plantas atendiam aos caprichos do ambiente, não podia de modo algum estar correta. Ele havia se destacado em seu campo estudando cigarras que botavam ovos nas árvores. Quando saem do ovo, as larvas caem no chão, se entocam nas raízes da árvore e ficam lá por dezessete anos, sugando sua seiva. Para a árvore, é um incômodo enorme que toda essa nutrição vaze de suas partes mais baixas antes que chegue às mais altas. Ainda um jovem cientista, Karban leu um artigo de JoAnne White, uma pioneira em pesquisas com cigarras que descobriu que algumas árvores conseguiam localizar o ponto do galho onde a cigarra tinha botado ovos e criar um calo em torno deles, asfixiando-os antes que pudessem eclodir.[9]

Karban, assim como Rhoades, achava impossível que as plantas fossem passivas, e convidou o zoólogo e químico a fazer palestras em sua classe de pós-graduação. Depois os dois mantiveram contato: Rhoades lia os manuscritos de Karban e fazia comentários a seus pedidos de subvenção. Mas sua vida desmoronava. As reprimendas prosseguiam, e ele teve dificuldade para replicar o próprio estudo. Passou dois anos tentando: às vezes dava certo, às vezes não. Depois de seguidas rejeições, Rhoades desistiu de se candidatar a bolsas, o que no mundo dos pesquisadores equivale a desistir de comer. Por fim, abandonou o mundo das descobertas científicas. Aceitou ser professor de química orgânica em uma faculdade qualquer e abriu um hotelzinho na costa do Pacífico. Foi diagnosticado com câncer terminal na década de 1990 e morreu em 2002. Com seu trabalho, chegou ao lugar certo, mas na hora errada.

Enquanto isso, porém, a maré, pelo menos para os outros, mudava pouco a pouco. Seis meses depois de Rhoades publicar seu artigo, Ian Baldwin e Jack Schultz, na época jovens pesquisadores do Dartmouth College, anunciaram uma descoberta bastante parecida. Não é sempre que entendemos por que o destino favorece uns em detrimento de outros no arco da história científica. Nesse caso, deve ter sido uma mistura de sorte e projeto de estudo. O trabalho deles foi feito na segurança de um laboratório. O ar livre era um lugar confuso demais para se fazer ciência: o trabalho laboratorial é limpo, controlado, específico. Baldwin e Schultz colocaram pares de mudas de bordo no ambiente estéril de uma sala de cultivo.[10] As mudas dividiam o mesmo ar, mas não se tocavam. Então os pesquisadores arrancaram as folhas de uma e mediram a reação da outra. Em 36 horas, a muda de bordo intocada encheu suas folhas de tanino. Em outras palavras: apesar de não sentir os danos na própria pele, a muda intacta pôs mãos à obra para se tornar intragável.

Baldwin e Schultz observaram que haviam sido os segundos da fila a notar esse fenômeno, dando crédito a Rhoades em seu artigo, no qual chegaram a usar a palavra "comunicação" (Rhoades, que pisava em ovos, nunca usou essa palavra). A grande mídia se ateve ao vocabulário, imprimindo manchetes sobre "árvores falantes" nos jornais americanos. De modo geral, eles foram censurados pelos colegas por usar um vocabulário tão humanizado para falar de plantas, mas, em comparação com Rhoades, dizer que suas carreiras se recuperaram seria um eufemismo. Hoje, Baldwin é um dos cientistas mais bem-sucedidos e prolíficos na área do comportamento das plantas, encabeçando uma enorme equipe de alunos de pós-graduação e pós-doutorandos que tentam descobrir como as plantas de tabaco de fato se comunicam, se defendem e escolhem outras plantas de tabaco para se reproduzir. Jack Schultz foi durante décadas um grande colaborador do campo da comunicação entre plantas e insetos, e é conhecido por ter dito que o cheiro de grama cortada é o equivalente químico ao grito de uma planta. Ambos dizem ter se inspirado em Rhoades.

Anos depois da morte de Rhoades, Jack Schultz disse acreditar saber por que Rhoades nunca conseguira fazer as árvores repetirem seu feito: hoje em dia sabemos que, além das drásticas mudanças sazonais que as árvores sofrem, os químicos aerotransportados produzidos por elas também são sazonais.[11] O estudo original de Rhoades foi feito na primavera, e ele tentou reproduzi-lo no outono. Não admira que os resultados tenham mudado. As árvores estavam numa fase diferente do ciclo anual. Ele não estava no caminho errado; só havia outras variáveis que não conseguia ver.

Rhoades me lembrou Gregor Mendel, o frade agostiniano e pai da genética que tentou reproduzir seu belo estudo sobre o cruzamento de ervilhas em piloselas.[12] A ideia parecia nunca funcionar: ele morreu frustrado e derrotado, acreditando que a obra de sua vida era irreplicável e sem sentido. É claro que não era verdade. O que ele não sabia era que as piloselas têm um pendor estranho: produzem sementes ao acaso, sem polinização. Em outras palavras, de tempos em tempos elas se clonam em vez de se reproduzirem por meio do sexo vegetal, confundindo todo o processo de estudo do cruzamento genético. A natureza, nunca tediosa, tem sempre muitas camadas e facetas escondidas dos olhares humanos. O mundo é um prisma, não uma janela. Para todo canto que olhamos, vemos novas refrações.

* * *

Por volta da mesma época em que Rhoades, Baldwin e Schultz defendiam seus artigos, um engenheiro florestal sul-africano fora dos corredores da botânica fazia o que só podemos chamar de avaliação anedótica. Não foi um experimento revisado por pares, mas ouvi sua história tantas vezes — inclusive da boca do engenheiro florestal sul-africano — que acho que vale a pena relatá-la aqui, com todas as restrições necessárias. Eu a encaro como o que é: uma história.

Em 1985, Wouter van Hoven estava numa sala do departamento de zoologia da Universidade de Pretória quando recebeu um telefonema estranho de um guarda-florestal. No último mês, mais de mil kudus, uma espécie majestosa de antílopes com listras elegantes e chifres longos e curvos, tinham morrido em várias fazendas de caça na região do Transvaal, ali perto. Isso também tinha acontecido no inverno anterior. No total, cerca de 3 mil antílopes morreram. Não parecia haver nada de errado com eles: não tinham feridas abertas ou doenças, mas alguns estavam um pouquinho magros. Será que ele poderia ir até lá assim que possível? Os donos da fazenda estavam chocados. Van Hoven era um zoólogo especializado em ungulados africanos, e provavelmente seria capaz de entender o que estava acontecendo.

Quando chegou à primeira fazenda de caça, Van Hoven viu antílopes mortos caídos como se uma guerra tivesse acabado de acontecer. Mas a primeira coisa em que reparou depois do fedor era que eles eram muito numerosos para uma fazenda daquele tamanho. A regra era de que não houvesse mais de três antílopes para cada cem hectares, e a fazenda tinha cerca de quinze. As outras fazendas que ele visitou eram iguais. A popularidade da caça em fazendas havia explodido, e, para se aproveitar disso, os fazendeiros levavam suas terras ao limite.

Van Hoven abriu vários antílopes e viu estômagos cheios de folhas de acácia amassadas, não digeridas. Então olhou para as girafas dispersas pela savana, mordiscando acácias e evidentemente vivas.

Depois de algumas semanas a imagem começou a se formar: quando começavam a ser devoradas, as acácias aumentavam o tanino amargo em suas folhas. Van Hoven já sabia disso. Tratava-se de um mecanismo de defesa sutil. Primeiro, o tanino aumenta só um pouco. Não fica perigoso, mas tem gosto ruim. O normal é que isso baste para deter o antílope. Mas os dois invernos anteriores tinham sido extremamente secos. A grama toda tinha murchado. Havia muitos antílopes contidos por cercados sem mais nada para comer e sem ter para onde ir. Van Hoven percebeu que, por necessidade, eles haviam sido obrigados a continuar comendo as folhas de acácia, apesar do gosto amargo. Assim, pegou alguns punhados de folhas de acácia mastigadas do estômago de um antílope e os levou para o laboratório.

Os kudus, como Van Hoven sabia, só toleravam folhas com cerca de 4% de tanino. Acima disso, começavam a surgir problemas. A acácia, ele avaliou, continuava aumentando o grau de tanino em suas folhas, olho por olho. Os antílopes continuavam a comer. E então, é claro, as acácias soltaram uma dose letal. As folhas que não foram digeridas, tiradas da barriga dos antílopes e testadas por Van Hoven, tinham 12% de tanino.

Na opinião dele, a natureza havia basicamente decidido: "Vou ter que reduzir a população desses animais", disse o zoólogo. "E foi o que ela fez."

Van Hoven se lembrou de ter lido sobre sinalização química entre árvores alguns anos antes, provavelmente pensando no artigo de Rhoades ou no de Baldwin e Schultz. Com isso em mente, quebrou alguns galhos de acácia e examinou o ar. As árvores deterioradas estavam mesmo soltando grandes plumas de etileno, sem dúvida suficientes para chegar às árvores das redondezas. As árvores do entorno estavam recebendo alertas e mudando de comportamento, ele concluiu. Era um envenenamento coordenado.

Ele voltou à girafa. Como ela escapava ilesa depois de comer as folhas de acácia? "Elas comem sem parar e de repente param e vão embora. Apesar de ainda haver muitas folhas." Não fazia sentido da perspectiva da conservação de energia. Mas em pouco tempo ficou claro que elas só comiam de um entre cada dez hectares, e nunca a favor do vento. Ele imaginou que as girafas tivessem aprendido a comer só de árvores que não tinham recebido o alerta para soltar tanino.

Rick Karban não gosta dessa história, nem de como é repetida. Ele passou a carreira lutando para conseguir publicar trabalhos anticonvencionais, mas não perdeu a fé no árduo processo da revisão por pares como salvaguarda essencial contra caminhos fajutos. Sem isso, a ciência perde toda sua credibilidade. Todo mundo necessita do parecer dos colegas para manter o risco de erro humano sob controle. E a história dos kudus não havia passado por esse tipo de avaliação. Outros botânicos, em todos os pontos do espectro de convicção, têm grande respeito por Karban, ainda que não sejam do tipo de acalentar ideias sobre plantas que fazem coisas com intenção. Mas, ao falar sobre Karban, eles usaram palavras como "rigoroso" e disseram que eu devia ir vê-lo trabalhar.

Karban é um ágil varapau, de postura ereta e cabelo branco emplumado. No dia em que o encontro em sua sala, no terceiro andar do prédio de biologia da Universidade da Califórnia em Davis, ele está de tênis laranja e usa uma bola de ioga como cadeira. É meio-dia, e o relógio de passarinho que fica atrás dele, na parede, solta um grasnido. "É velho, os pássaros estão errados", ele diz, para explicar por que um berro de gaio-azul saiu do bico de um tentilhão.

A sala de Karban é um retângulo apertado dentro de um laboratório amplo e aberto de entomologia onde Tupperwares com borboletinhas mortas enchem a bancada, e há duas redes para apanhar insetos em estacas compridas, as duas maiores do que eu, encostadas na parede. Pergunto a ele o que um botânico está fazendo num laboratório de insetos. Ele dá de ombros. "Eu comecei com as cigarras", ele me lembra, e boa parte de seu trabalho ainda se concentra no ponto de interseção entre plantas e insetos. Seu campo de estudos nos últimos vinte anos fica na encosta de Mammoth Lakes, na Califórnia, uma bela paisagem lunar de floresta subalpina e deserto de artemísias no alto das montanhas. Partimos para lá.

A área de estudos ecológicos Valentine, em Mammoth Lakes, propriedade da Universidade da Califórnia em Santa Barbara, é uma reserva de 63 hectares situada na boca de um vulcão antigo, 2400 metros acima do nível do mar. Não existe uma cerca para impedir a entrada de turistas, apenas uma placa avisando que a ultrapassagem não será tolerada. A maioria das pessoas nem saberia como chegar lá: a entrada é um pinheiral esparso sem trilha demarcada, sem atrativos se comparada à área de esqui que fica bem ao lado.

Mas, imediatamente depois da cerca viva feita de árvores, a terra se abre em uma elevação que, em julho, quando a visitei, estava coberta de artemísias verdes congeladas e uvas-ursi brilhantes. Pinheiros gigantescos, blindados por camadas de casca laranja-ferrugem com aroma de baunilha, pairam acima das plantas rasteiras. Do solo empedrado emergem falsos helébori, flores rosa--claras, orquídeas de flores brancas, asteráceas, nespereiras-das-rochas e tufos laranja de pincéis indianos semiparasitas. Dois cervos, filhotes com saliências no lugar das galhadas, se afastam saltitando à medida que avanço. Assim como os gafanhotos. Acima do espetáculo ao nível do chão surgem os cumes irregulares de Sierra Nevada, ainda borrados de neve apesar do sol de julho.

Karban está agachado na direção de uma artemísia, tirando besourinhos pretos com uma pinça. Ele me entrega uma pinça e um potinho redondo de papelão — como aqueles de sorvete, só que com buraquinhos para o ar passar — e me pede para começar a recolher os insetos, que serão reutilizados em experimentos futuros. Como jornalista da área de ciências, nunca me canso de redescobrir como um campo de pesquisa pode parecer uma oficina de artes manuais. O próprio Karban tinha colocado os besourinhos no arbusto na noite anterior: estarem ou não ali seria um sinal do esforço que a planta teria feito para se livrar do predador.

Mas besouros também têm seus predadores.

"Ah, uma joaninha está comendo um deles", exclama Karban, por um instante decepcionado com o dado perdido. "Ah, mas tudo bem! A vida real é assim mesmo!"

A pesquisa de Rick demonstrou que as substâncias químicas exaladas pelas artemísias podem ser interpretadas até pelo tabaco selvagem que fica perto delas, e que esse mesmo tabaco selvagem, quando começa a ser prejudicado, é capaz de convocar predadores para devorar as lagartas que se alimentam dele. Ele constatou também que a artemísia é mais sensível a pistas de suas parentes genéticas. Se uma artemísia recebe um sinal químico através do ar, talvez indicando a existência de predadores perigosos nos arredores, é mais provável que ela preste atenção nele se for de um parente próximo.

Na época da minha visita, a ecologista evolutiva finlandesa Aino Kalske, a ecologista química japonesa Kaori Shiojiri e o ecologista químico André Kessler, da Universidade Cornell, tinham acabado de descobrir que os solidagos que vivem em áreas pacatas, sem muitas ameaças de predadores, lançam alertas químicos incrivelmente específicos — decifráveis apenas pelos parentes mais próximos — nas raras ocasiões em que são atacados.[13] Mas solidagos em territórios mais hostis dão sinais aos vizinhos usando frases químicas de fácil compreensão para todos os solidagos da área, não só seus parentes biológicos. Em vez de usar redes de cochichos codificados, eles transmitem a ameaça por alto-falantes, por assim dizer. Essa foi a primeira vez que pesquisas confirmaram que esse tipo de comunicação química é benéfica não só para a planta destinatária, mas também para a remetente.* Se a situação está muito difícil, você não quer ser a única a ficar parada no meio do campo, se for uma planta. Pois não teria ninguém com quem acasalar, ninguém para ajudá-la a atrair polinizadores. Os cientistas nunca chegaram tão perto de demonstrar a intencionalidade na comunicação vegetal: os sinais são emitidos para serem ouvidos. E, como já sabemos, segundo algumas escalas, a intenção é um indício de comportamento inteligente.

Repetidas vezes, Karban encontrou maneiras de aplicar os métodos de pesquisa sobre comportamento animal às plantas — e repetidas vezes eles funcionaram. Karban se recorda de uma revelação sobre pássaros canoros que ele achou que seria aplicável ao que estava acontecendo com as artemísias. Ele tentou reproduzir o artigo finlandês para ver. Deu certo. A artemísia também usa meios "particulares" de comunicação para avisar somente aos membros de sua família sobre ataques de insetos quando o nível de ameaça é baixo.[14] Basicamente, as artemísias utilizam meios secretos, compostos químicos complexos restritos a elas e às suas maiores aliadas. No entanto, quando toda a comunidade está sob ataque ferrenho, elas utilizam canais "públicos", emitindo alertas de compreensão mais universal. Isso condiz totalmente com algo que há muito tempo sabemos a respeito dos pássaros canoros. Em lugares pacatos, onde há poucos predadores perigosos à espreita, os pássaros usam um canto extremamente específico para avisar só aos parentes que algo está errado.[15] Mas, quando enfrentam um risco generalizado, mudam de canto, fazendo barulhos de alerta que todos na área entendem, até mesmo outras espécies de pássaros. Uma vez mais, isso faz sentido em termos de sobrevivência comunitária: quando toda uma vizinhança é ameaçada, é melhor salvar o máximo possível de indivíduos de sua espécie, sendo ou não da sua família.

* Antes dessa descoberta sobre os solidagos, uma interpretação sobre a comunicação vegetal era de que não se tratava de comunicação. Na verdade, as plantas tinham aprendido a bisbilhotar os sinais que as plantas vizinhas emitiam a seus galhos, para mandar partes de seu corpo montarem sua defesa. Como afirmou um pesquisador, sinalização volátil não é comunicação, é um "solilóquio". Mas o artigo sobre os solidagos subverteu essa ideia. Todo mundo que participava da conversa parecia se beneficiar. Ver Martin Heil e Rosa M. Adame-Alvarez, "Short Signalling Distances Make Plant Communication a Soliloquy", *Biology Letters*, v. 6, n. 6, pp. 843-5, 2010.

Fiquei pensando no que isso significava para as plantas. Agora que esse comportamento foi descoberto em mais de uma espécie, podemos supor que ele será descoberto em outras, e talvez se estenda a todo o reino vegetal. Isso quer dizer que as plantas podem ter dialetos e estão atentas a seu contexto a ponto de saber quando usá-los. Mais do que isso, elas têm uma percepção clara de quem é quem, de quem é parente e quem não é. Elas estão conscientes dos arredores e do status inconstante de seus inimigos. Sua comunicação não é rudimentar, mas complexa e multidimensional, viva, cheia de significados.

A capacidade de variação torna as plantas mais próximas de nós em sentidos cruciais, mas ainda incipientes. Mudanças diferentes na nossa vida suscitam reações diferentes em nós, é claro. Avaliamos ameaças e temos reações condizentes. Mas isso me faz pensar sobre variações entre indivíduos: os seres humanos não são todos iguais uns aos outros, e nossas reações diante de ameaças são pessoais. Os graus de coragem ou medo, ousadia ou cautela, variam muito de indivíduo para indivíduo. Nunca imaginei que conceitos humanos como "medo" pudessem ser aplicados às plantas, mas ainda assim achava que valia a pena fazer uma pergunta mais conservadora: as plantas também têm esse leque de reações?

Fiquei muito contente ao saber que os experimentos mais recentes de Karban diziam respeito justamente a isso: ele quer saber se as plantas têm personalidade. A pesquisa sobre personalidade adentrou o mundo da zoologia há pouco tempo: nos últimos vinte anos, a ciência animal começou a levar a sério a ideia de que os animais têm personalidades individuais — formas singulares, coerentes, de reagir ao mundo — e dignas de estudo.[16]

Volta e meia Karban conversa com colegas que estudam traços de personalidade em animais, e ele chegou a uma conclusão simples, mas inovadora, de como fazer sua pesquisa: animais e plantas são obviamente diferentes, mas compartilham um mundo. A labuta diária de ambos é bem similar. Eles precisam encontrar alimento e parceiros. E precisam fazer isso enquanto outras coisas tentam devorá-los. "Se os animais resolveram o problema de um jeito, não é absurdo que eu pense em perguntar se as plantas não teriam feito algo parecido."

Em geral, ao medir características de organismos — plantas ou animais —, os cientistas olham para a média de tendências do grupo inteiro. Na biologia vegetal, há pelo menos cem anos as plantas que fazem parte de uma mesma espécie foram consideradas réplicas. Nenhum traço individual interessa à ciência, que só olha para a média de traços da população como um todo. Se um indivíduo sai muito da média, tende a ser descartado do estudo como uma discrepância. "O que os indivíduos fazem é considerado apenas ruído", Karban explica. Mas seu trabalho com as artemísias descarta a relevância das médias. Pesquisas de personalidade tratam diferenças individuais como dados preciosos. Cada uma é um ponto no espectro do comportamento. O barulho se torna o sinal. "É a abordagem oposta: é prestar atenção na variação entre indivíduos."

Depois de uma longa carreira estudando como as artemísias trocam sinais, Karban está bem sintonizado com as variações desse processo. Ele percebe que a troca nem sempre sai do mesmo jeito. Às vezes uma planta sinaliza apuros e as vizinhas não produzem compostos de defesa, ou produzem menos. Karban acredita que talvez isso aconteça porque cada planta tem um grau diferente de tolerância ao risco — uma métrica de personalidade. Algumas, segundo ele, talvez demonstrem uma personalidade parecida com, digamos, a de gatos assustadiços por natureza: eles dão desabalados sinais à menor perturbação. Nesse caso, outras plantas da mesma família tratam os parentes medrosos como o menino que deu alarmes falsos e os ignoram. Elas não produzem compostos.

Enquanto passeamos pelo prado das artemísias, falamos de nossas vidas. Fico sabendo que Karban é um nova-iorquino que vive longe de sua terra. Ele foi criado no mesmo condomínio de prédios do Lower East Side em que minha mãe mora atualmente. O Lower East Side da década de 1960 era uma área complicada para crianças, e para um menino isso significava ter disposição para entrar em brigas a fim de se defender e não perder o dinheiro do almoço. Karban não fazia esse estilo. "Eu era avesso ao risco", disse. Ele não se entrosava, ou pelo menos sempre se sentiu meio à parte, cético quanto às intenções do mundo em relação a ele. Era um corpo estranho, então passava muito tempo dentro de casa, desejando estar em outro lugar, num ambiente mais tranquilo, fora da humanidade implacável da cidade grande. Assim que pôde, ele se mudou para o outro lado do país a fim de estudar a complexidade de criaturas não humanas. Ele ainda insiste em fazer boa parte de suas pesquisas ao ar livre, na conturbada realidade dos ecossistemas imprevisíveis.

É bem verdade que o trabalho de Karban sobre personalidade está no limite das pesquisas sobre comportamento vegetal. Mas ele pode bancar: respeitado e com quarenta anos de pesquisas nas costas, seu grande interesse nas possíveis personalidades das plantas é um sinal para qualquer um que esteja prestando atenção de que essa é uma ideia cuja hora chegou. Se os resultados forem convincentes e replicáveis, podem ter enormes implicações – extrapolando o mundinho dos pesquisadores botânicos. A diversidade de reações humanas ao ambiente, pode-se argumentar, nos torna mais resilientes como grupo. Talvez isso também seja verdade no caso das plantas.

Em 2017, Charline Couchoux, uma ecologista comportamental da Universidade do Québec, em Montreal, mandou uma proposta para o e-mail de Karban. Seu programa de doutorado exigia que ela colaborasse com alguém de fora de seu campo de atuação, e ela tinha uma metodologia para identificar diferenças comportamentais em animais que poderia ser aplicada às plantas. Couchoux tinha passado milhares de horas observando tâmias nas matas da divisa entre Vermont e o Québec. Tinha identificado dezenas de tâmias com brincos de cores diferentes, mas, ao terminar de observá-las, já as conhecia só de olhar para elas e ver seu comportamento.

As tâmias, que são roedores parecidos com o esquilo, emitem pedidos de socorro distintos: um para quando detectam um predador aéreo, como um falcão, e outro para o predador terrestre. Algumas, segundo Couchoux, gritam o tempo todo. "Algumas estavam comendo sementes quando uma folha caiu no chão. Elas entraram em pânico e deram o sinal", ela explicou, soltando berros sobre uma ave de rapina imaginária. Essas eram as tímidas, enquanto outras "continuaram forrageando". Ela então estabeleceu grupos de controle de acordo com sexo, status social e idade, e ainda assim havia diferenças gritantes na personalidade das tâmias que permaneceram estáveis ao longo do tempo. Algumas tâmias se arriscavam, outras não.

É claro que esses berros de alerta são ouvidos por outras tâmias, mas o que elas resolvem fazer com essa informação parece depender da fidedignidade do escandaloso. "A ideia principal é que, se há alguns indivíduos que vivem dando alarme falso, estes não devem ser dignos de confiança." Couchoux gravou brados de uma série de tâmias que congregam diferentes pontos do que ela e os colegas chamaram de "continuum timidez-audácia" e os tocou para outras tâmias. Os ouvintes se empertigaram e prestaram atenção ao ouvir um sinal de alerta que vinha de uma tâmia valente e não deram muita atenção quando o grito vinha de alguém que vira e mexe entrava em pânico.

De uma perspectiva evolutiva, da sobrevivência do mais forte, podemos pensar que as tâmias mais tímidas estavam predestinadas ao fracasso. Mas

Couchoux descobriu que não. Os indivíduos menos agressivos assumiam menos riscos, então comiam menos e tinham menos filhotes por ano. Mas tendiam a viver mais. Menos risco significava menos chances de serem engolidas por uma águia. Do lado oposto do espectro ficavam as tâmias muito audaciosas. "Elas se reproduzem antes, comem muito e correm mais riscos. Vão ter mais filhotes, digamos que três por ano. E então morrem comidas por um predador."

"A estratégia delas é diferente, mas ambos podem trabalhar a vida inteira", diz Couchoux. "Hoje já vemos isso em muitas espécies, de carneiros selvagens a peixes." No que diz respeito à personalidade, há lugar para todos.

Em outro campo, a trezentos quilômetros de Mammoth Lakes, Karban mantém uma plantação de 99 artemísias e conhece cada uma delas pessoalmente. Ele e seus alunos de pós-graduação traçaram um perfil genético de cada uma e sabem qual é o parentesco existente entre todas. Eles já provaram que as artemísias são mais reativas a pistas dadas por seus parentes genéticos. Agora, adaptaram a técnica de coleta de amostras de substâncias químicas para estudar a personalidade das plantas.

Com esse objetivo, Karban e seus alunos danificam uma artemísia, geralmente arrancando algumas de suas folhas. Em seguida, cobrem a planta com um saco plástico para captar os químicos voláteis que ela sempre exala. Usam uma seringa grandona para puxar um tanto do ar cheio de químicos preso na sacola. Depois espirram o ar perto de outra planta e registram sua reação. O passo seguinte é instituir um perfil de personalidade para cada uma delas. Assim, eles podem monitorar as reações da planta ao longo do tempo e ver se a personalidade se mantém no decorrer da vida. Se um arbusto medroso continuar sendo medroso, como Karban espera, o campo da pesquisa sobre personalidade vegetal terá de fato nascido, junto com uma forma bem definida de estudá-la.

À medida que o estudo da comunicação vegetal se desenvolve, novas informações vêm à tona, aparentemente de qualquer lugar para onde o pesquisador resolva olhar. Colleen Nell, cientista da Universidade da Califórnia em Irvine, descobriu há pouco tempo que, entre os arbustos floridos do deserto conhecidos como salgueiros, as plantas fêmeas escutam os sinais tanto dos machos quanto das fêmeas, mas os machos só ouvem outros machos.[17] Em outros casos, as plantas parecem preferir obter informações de parentes: um dos estudos de Karban revelou que as artemísias ouvem parentes genéticos, mas não desconhecidos genéticos.[18]

Essa nova pesquisa levanta questões existenciais sobre o que acreditamos ser comunidades vegetais saudáveis e o que significa protegê-las. Dadas essas descobertas, o mero cultivo não basta: se a comunicação é uma função vital das plantas, nosso cuidado com elas deve se estender à proteção de sua capacidade de "falar" umas com as outras.

Mais tarde, já em casa, refletindo sobre a pesquisa de Karban, eu passaria um momento lúgubre contemplando minhas plantas domésticas: será que estavam sendo silenciadas? Essas companhias que dão mais vida ao meu apartamento estavam sendo privadas de parte de sua essência? Eu agora achava isso provável. Para começo de conversa, elas estavam dentro de vasos. No que dizia respeito à comunicação entre raízes, era inegável que estavam impedidas de estabelecer qualquer conexão com suas companheiras de vida vegetal – para não falar na rede de fungos e bactérias com que normalmente se associariam. Mas estariam também excluídas da forma química de discurso vegetal? Será que exalavam sentidos no ar por meio de compostos químicos, assim como muito provavelmente fazem seus pares selvagens? Quase todas as plantas do meu apartamento eram variedades tropicais amplamente cultivadas em viveiros. Bem longe de suas ancestrais selvagens. Seriam minhas plantas uma versão reduzida, domesticada, de suas parentes silvestres, há tantas gerações afastadas do convívio com suas semelhantes que haviam esquecido como falar, talvez sem nunca ter escutado a própria língua? E, deixando de lado a linhagem, será que agora eu as mantinha feito animais engaiolados, confinadas, silenciadas, em seus vasos? Era horripilante imaginar isso. Ou será que elas eram mais como os cães são para os lobos, necessitadas dos meus cuidados agora que tinham perdido o contexto e as características de que precisavam para ser totalmente autossuficientes? Eu tampouco sabia como encarar essa possibilidade. Mas sabia que isso não passava de imaginação. Eu devia ter ido longe demais em meus devaneios. É muito fácil fazer isso quando estamos pensando na ação das plantas. No entanto – eu agora me censurava, confundindo ainda mais as coisas –, o que é "longe demais" quando estamos falando da ação de seres vivos?

De volta a Mammoth Lakes, vestido com uma calça cáqui de náilon e deitado sob os pedregulhos a fim de enxergar o mundo como um inseto, Karban está agora contando besouros. Seu chapéu de sol aparece acima da artemísia onde ele enfiou a cara.

Sentada no chão, ali perto, inalo lufadas da fragrância de cânfora típica da artemísia, herbal e um tiquinho picante. Trata-se de um buquê de alguns dos muitos químicos voláteis da planta, que elas usam para se comunicar com partes diversas do próprio corpo, emitindo sinais que suas companheiras artemísias também captam e aos quais também reagem. Karban acha que essa deve ser a versão delas para "expressiva" ou "quieta", se aprendermos a escutá-las.

Assim como com os seres humanos, cuja mente é estudada por inferência — o que a pessoa faz —, e não pelos mecanismos neurológicos, Karban está procurando padrões de comportamento. "Sou um grande fã de usar o que a psicologia vem aprendendo há décadas, seus métodos, e questionar se eles não se aplicam às plantas", diz. "Em alguns casos isso não acontece, e tudo bem."

Mas Karban descobriu um método das pesquisas da área da psicologia que realmente veio a calhar. Ele ajuda os pesquisadores a analisarem os comportamentos dividindo-os em dois processos. O primeiro é o julgamento, ou a percepção da informação bruta; o segundo é a tomada de decisão, ou como alguém mede os custos e benefícios de diferentes atitudes e escolhe a melhor. Isso se aplica perfeitamente às plantas, segundo ele. A forma como diferentes plantas avaliam a ameaça de predadores e então tomam uma atitude contra eles — deixando suas folhas amargas, por exemplo, ou, no caso do tabaco, convocando quimicamente os predadores que vão devorar os seres que o estão comendo — pode ser um forte indício de personalidade individual. A gravidade que elas atribuem à ameaça e como escolhem reagir podem nos dizer muito sobre o leque de abordagens vegetais diante da vida.

Saímos do campo e descemos do prado seco para uma ravina à sombra, cortada por um córrego. Tudo é de um tom intenso de verde. Karban aponta um lírio asiático silvestre, uma branca-ursina. Ele avista um tufo de almíscar de macaco com flores amarelas. "Quando eles acham que foram polinizados, o estigma se fecha. Se for pólen de verdade, ele continua fechado. Como se ele dissesse: ok, consegui o que eu queria. Mas é possível enganá-los com uma folha de grama." Ele me mostra, cutucando a flor amarela. "Ela vai se fechar, mas daqui a meia hora vai pensar, ih, não era isso, e vai tornar a se abrir."

Continuamos nossa caminhada. Álamos trêmulos, miosótis, amieiros.

Pergunto a Karban como o trabalho mudou sua visão sobre as plantas. "As pessoas me perguntam: as plantas sentem dor?", ele responde. Mas a questão erra o alvo. "As plantas sabem que estão sendo comidas. Provavelmente vivenciam isso de uma forma bem diferente de nós. Elas estão muito atentas ao ambiente, são organismos muito sensíveis. E as coisas que interessam a elas são muito diferentes das que interessam a nós. As plantas sabem quando eu me aproximo e lanço uma sombra sobre elas. É ridículo pensar que preferem música clássica a rock", ele declara, "mas elas têm sensibilidade acústica."

Ele fica pensativo e interrompe a caminhada. "Tenho muito respeito por elas como... não sei se seres conscientes é a expressão correta, mas como seres alertas", ele diz. "Isso é novidade para mim, aconteceu nos últimos dez anos, mais ou menos. Os fatos não são uma novidade para mim, mas a mudança da visão de mundo, sim." Por que, eu me pergunto, depois de décadas a fio nessa área? "Sou do tipo que muda de ideia bem aos poucos", ele explica.

Em 1840, quando publicou um trabalho destrinchando os três elementos principais de que as plantas precisam para crescer, o químico e barão alemão Justus von Liebig também desmistificou a fertilidade do solo, que era um enigma há muito tempo.[19] Em poucas décadas, três elementos — nitrogênio, fósforo e potássio — se tornaram a base para a revolução do fertilizante sintético moderno, que transformou para sempre a exploração agrícola.[20] Desde então, entretanto, começamos a entender que a saúde da planta é muito mais complexa, e que o uso contínuo de fertilizantes sintéticos pode causar um dano indelével a longo prazo aos ecossistemas e à fertilidade do solo. Recentemente, o foco se voltou para novas camadas de complexidade do solo que envolvem as relações entre incontáveis micróbios e fungos.

A personalidade das plantas poderia ser mais um fator nessa complexidade. No momento, a variação individual de reação vegetal a pragas é um fenômeno basicamente inexplicável, assim como os fundamentos da fertilidade do solo já foram. Entender que nem todas as plantas são iguais — e de que formas elas são diferentes — poderia dar aos pesquisadores um caminho para compreender os comportamentos distintos das plantas, e talvez gerar o desenvolvimento de safras agrícolas mais resilientes.

Respeitar essa individualidade, no entanto, será um grande desafio. Os pesquisadores agrícolas advertem sobre os perigos da monocultura — cultivar uma única variedade genética de planta em amplas faixas de terra — desde meados do século XIX, quando um micróbio causou uma doença conhecida como praga da batata, letal sobretudo para o tipo de batata cultivado na Irlanda, um artigo de primeira necessidade no país naquela época. A devastação da safra de batata causou uma grande fome e cerca de 1 milhão de mortes. Porém, dada a economia da agricultura moderna, que valoriza o lucro acima de tudo, muitos dos alimentos básicos do mundo continuam a ser cultivados em plantações vastas e uniformes. As plantas tendem a ser semeadas principalmente pela produtividade, em geral às custas de outras características, como a capacidade de se defender. Assim, quase sempre elas precisam de enormes quantidades de pesticidas e fertilizantes para sobreviver. Será que essas monoculturas também são monoculturas de um único tipo de personalidade?

O que poderia acontecer com essa plantação, em termos de personalidade, se mais variações genéticas pudessem participar dela? Talvez a cultura local mudasse: mais estilos de vida poderiam conviver. Muitas pesquisas já demonstraram os benefícios da biodiversidade para a resiliência de uma plantação ou ecossistema. Mas a diversidade de personalidades pode ser mais um aspecto do que faz tudo funcionar. Um campo de multiplicidade pode florescer justamente pela relação com as muitas atitudes perante a vida que ela contém. Como comprovam essas revelações iniciais, nem os mansos nem os audazes perpetuam a espécie sozinhos.

4. Atentas aos sentimentos

We're just a biological speculation
Sittin' here, vibratin'
And we don't know what we're vibratin' about
Funkadelic, "Biological Speculation",
composição de George Clinton

A eletricidade é uma força arguta. Não é viva por si só, mas muitas vezes é o maior sinal de vida. É uma substituta da vivacidade — ou talvez seja a própria vivacidade. A eletricidade está enredada em todos os aspectos de nossas vidas. Está por trás da nossa capacidade de movimento, de pensamento, de respiração. Ela não pulsa, mas a pulsação a tem; ou melhor, a eletricidade é a razão para a pulsação existir. Que nome dar àquilo que por si só não está exatamente vivo, mas tampouco está inerte? A teórica Jane Bennett chama isso de vibração. Gosto da ideia. A eletricidade tem vibração própria. Ela nos faz acontecer.

A eletricidade também faz as plantas acontecerem, ou pelo menos é o que a ciência está fazendo parecer. De uma certa perspectiva, a planta é um saco de água — ou, para ser um pouquinho mais específica, um saco que parece uma pele cheio de células, todas infladas por um líquido aquoso que as atravessa. (Assim como é conosco, aliás.) Essa estrutura torna as plantas extremamente condutivas de eletricidade. Pulsos elétricos percorrem o corpo da planta muito rápido. Mas será que elas usam essa eletricidade para entender e reagir ao mundo, assim como nós? Para se mexer, crescer, mandar mensagens aos seus cantos mais distantes? Os impulsos elétricos no corpo humano geralmente passam pelo cérebro e são cuspidos de volta como informações, mas as plantas não têm esse recurso. Então, sem a existência de um cérebro, como a eletricidade poderia ser um meio de sinalização, de interpretar estímulos? Os cientistas hoje estão correndo para responder a essa pergunta. Vários me confidenciaram que desconfiam de uma explicação para isso, de uma ideia que chega às raias do misticismo. Ou pelo menos às raias de um conceito totalmente novo de vida — que, no começo, em muitos casos, soa como misticismo, não é?

Encoste na pele de sua bochecha. Sinta o toque, tanto no dedo como no ponto onde ele encosta na face. A sensação foi causada pela eletricidade, uma complexa reação em cadeia que emana das células na ponta dos dedos e na bochecha, vai até o cérebro e volta. No corpo humano, a eletricidade funciona assim: o potencial de membrana das células, quando em repouso, tem uma carga ligeiramente negativa. Os elementos de carga positiva — sódio, magnésio, potássio e íons de cálcio — boiam no plasma entre essas células. São seus eletrólitos. Quando tocadas, as células abrem canais nas membranas e permitem a passagem desses íons. Pense nas comportas dos canais que deixam a água sair e entrar.

De repente, com o influxo de íons, a carga da célula muda de negativa para positiva. Isso causa uma explosão de eletricidade conhecida como potencial de ação. Essa explosão repentina aciona os portões de íon na célula vizinha, fazendo-a se abrir, eletrizando essa célula. Essa reação em cadeia se propaga rápido, enviando informações por meio da corrente elétrica que as células movimentadas levam do seu dedo (e bochecha) a seu cérebro antes de retornarem ao ponto inicial. Quase todas as nossas células são capazes de gerar eletricidade. Os músculos são eletricamente ativados sempre que contraídos e descontraídos: é sua eletricidade que possibilita esse movimento. Isso também é verdade para os músculos lisos em torno de nossas veias, que se contraem e descontraem para manter o sangue fluindo pelo corpo. Nosso cérebro, óbvio, é de uma eletricidade fantástica, nos despertando para a carícia na bochecha antes de termos tempo de analisar o toque.

Mas e quando a eletricidade diminui? Quando colocados sob anestesia geral, os seres humanos deixam de reagir a toques. Tocar no corpo de uma pessoa anestesiada — ou abri-lo com um bisturi — não produz o mesmo surto de explosões elétricas que causaria em circunstâncias normais.[1] As drogas interferem no nosso potencial de ação.[2] Quando os pesquisadores põem dioneias sob anestesia geral — fechando-as em estojos de vidro e espalhando éter dietílico dentro deles —, elas também param de reagir ao toque.[3] Elas não se fecham de repente, por mais que se mexa em seus cílios sensíveis; quando o éter é retirado, os cílios demoram quinze minutos para voltar a se fechar normalmente.

Isso também é verdade para a espécie *Mimosa pudica*, mais conhecida como "dormideira". No estado normal, a mimosa fecha as folhas, que parecem um leque, ao menor toque, dobrando-as como venezianas. Se continuarmos tocando nela, a folha de repente murcha a partir do ponto onde encontra o caule, tal qual um punho. Isso não acontece à toa: se estiver comendo uma folha que murcha de repente, a lagarta vai cair. Anestesiada com o éter, porém, a mimosa não fecha suas folhas, por mais que seja tocada.[4]

Mudas de ervilha, que normalmente abanam suas gavinhas ao longo de cerca de vinte minutos, parecendo dançar, curvam as gavinhas para dentro e o balanço estanca quando estão sob o efeito do éter dietílico. Quando o éter é tirado, elas se recuperam e voltam a se mexer.

O mistério da eletricidade das plantas traz à lembrança outros mistérios: corporais, humanos. Nosso cérebro elétrico é formado por uma estrutura tão sinuosa que ainda não existe um mapa com todos os seus caminhos. Isso também me leva a pensar no mistério de como a anestesia atua em nós, o mecanismo desconhecido através do qual ela "desliga" nossos circuitos sem nos apagar por completo. Sabemos que no cérebro humano a anestesia profunda altera o padrão de circulação dos impulsos elétricos. As ondas cerebrais diminuem, resultando em uma redução geral de atividade.[5] O fluxo de informações, ao que parece, desacelera ou para. Em algumas escolas de pensamento, a presença de consciência é evidente sobretudo por seu contrário — a capacidade de ficar inconsciente.

No nosso cérebro, a eletricidade circula em ondas. A informação aparece em tomografias cerebrais colorizadas como pulsações, como uma onda que se desloca entre duas costas litorâneas. A complexidade e a coerência dessas ondas são usadas rotineiramente pelos neurologistas para determinar a saúde cerebral e o estado mental do paciente. Christof Koch, cientista-chefe do Allen Institute for Brain Science, em Seattle, vai mais além. Ele é fã de uma teoria elaborada pelo neurocientista Giulio Tononi, que defende que são a complexidade e a integração dessas ondas que criam em nós uma sensação coerente de realidade, uma forma de percebermos nossa própria consciência.[6] A consciência, Tononi argumenta, vem da exuberância dessa estrutura em ondas.[7] Koch, Tononi e seus colegas desenvolveram um sistema para medir a integração dessas ondas, pelo menos em tese: quanto mais integradas – ou seja, quanto mais organizada é cada região do cérebro, e quanto mais essas regiões são bem integradas umas com as outras –, maior o grau de consciência. Usando essa fórmula, ele acredita existir potencial de consciência em todos os organismos vivos. Para ele, a diferença entre as formas de vida não está na consciência ou na falta de consciência, portanto, mas no grau e na intensidade da consciência. Um inseto tem menos consciência do que uma pessoa, mas em certa medida o inseto é consciente. É uma escala. E tudo se resume às ondas.*

Esse formato de onda ecoa na natureza. A onda é uma ótima maneira de transmitir informações biológicas. Os fungos ameboides orientam os próprios movimentos fazendo pulsações onduladas percorrerem seu corpo, que é uma única célula gigantesca contendo milhares de núcleos.[8] Depois que a extremidade dianteira do fungo capta o cheiro de açúcares e proteínas, ele amolece a parte mais próxima de sua forma gelatinosa, fazendo o fluido em seu corpo inflar nessa direção. O reequilíbrio de fluido faz o saco inteiro da célula gigantesca, com seus incontáveis núcleos, ondular, empurrando seu corpo gelatinoso para a frente, em direção ao alimento. O fungo ameboide também pulsa através de pequenas contrações, fazendo com que ondas percorram seu corpo fluido e mandem sinais rápidos para suas partes mais distantes, possibilitando um comportamento coordenado. Os fungos também usam ondas para transformar informações sobre o ambiente em ações corporais. O micélio, a parte inferior do corpo dos fungos, coordena seus milhões de filamentos através de ondas de eletricidade.[9] Assim, informações sobre umidade e alimento atravessam o micélio, cujos tentáculos podem formar uma esteira que se estende por mil hectares de floresta. Tanto no caso do mixomiceto quanto no dos fungos, a

* Anthony Trewavas, junto com dois colegas, escreveu uma defesa do uso da assim chamada teoria da informação integrada, de Koch, para investigar a consciência das plantas. Ver Pedro Mediano, Anthony Trewavas e Paco Calvo, "Information and Integration in Plants: Towards a Quantitative Search for Plants Sentience", *Journal of Consciousness Studies*, v. 28, n. 1-2, pp. 80-105, 2021.

informação é recebida, absorvida e traduzida em ações coerentes sem que haja necessidade de cérebro.[10] E geralmente esse ciclo se inicia com um toque.

Faz tempo que os cientistas têm observado que praticamente todas as plantas são hipersensíveis a toques e alteram seu crescimento de acordo com eles. Têm até um termo para esse fenômeno: "tigmomorfogênese". Darwin descreveu a sensibilidade tátil em plantas no final dos anos 1800, mas os agricultores conhecem esse fenômeno há muito mais tempo. Nas atividades agrícolas mais tradicionais de várias regiões, acredita-se que açoitar, fustigar ou mesmo flagelar certas plantas comestíveis induz um crescimento mais vigoroso ou ajuda a evitar pragas. Nas décadas de 1970 e 1980, um fisiologista vegetal de Ohio mais ou menos confirmou essa sabedoria popular acariciando o caule de plantas em uma estufa diariamente. Mordecai Jaffe, chamado de "Mark" pela maioria das pessoas, descobriu que atazanar as plantas as torna mais resistentes. Ele começou a investigação acariciando meticulosamente vários tipos de plantas bastante comuns: cevada, pepino, feijão, mamona e mandrágora.[11] Se acariciasse a planta só uma vez, ela não mudava. Mas se a acariciasse várias vezes, por cerca de dez segundos, uma ou duas vezes por dia, ela mudava bastante. A reação era rápida: três minutos depois que ele começava a esfregar seu caule, a planta desacelerava ou até cessava seu alongamento, um processo que do contrário era contínuo. Quando Jaffe parava de acariciar a planta, ela se alongava depressa, ainda mais depressa do que se alongaria normalmente, como se tentasse recuperar o tempo perdido. No feijão-de-cera cherokee, o caule acariciado fica mais arredondado e se enrijece.[12] É impossível não fazer piadas sobre isso, mas o assunto também é sério: Jaffe cunhou o termo "tigmomorfogênese" e instituiu todo um novo campo de estudos vegetais.

Jaffe descobriu que a mesma coisa valia para brotos de abeto Fraser[13] e pinheiros amarelos.[14] Em vez de crescer, as árvores começavam a ficar mais robustas e mais duras. Jaffe especulou que a reação fosse "para proteger as plantas dos estresses gerados pelos ventos altos e pela movimentação dos animais". Se você vive levando esbarrões e sendo curvado, talvez seja uma boa ideia ganhar massa. Os feijões-de-cera cherokee, enquanto isso, pareciam adotar outra estratégia: ficavam elásticos. Jaffe resolveu ver o que aconteceria se os curvasse um pouco. Os feijões intactos se curvaram um pouco e depois se quebraram, mas os feijões acariciados por Jaffe conseguiram se curvar num ângulo de quase noventa graus sem se partir. Então agora ele sabia que tocar em uma planta poderia torná-la mais baixinha, mais parruda e mais flexível — maneiras muitíssimo úteis de evitar a morte em um mundo repleto de ventos e animais sem consideração.

Mais tarde, a revolução genômica nos possibilitou ver o impacto profundo que o toque tem sobre as plantas. Ao examinar os genes da *Arabidopsis thaliana*, uma erva da família da mostarda e cobaia de laboratório no mundo da biologia vegetal, os pesquisadores observaram que, na surdina, o toque desencadeava uma reação tão drástica na manifestação de seus hormônios e genes que inibia bastante o crescimento.[15] Eles acariciaram essa planta com pincéis macios e em seguida analisaram suas reações genéticas. Meia hora depois de serem tocadas, 10% do genoma da planta havia se alterado. Estava claro que a planta reorganizava suas prioridades para lidar com o incômodo e redirecionava a energia que usaria na labuta para se tornar mais alta. Se tocada várias vezes, a arabidopsis tem seu índice de crescimento ascendente reduzido em até 30%, assim como Jaffe já havia constatado anos antes.

Quando tocada, a planta basicamente ativa seu sistema imunológico. Assim, está comprovado que o toque humano ajuda as plantas a evitar uma futura infecção fúngica, pois suas defesas já estão altas.[16] Seja qual for a situação, se encostarmos numa planta, ela percebe e quase sempre fica muito estressada e na defensiva. A maioria das plantas não parece se incomodar quando pisamos nelas ou arrancamos uma flor. Mas agora sabemos que se eriçam internamente com a força de um porco-espinho assustado ou de um garanhão amedrontado. As plantas têm plena consciência do nosso contato com elas e reorganizam suas vidas para reagir à nossa abordagem.

Mas como essa percepção é possível? Como o toque é registrado pela planta e como pode ser traduzido em uma reação? A resposta talvez tenha a ver com a eletricidade. Toque em uma planta, ou animal, e sua reação vai aparecer em um voltímetro.

Uma das primeiras tentativas de se estudar a eletricidade em plantas foi feita nos anos 1900, em Calcutá, na Índia, pelo biólogo, médico, botânico e escritor de ficção científica Jagadish Chandra Bose. J. C. Bose, como era conhecido, foi o pioneiro da telecomunicação sem fio, pois descobriu as ondas eletromagnéticas — as micro-ondas que tornaram viáveis os primeiros rádios e hoje os scanners de segurança dos aeroportos. Na verdade, ele criou o receptor de ondas de rádio que Guglielmo Marconi usou para fabricar o primeiro rádio funcional. Talvez tenha sido o biólogo mais famoso de sua geração: foi nomeado cavaleiro, eleito pela Royal Society, e foi o primeiro indiano a ter uma patente dos Estados Unidos. E, no entanto, fora do sul da Ásia, ele caiu no esquecimento.

Nos anos seguintes às suas grandes inovações relativas às micro-ondas, imaginando que devia haver uma espécie de vida elétrica em tudo, Bose começou a fazer experiências com verduras. Ele acoplou sondas elétricas a vários vegetais e alegou ter registrado um "espasmo mortal" sob a forma de um pico na atividade elétrica. Ele ligou uma couve a um voltímetro na frente do dramaturgo George Bernard Shaw, que ao que consta ficou horrorizado quando testemunhou a "convulsão" elétrica da couve ao ser colocada na água fervente.[17] É preciso dizer que Shaw era vegetariano.

Bose também observou que as mimosas produziam um impulso elétrico antes de suas folhinhas se fecharem. O cientista inglês John Burdon-Sanderson foi o primeiro a registrar "excitações elétricas" em outra planta sensível, a dioneia, em 1876.[18] Entretanto, só olhou para a superfície da folha. Bose foi mais fundo, observando a reação elétrica dentro de células vegetais individuais com um sistema de gravação por microelétrodos que ele mesmo inventou,[19] muitos anos antes de os cientistas fazerem as primeiras leituras por microelétrodos de neurônios de animais.[20] Ele viu a voltagem das células vegetais mudar quando as plantas ficavam irritadas, numa clara reação ao toque. Alguns anos depois, em 1925, ele escreveu sobre "nervos de plantas",[21] e sugeriu que se comportavam como sinapses. A essa altura, as primeiras explicações sobre o sistema nervoso animal já estavam sendo publicadas, mas a palavra "neurônio" ainda não tinha sido cunhada.

Bose concluiu que as plantas deviam ter um sistema nervoso. Estava convicto de que os impulsos elétricos eram os responsáveis pelo controle da maioria das funções das plantas, como crescimento, fotossíntese, movimentação e reações ao que o ambiente lhes impunha — luz, calor, exposição a toxinas. "Os resultados das investigações que fiz no último quarto de século comprovam a generalização de que o mecanismo fisiológico das plantas é idêntico ao dos animais", escreveu Bose.[22]

Pois bem, isso não é inteiramente verdade — as células das plantas são diferentes das células dos animais: têm paredes celulares e coisas como cloroplastos. Além disso, as plantas não possuem sinapses. Mas Bose chamou sua tese de "generalização", e, se estivermos mesmo generalizando, ele devia ter razão. Talvez o corpo das plantas e dos animais funcione sob os mesmos princípios básicos, pelo menos no que diz respeito à eletricidade.

Não fui nem de longe a única pessoa a esbarrar nos experimentos de Bose com plantas. *A vida secreta das plantas* conta com um capítulo inteiro dedicado a ele, uma das poucas partes do livro que mais tarde sobreviveriam a seu escrutínio. Em 1973, ano em que o livro foi lançado, uma jovem estudante de biologia chamada Elizabeth Van Volkenburgh tinha acabado de se formar. Lia *A vida secreta das plantas* durante os intervalos do trabalho como técnica num laboratório de botânica na Universidade Duke, na Carolina do Norte. O capítulo de Bose saltou a seus olhos. A ideia da eletricidade vegetal logo dominaria seus pensamentos.

A primeira vez que vi o nome de Van Volkenburgh, ela estava listada como presidente da Sociedade pela Neurobiologia das Plantas – cujo nome foi abrandado e agora é Sociedade dos Sinais e do Comportamento das Plantas –, e vi que tinha estudado os impulsos elétricos nos girassóis anos atrás. Quando telefonei para ela, em 2018, ela pareceu surpresa. Agora professora da Universidade de Washington, ela não conseguia convencer seus alunos – em geral mais interessados em medicina e fazendo uma eletiva em ecologia – a dar grande importância às plantas, que dirá às primeiras pesquisas que buscavam entender por que correntes elétricas percorriam seus corpos. Van Volkenburgh chefiava um laboratório que estudava como as folhas se expandem. Mas eu estava ligando para falar de eletricidade vegetal – uma preocupação dela de anos atrás, de quando ainda publicava artigos sobre o tema. De antes de as fontes de financiamento secarem.

Van Volkenburgh se lembra muito bem de 1973. Ela tinha acabado de se formar em biologia vegetal: resolvera estudar biologia porque suas melhores notas em todas as outras matérias eram ruins. O trabalho no laboratório da Duke era maçante: sua função era contar as folhas das plantas experimentais e medir a largura e o comprimento delas ad nauseam. Ela não sabia direito o que queria fazer com o diploma, mas certamente não era aquilo. Nos intervalos, lia *A vida secreta das plantas*.

Então – ela leu – as plantas tinham vidas elétricas. Por que ninguém tinha falado disso nas aulas da graduação? Primeiro, porque Bose tinha passado por um período constrangedor. Ele dedicou boa parte de sua carreira a questionar se as máquinas estariam vivas; quando seus instrumentos científicos começaram a desacelerar depois de serem usados repetidas vezes, ele fez um paralelo com a fadiga dos nervos humanos. Esse episódio me lembra Alexander Graham Bell, inventor de uma das tecnologias mais importantes do mundo moderno, o telefone, mas que foi levado a inventá-lo devido à crença de que a estática que ouvia na linha era de mensagens dos mortos — e talvez de seu falecido irmão.

Bell não foi expulso do cânone por causa disso. Tampouco Thomas Edison, cujas ideias menos conhecidas incluem a fé na telepatia. Essas partes de suas biografias simplesmente ficaram em segundo plano. Mas eles eram homens brancos. Bose tinha pele escura e era indiano. Um botânico me disse que seu legado perdido é produto direto do racismo americano.[23]

Em 1981, depois que terminou o doutorado e começou a cursar o pós-doutorado na Universidade de Illinois, Van Volkenburgh começou a fazer experimentos com eletricidade vegetal. Ela tinha ido para lá com o objetivo de investigar uma questão completamente diferente, usando o milho. Mas seu orientador tinha trabalhado com potencial de ação e lhe mostrou como medi-lo. Ela cortou um pedaço da folha de milho, que conectou a um voltímetro que bipava quando atravessado por uma corrente. Em seguida, iluminou a folha de milho. Suas células, ainda vivas, continuavam capazes de fazer a fotossíntese, um processo inerentemente elétrico. O voltímetro disparou, bipando sem parar.

"Fiquei empolgada. A eletricidade tinha um quê bem fugidio", ela disse. A eletricidade é invisível, mas basta pôr uma agulha de sonda em uma planta e de repente um sinal aparece na tela. "Eu fiquei pasma. Parece até que ela está falando com você. Ela parece estar viva."

Em 1983, Van Volkenburgh já estava de volta à Universidade de Washington, onde, em outro prédio do mesmo campus, na mesma época, David Rhoades tinha acabado de publicar os infames experimentos sobre a invasão de lagartas à floresta da universidade. As notícias de árvores falantes circulavam.* Comunicação vegetal? Nos corredores dos laboratórios, Van Volkenburgh e os colegas se perguntavam se era possível que aquilo fosse verdade. Se as plantas

* Sete meses mais tarde, outro artigo que dizia praticamente a mesma coisa sobre bordos foi publicado na *Nature*. Publicar na revista é um feito grandioso: confere relevância. Pouco tempo depois, outro artigo revelou que as mensagens poderiam ser transmitidas entre espécies diferentes de plantas: lufadas de substâncias químicas exaladas por uma artemísia danificada poderiam instigar um pé de tomate das redondezas a incrementar suas defesas.

se comunicavam por meio de sinais transmitidos pelo ar, será que podiam fazer a mesma coisa com impulsos elétricos?

Sabemos que nosso corpo é essencialmente elétrico. É normal nos esquecermos de que nosso conhecimento atual sobre como a eletricidade rege os nervos e músculos humanos começou nas plantas. Os pesquisadores Alan Lloyd Hodgkin, Andrew Fielding Huxley e John Carew Eccles ganharam um Nobel por descobrirem a natureza elétrica dos neurônios humanos na década de 1950. Seu trabalho se baseava em estudos anteriores nos quais cientistas mediram impulsos elétricos nas células gigantes da *Chara algae*, uma espiga-de-água comum. As células da *Chara* eram enormes se comparadas ao tamanho normal das células – tinham dez centímetros de comprimento e um milímetro de diâmetro – e, portanto, tinham a conveniência de serem visíveis a olho nu. Era fácil espetar um eletrólito numa dessas. E elas eram tão excitáveis quanto as células humanas.

A ciência demorou muito tempo para começar a fazer mais perguntas elétricas às plantas. Em 1992, um grupo de pesquisadores do Reino Unido e da Nova Zelândia descobriu que era possível bloquear a sinalização química nas mudas de tomate, mas a planta ainda acumularia proteínas defensivas se uma outra parte dela fosse ferida.[24] Mas eles também observaram que, quando uma muda era ferida de propósito, detectava-se um surto de atividade elétrica. Será que o sinal defensivo era enviado por meio de impulsos elétricos, eles se perguntaram, e não químicos?

Em uma carta publicada na revista *Nature*, os pesquisadores chegam a dizer que a atividade elétrica tinha "similaridades com o sistema de transmissão epitelial usado para transmitir estímulos nas reações de defesa de alguns animais inferiores". Na transmissão epitelial, um sinal elétrico é transportado de uma célula a outra por meio de canais estreitos que possibilitam a passagem de íons entre células vizinhas. "Embora as plantas não tenham nenhuma estrutura comparável aos nervos dos animais", eles escreveram, as células do tecido vegetal são conectadas por fios estreitos que têm "condutividades elétricas quase idênticas" às dos tecidos animais. Será que o recado para reforçar as defesas era transmitido dessa maneira? O que isso significaria?

Seus resultados foram a primeira prova definitiva do vínculo entre o sinal elétrico e a reação bioquímica nas plantas. Por volta da mesma época, Van Volkenburgh tinha a impressão de estar chegando a uma conclusão importante.

Primeiro, ela estudou como as células se expandiam e como isso suscitava o crescimento das folhas. Em seguida, publicou artigos explicando como a membrana externa das células reagia a diversos comprimentos de ondas de luz e como isso alterava o crescimento da planta. A membrana celular, ela pensava, era muito mais movimentada do que parecia ser nos livros didáticos. Nos animais, é ela que regula o fluxo de eletricidade.

Em 1993, vinte anos depois de Van Volkenburgh começar a pós-graduação, outra cientista enfim percebeu o que estava acontecendo com as membranas celulares das plantas. A botânica Barbara Pickard vinha estudando a eletricidade em plantas desde a década de 1970 e era conhecida por se fiar tanto na intuição quanto nos dados, para o desgosto de outros pesquisadores. Mas ela descobriu um canal que atravessava a membrana e tinha um portão próprio, que estava ali para permitir o fluxo de corrente elétrica — basicamente íons de cálcio — através das células quando alguma coisa as empurrava mecanicamente, isto é, quando eram tocadas. Com sua equipe, Pickard encontrou a primeira prova definitiva de canais iônicos mecanossensíveis nas plantas.[25] Pela primeira vez pesquisadores tinham como ver, no nível celular, as plantas experimentarem o toque como uma força física vinda de dentro. "Quando eu cheguei nessa área, ninguém acreditava que as plantas possuíam canais iônicos", afirmou Van Volkenburgh. "Canais iônicos ativados por voltagem são a base dos nervos."

Os íons que causavam potencial de ação nas plantas não eram os mesmos dos nervos animais, e suas proteínas reguladoras tampouco são as mesmas. Ainda assim, ponderou Van Volkenburgh, "é de pensar se elas não têm funções parecidas com a dos nervos". Era impossível ignorar os paralelos entre as duas estruturas. A ideia de que as plantas teriam funções similares às dos nervos abria um mundo de possibilidades e novas questões: daria para dizer que elas têm sensações?

A pesquisa do Reino Unido e da Nova Zelândia, dois anos antes, contornava essa mesma ideia, mas não a abordava diretamente. Agora havia provas dos canais iônicos. Essa importante descoberta deveria ter marcado uma guinada em direção a uma carreira brilhante no que seria uma área de pesquisa novinha em folha. Mas àquela altura as pesquisas sobre o comportamento das plantas mais uma vez careciam de subvenção. Em 1995, o então presidente Bill Clinton foi informado de que o Ministério da Agricultura dos Estados Unidos financiava estudos sobre "estresse em plantas" com o dinheiro do contribuinte.[26] Ele chegou a zombar disso no discurso do Estado da União daquele ano, dando a entender que achava que o estudo era sobre plantas necessitadas de psicoterapia, e prometeu cortar gastos perdulários como esse. Essa atitude geral se transformou em mais ceticismo em relação aos pesquisadores que tentavam inovar no campo da fisiologia vegetal. Obter subvenções ficou ainda mais difícil. Pickard, que já tinha enfurecido os colegas por falar abertamente das falhas dos trabalhos alheios, isolou-se ainda mais ao se recusar a cumprir as regras do jogo das solicitações de financiamento. "As pessoas achavam que ela falava mais do que a boca", explica Van Volkenburgh. "Mas ela estava muito à frente de seu tempo." Pickard parou de publicar, pouco a pouco foi sofrendo o ostracismo dos colegas e se viu obrigada a abrir mão de seu laboratório; passou a última década de sua carreira fazendo sua pesquisa no laboratório de outro cientista.

Enquanto isso, Van Volkenburgh descobria que não conseguiria financiamento para suas pesquisas sobre reação elétrica nas plantas por conta do recente advento da revolução genética. "Tudo se voltou para a genética", ela disse. Os genes estavam na moda, a eletrofisiologia não. Era um trabalho difícil e muitas vezes instável: membranas celulares minúsculas eram objetos de estudo literalmente melindrosos. As agências de fomento preferiam a natureza bem definida da revelação de padrões em códigos genéticos. Além do mais, ainda existia aquela velha resistência à concepção de que as plantas pudessem ser tão reativas. "A sinalização elétrica não era aceita como uma capacidade das plantas. Cansei de enfrentar o ceticismo das pessoas a respeito do meu trabalho." Ela tentava de tudo, mas não conseguia financiamento. Acabou desistindo da eletricidade e foi para o magistério. No laboratório, voltou a estudar como as folhas cresciam, um enigma botânico crucial, mas menos vistoso. Continuou atenta aos desdobramentos no campo da eletricidade e virou uma espécie de intermediária, uma corredora rizomática, ligando os pontos entre laboratórios e mediando debates nos bastidores.

Trinta anos depois, a eletricidade das plantas está se tornando um campo importante, estimulado por ferramentas aprimoradas e pelo lento definhamento de um tabu agora gasto, relíquia de uma época mais paranoica. Os cientistas estão ressuscitando algumas daquelas primeiras pesquisas sobre eletricidade da época de J. C. Bose, mas com instrumentos melhores. A tecnologia se desenvolveu de tal maneira que, com um investimento mínimo, qualquer um pode observar a eletricidade de suas plantas caseiras. Basta um eletrodo e uma forma de se ler os resultados. Se você grudar o eletrodo ao próprio punho, uma linha regular de elevações e quedas aparece. Se grudar o mesmo eletrodo à folha de uma planta que tem em casa, e tocar nela de alguma forma, o que surge no visor é uma subida e uma descida muito parecidas. São os potenciais de ação, pequenas explosões de eletricidade produzidas, no nosso caso, pelos neurônios do coração, que a disparam em intervalos regulares para que o sangue seja bombeado, e, no caso da planta... bem, ninguém sabe ainda por que ou para que existem.

A única exceção a esse mistério é a dioneia, objeto de alguns dos primeiros experimentos com eletricidade vegetal. A planta é famosa pela impressão quase animalesca que dá quando fecha sua armadilha, segundos antes aberta, cheia de dentes, tal qual uma boca (na verdade, a armadilha é uma folha com dobradiça). Ela come o que identifica como "comida de verdade" — insetos como moscas —, além de ter o hábito vegetal quase mágico da fotossíntese. É um deleite observar uma dessas mandíbulas de folhas se fechando, confirmando sua destreza carnívora — como foi que uma planta, num grande revés do destino, passou a perna em um animal? É claro que isso acontece o tempo todo, porém mais devagar — lembremos das lagartas famintas, lentamente envenenadas pelas folhas revoltas —, mas nós, mamíferos, por enquanto somos tendenciosos. Adoramos uma morte abrupta.

O interior de cada armadilha eriça os filamentos flexíveis da planta, parecidos com ferrões. Os insetos, atraídos pelo aroma açucarado, roçam nos fios à procura de néctar. Em 2016, pesquisadores descobriram que esses fios são botões mecanossensíveis que provocam potenciais de ação, e que a dioneia é capaz de contar quantos potenciais de ação foram acionados: a explosão elétrica é registrada pelo voltímetro quando um filamento é tocado, e a boca se fecha.[27] Só para garantir, os pesquisadores dispararam cargas de eletricidade nas dioneias sem tocar em seus fios. Elas se fecharam do mesmo jeito. Esse é o exemplo mais claro que temos de sensibilidade tátil em plantas, em que temos a certeza de que a eletricidade causa a reação.

Em todas as outras plantas (e em todas as outras partes da dioneia), ainda existem grandes mistérios. Como o sinal elétrico que começa em um lugar da planta causa mudanças em outro lugar? E como, sem cérebro, esse sinal se traduz em ação? Alguma espécie de organização interna deve existir para que a descarga elétrica de um lugar gere mudanças em outro. Entre a descoberta dos botões sensoriais e as estruturas similares aos nervos, as informações se acumulam, adquirindo um ar de sofisticação antes inimaginável para as plantas. Ainda assim, os cientistas precisam achar um jeito de fazer tudo se encaixar.

Em uma sala escura com microscópios em Madison, Wisconsin, um professor de botânica começou a elaborar um mapa. Faz tempo que Simon Gilroy vem pensando em eletricidade vegetal. Em 2013, ele e o colega Masatsugu Toyota se tornaram as primeiras pessoas a testemunharem a eletricidade percorrendo um corpo vegetal em tempo real. Para seu deleite, perceberam que seus movimentos eram ondulados.

A primeira vez que encontrei Simon Gilroy, ele estava com uma camisa havaiana azul coberta por folhas verdes de filodendro. Botânicos adoram camisetas temáticas. O cabelo branquíssimo estava partido ao meio e caía nos ombros, batendo quase na altura dos punhos.

Gilroy, britânico e dado a piadinhas, estudou nos anos 1980 na Universidade de Edimburgo, sob a orientação do renomado fisiologista vegetal Anthony Trewavas. Durante décadas, eles estiveram convictos de que a eletricidade percorria o corpo das plantas em ondas. Fazia sentido: as informações eram transmitidas em ondas em inúmeras formas de vida. Só que eles ainda não tinham a tecnologia necessária para provar sua hipótese.

Nos últimos anos, Trewavas fez questão de adotar uma linguagem provocativa para falar de plantas, e assim acabou se aliando a um grupo de botânicos que se denominam neurobiólogos vegetais e publicam artigos e livros com argumentos científicos defendendo a inteligência e a consciência das plantas. Gilroy é mais circunspecto e não se dispõe a falar dessas coisas, mas os dois continuam trabalhando juntos. Ultimamente, estão desenvolvendo uma teoria da agência em plantas. Gilroy vai logo deixando claro que se refere estritamente à agência *biológica*, que não está insinuando intenção no sentido de pensamentos e emoções. Eu faço que sim e ele prossegue. "As plantas, no intervalo de tempo que acreditamos em que os animais operem, fazem coisas bem similares aos animais no que diz respeito ao processamento de informações. Elas fazem cálculos bem complicados sobre o mundo ao redor. Seria muito impressionante se um ser humano fizesse esse tipo de processamento de informações e chegasse ao resultado a que as plantas chegam." As plantas dão um jeito de fazer sua vida funcionar em qualquer ambiente onde se encontrem. Para ele, isso é prova de sua agência. No entanto, essa prova foi obtida por inferência, não pela compreensão do mecanismo. "No que diz respeito às máquinas que possibilitam esses cálculos, a gente não tem o luxo de dizer: ah, são os neurônios do cérebro", disse Gilroy. "A pergunta é: onde a informação é processada?" Com o trabalho de Gilroy, começamos a ver isso acontecer, "mas no momento não sabemos *como* isso acontece". É normal que a observação e o entendimento sejam separados por uma longa distância.

Quando não está no laboratório, Gilroy leciona a disciplina de introdução à biologia da universidade, que recebe mais de novecentos alunos de graduação por semestre. A disciplina cobre toda a matéria básica, mas com bastante planta no meio. Quando chega à Grande Oxigenação — o longo período de transição em que a atmosfera da Terra deixou de ser uma jaula asfixiante de dióxido de carbono e se transformou num oásis dominado pelo oxigênio —, ele faz questão de que um detalhe crucial seja entendido pelos alunos: isso foi feito pelas plantas. Elas fizeram do mundo terrestre um lugar habitável para que outras formas de vidas pudessem surgir e conseguissem respirar. Sem elas, a vida animal como a conhecemos não teria tido a menor chance de pisar na esteira da evolução. Nossas células jamais teriam se formado. "Coisas como a mitocôndria não dariam certo no ambiente antigo."

A ideia fundamental da evolução darwiniana é a seguinte: um organismo vivo passa por um amplo leque de mutações fortuitas até que algo dá certo e se mantém. Essa é uma visão bastante passiva de como a vida se forma. Mas as plantas, sem dúvida, tiveram um papel na própria evolução e na evolução do meio ambiente. Para Gilroy, esse parece ser o cerne da questão: as plantas criaram o mundo ao seu redor para saciar suas necessidades. Por que não entendemos isso? Não estaríamos aqui se não fosse por elas. A ideia de que não têm agência se torna absurda quando nos damos conta disso.

Desvendar certos mistérios nos ajudaria a entender como as plantas são capazes de processar tantas informações com tanta habilidade. Gilroy chefia um laboratório de botânica que, entre outras coisas, volta e meia envia brotos à Estação Espacial Internacional e treina astronautas para cuidar das mudas, de forma que ele possa estudar o impacto da microgravidade em suas raízes. Um mistério duradouro na botânica é como as plantas percebem a gravidade. Ninguém sabe direito como isso acontece. Nos seres humanos e em muitos outros animais, porém, a percepção da gravidade é compreendida: no nosso ouvido interno, temos canais que formam ângulos de noventa graus. Os canais são revestidos de pelos desencadeadores que funcionam como os filamentos das dioneias. Os canais também são cheios de líquidos em que boiam cristais, como o glitter de um globo de neve. Quando nos agachamos ou viramos, os cristais caem devido à gravidade e são depositados nos pelos. Os pelos se curvam sob o peso feito um pino derrubado pela bola de boliche, mandando sinais elétricos para o cérebro, que nos diz em que direção fica o chão. (Se você rodopia, para e tem a impressão de que o mundo continua girando, é porque os fluidos dos canais continuam em movimento, como se o globo de neve fosse bem sacudido. As bolas de boliche derrubam todos os pinos errados. A tontura vai parar quando os confetes do ouvido voltarem a se acomodar.) Mas o principal dado é que o sinal elétrico é enviado para o cérebro. Só então a informação é transformada em algo compreensível para nosso corpo.

"É uma bela máquina, e nós sabemos como a máquina funciona", diz Gilroy. As plantas têm um sistema bastante similar: os cientistas descobriram grânulos cadentes em suas células, iguais aos do nosso ouvido interno.* "Mas aí a gente não sabe o que acontece. Não existem pelos, não existem sistemas que nos digam que máquinas fazem essa medição." Depois que o cristal cai, ninguém sabe o que acontece. O que é desencadeado? E para onde vai o sinal desencadeado? Ele é transmitido por impulsos elétricos? Isso ainda é uma caixa-preta. Sem um acionador, a mecânica de como a planta percebe esses grânulos caídos é um mistério. E, não havendo cérebro, é de esperar que a informação ricocheteie pelo interior da planta sem nunca chegar a um centro de decisão que possa decifrar os dados, por assim dizer.

Apesar disso, é evidente que a planta processa a informação de cima a baixo para decidir como crescer — as raízes geralmente crescem para baixo e os brotos para cima. Se você virar uma planta, mais cedo ou mais tarde ela volta a crescer para cima. É óbvio que elas percebem a gravidade. Além disso, juntam essa informação aos dados que já reuniram sobre vários outros aspectos de seus arredores — obstáculos, vizinhos, a direção da luz, a temperatura do solo. Mas como? Por enquanto, ninguém sabe. "E não foi por falta de tentativa", diz Gilroy. "Há pesquisadores muito inteligentes que já fizeram o que em tese resolveria a questão. Foram experimentos brilhantes, mas nunca descobrimos."

* Mas feitos de amido. Os nossos são feitos de cálcio.

Essa é literalmente a essência da questão da inteligência vegetal: como algo sem cérebro coordena uma reação a um estímulo? Como as informações sobre o mundo são incorporadas, selecionadas de acordo com sua relevância e traduzidas em ações que beneficiam as plantas? Como a planta percebe o mundo sem um lugar centralizado onde analisar todas as informações?

Alguns anos atrás, Gilroy e Toyota pensaram em uma tentativa de responder à questão. Toyota ponderou que se houvesse um acionador elétrico associado à percepção da gravidade, como o que existe no ouvido dos animais, provavelmente seria acompanhado por uma erupção de cálcio. O cálcio não é por si só uma forma de informação. É basicamente a pegada deixada para trás pela eletricidade, uma espécie de "segundo mensageiro". Nos animais, os níveis de cálcio aumentam na célula quando os canais iônicos se abrem. Os canais se abrem quando a eletricidade os atravessa. Portanto o cálcio aparece na célula logo depois da eletricidade.

A tecnologia para visualizar o cálcio nas células vegetais foi sonhada há muitos anos. Funcionava da seguinte maneira: pesquisadores pegavam o gene responsável pela produção de proteínas verdes fluorescentes de uma espécie de medusa que brilha na água escura e faziam com que reagissem ao cálcio. Depois inseriam o gene no cromossomo da planta — a parte da célula responsável por transmitir a genética à próxima geração. Quando o gene é inserido no cromossomo, ele se duplica em todas as células do descendente do organismo. Isso quer dizer que toda semente futura produzida pela planta vai gerar uma planta bebê com a capacidade de emitir um brilho verde já intrínseco a cada uma de suas células. O mais curioso é que quase todos os organismos têm a capacidade de processar o mesmo pedacinho do DNA da medusa. "O código genético da medusa é universal", Gilroy explicou. "Você pode pegar o código e colocá-lo no organismo que quiser porque ele funciona da mesma forma." Até em pessoas? Imaginei uma pessoa com um leve brilho esverdeado percorrendo sua musculatura. Gilroy riu. "Hipoteticamente, você poderia colocá-lo em pessoas. Eticamente, não."

A proteína de medusa acabou se mostrando um instrumento de laboratório muito útil para a observação do cálcio em movimento. A essa altura, as pessoas vêm aprimorando essas proteínas verdes florescentes há uma geração, alterando-as para que brilhem mais quando ativadas, e nos últimos tempos elas se tornaram ótimas. Ao mesmo tempo, hoje temos acesso a microscópios com um campo de visão tão amplo que podemos olhar uma planta inteira de uma só vez, e temos câmeras tão sensíveis que detectam até uma fluorescência relativamente fraca. Tudo era uma questão de a tecnologia fazer jus às ideias que os cientistas queriam testar há anos. "Foi fantástico", diz Gilroy.

Gilroy e Toyota pensaram que as proteínas fluorescentes podiam ser a maneira perfeita de estudar o mistério da gravidade. Talvez, observando o trajeto fluorescente, eles pudessem ver para onde o sinal ia. Mas, antes de tentar aplicar a ideia à grande questão da gravidade, eles acharam que deviam dispor de um controle para garantir que o sistema estava funcionando direito. Alguma coisa que fizesse o cálcio se movimentar rápido. "Uma ferida sem dúvida gera um sinal do cálcio", Gilroy disse a Toyota. Os cientistas já tinham concluído que as plantas produziam um pico de eletricidade imediato no local em que eram cortadas, mastigadas ou danificadas de alguma forma. Então Toyota foi ao microscópio para cortar algumas folhas na expectativa de ver um turbilhão de cálcio no local do corte. Minutos depois, ele voltou correndo à sala que dividia com Gilroy. "Vem ver isso", chamou. "Eu acho que a gente vai trabalhar com feridas."

Uma onda verde percorria a planta, saída do local onde Toyota tinha cortado a folha.[28] A marca do corte irradiava para fora até o cálcio atravessar o corpo inteiro. A imagem era clara. Qualquer um seria capaz de entendê-la: de uma forma ou de outra, a planta inteira estava sendo avisada da ferida.

"Quem é biólogo vegetal sabe que as plantas reagem em questão de milissegundos. Esse ponto não tem nada de controverso. Todo mundo sabe que você joga um estímulo para uma planta e a bioquímica muda no mesmo instante", afirma Gilroy. "Mas conseguir traduzir isso de um jeito que os não biólogos possam enxergar é um baita resultado. Lembrar a todo mundo que todos os seres vivos reagem rapidamente ao mundo ao redor. Porque, se não reagirem, não vão viver por muito tempo."

Agora era possível ver em tempo real a incrível sensibilidade das plantas a qualquer tipo de toque, contato. Depois de deixar uma planta em paz por bastante tempo (até esbarrar na mesa onde estava causava nela um arrepio verde), Toyota pegou a ponta de uma pipeta de plástico no laboratório e escreveu a palavra "contato" em uma de suas folhas. Ondas verdes luminosas reverberaram a partir da palavra. Mais tarde, pouco antes de informar seus próprios dados de contato, Gilroy usou uma imagem desse momento no microscópio para encerrar uma apresentação. Nela, podia-se ler: "Mantenha-se em CONTATO".

* * *

Em um dia gélido de dezembro, chego a Wisconsin para ver as reverberações verdes com meus próprios olhos. Eu me encontro com Gilroy na sala dele, e dessa vez ele está com uma camiseta havaiana laranja berrante com uma prancha de surfe estampada. Faz –24ºC lá fora.

Gilroy me leva ao laboratório, onde Jessica Fernandez, uma bióloga molecular de sua equipe, nos traz um jovem pé de tabaco e uma arabidopsis que ela mesma cultivou especialmente para a minha visita. As duas plantas foram impregnadas de proteínas fluorescentes de medusa. Sarah Swanson, a diretora do centro de microscopia do departamento e microscopista-chefe do laboratório de Gilroy, também se junta a nós. Ela é, além disso, esposa dele.

Fernandez põe a bandeja de plantas em cima da bancada do laboratório com muito cuidado e uma única folha do broto de arabidopsis fica presa à quina de uma caixa, se dobrando ao meio. "Não estimula elas", diz Swanson, querendo reservar toda a reatividade da planta para o microscópio. Ela descobriu que é melhor despertá-las de um estado de repouso total. "Não tem problema. A gente espera elas se recuperarem", diz Fernandez. "Para depois a gente torturá-las", completa Swanson.

Swanson nos leva a uma salinha dominada por um microscópio ligado a um monitor de computador. Ela apaga as luzes. Fernandez mergulha um par de pinças em uma solução de glutamato e as passa para mim. O glutamato é o neurotransmissor mais importante do nosso cérebro, e há pouco tempo pesquisas revelaram que ele também tem seu papel na sinalização das plantas, incrementando o sinal. "Não deixa de passar pela nervura central", instrui Fernandez, apontando a veia grossa que fica no meio de cada uma das folhinhas. Se eu apenas beliscar a ponta da folha, sem incomodar as veias grandes, é provável que a folha reaja se iluminando, mas o sinal não chegue a outras partes da planta. As veias são as estradas informacionais das plantas. Pegue na veia e o pulso atravessa a planta numa onda. Da primeira vez, eu a belisco com cuidado, e sinto a decepção no ar quando esperamos alguns segundos no breu para que a imagem do monitor mude. A folha começa a se iluminar, o que me impressiona, mas eu já vi os vídeos de Gilroy e sei que dá para ser melhor. Acho difícil ferir uma planta com entusiasmo. Mas Fernandez mergulha as pinças e as entrega a mim novamente, dessa vez com a recomendação de que eu vá fundo. Tenho a sensação de que estou em uma versão vegetal do experimento dos choques de Milgram. Sem querer decepcionar a sala cheia de cientistas, dessa vez eu belisco com mais força.

A diferença é enorme. A planta se ilumina feito uma árvore de natal, as veias fulgurantes como um letreiro em neon. A claridade verde vai do ponto da ferida para fora e cruza o resto da planta numa onda bioluminescente. Estou vendo a planta viver uma sucessão de emoções. Uma onda de sensações. Enquanto a luz percorre o sistema de veias, a imagem me lembra alguma coisa. Foi impossível não comparar com as ramificações dos nervos humanos. Swanson se empolga. "É isso aí. Era disso que eu estava falando. Que luxo." Gilroy comemora. "Guarda esse." Fernandez bate palmas e salva o vídeo no arquivo. Dois minutos depois, partes distantes da planta recebiam o sinal.

O glutamato nas pinças, segundo me dizem, acelera tudo. A fluorescência verde teria aparecido sem ele, mas, com o acréscimo do glutamato, a atividade elétrica parece se intensificar. Em 2013, uma equipe descobriu que receptores parecidos com o glutamato percorriam o corpo da planta, acendendo os genes referentes à defesa em plantas recém-feridas.[29] Agora, usando suas plantas fluorescentes, Gilroy e Toyota descobriram que acrescentar o glutamato faz o sinal verde brilhante se movimentar à taxa de um milímetro por segundo, uma velocidade alucinante para uma planta. É tão rápido que não dá para explicar esse movimento como uma simples difusão ou o fluxo passivo de compostos pela vasculatura da planta. Ele corre na velocidade da eletricidade.

Gilroy acha provável que exista um estoque de glutamato em cada célula da planta, e que, quando uma célula é imprensada, como foi pelo beliscão das minhas pinças, exista uma grande chance de ele "vazar", fazendo as células vizinhas "surtarem".[30] As células perfuradas despejam seu glutamato, estabelecendo pontes entre elas e as outras células, prontas para que íons de cálcio carregados naveguem até lá. A força acachapante do beliscão das minhas pinças provavelmente criou uma miniatura de tsunami de glutamato.

É mais ou menos assim que funciona o sistema nervoso dos animais. Aliás, Edward Farmer, o pesquisador que descobriu que os genes intimamente ligados às sinapses do glutamato no nosso cérebro estão envolvidos na sinalização elétrica das plantas, me disse que a primeira coisa que fez quando começou a procurar sinais elétricos em plantas foi comprar um livro didático de neurobiologia. Mamíferos usam receptores de glutamato para transmitir sinais rápidos pelo corpo. Imagine um jogador de futebol recebendo um passe na cara do gol. A bola é o glutamato e o jogador é o receptor do glutamato. Agora imagine se o jogador que recebe a bola também fizesse com que as luzes do estádio de repente se eletrizassem. Quando se une a um receptor, o glutamato faz íons positivos correrem célula adentro, aumentando sua carga elétrica. Sempre que falamos em sinalização elétrica em células, estamos falando de íons se movimentando pelas membranas celulares. A eletricidade em um corpo sempre começa com uma química desse gênero. Nossas sinapses, por exemplo, são feitas de duas células nervosas que se comunicam fechando o espaço existente entre elas, chamado de fenda sináptica. Nessa situação, um dos neurônios tem vesículas cheias de glutamato. A célula do nervo despeja o glutamato na fenda sináptica e é isso o que aciona a célula seguinte, fazendo as sinapses dispararem. Tudo isso é bastante parecido com a ideia de Gilroy, da descarga de glutamato em plantas.

A presença de neurotransmissores em plantas traz à tona questões curiosas. Se as plantas usam neurotransmissores para mandar sinais elétricos para outros cantos de seu corpo, podemos dizer que elas têm um sistema nervoso? Antes que eu pergunte sobre possíveis similaridades entre os nervos humanos e o que está acontecendo com as plantas de Gilroy, ele já tem a resposta na ponta da língua. "Talvez alguns dos participantes sejam os mesmos", diz. "Os receptores de glutamato das plantas são parecidos com os receptores de glutamato dos animais." E acrescenta: "Mas não se trata de uma transmissão nervosa, porque plantas não têm nervos. Eles não existem nas plantas". Ele admite que os sistemas são muito parecidos, mas explica que não é preciso falar em nervos. Ele prefere "condutos celulares que permitem a propagação de cargas elétricas e são utilizados pelas plantas para comunicar informações".

Gilroy pode não querer chamar isso de sistema nervoso. Mas confessa que se trata de um exemplo sensacional de como a biologia se reproduz em diferentes espécies. "Se a biologia tem uma coisa que funciona bem, ela aparece em vários organismos diferentes com um aspecto bem similar, pois qual é o sentido de reinventar a roda se a roda já existe?"

A ausência de nervos nas plantas não impediu duas analistas científicas de escreverem em um periódico que Gilroy e Toyota tinham descoberto a existência de "um sistema de sinalização parecido com o do sistema nervoso" nas plantas.[31] A questão chegou a extrapolar a botânica nos últimos tempos, e pessoas de outras áreas científicas estão dando suas opiniões. As plantas não possuem neurônios nem sinapses, até onde sabemos. E animais não possuem xilema nem floema, é claro. Mas a forma como a eletricidade se propaga na planta para enviar sinais entre suas diversas partes levou vários cientistas a fazerem comparações, e talvez nenhuma delas seja mais curiosa do que a de Rodolfo Llinás, um neurocientista da Universidade de Nova York que estuda não as plantas, mas os seres humanos.

Em um artigo intitulado "Broadening the Definition of a Nervous System to Better Understand the Evolution of Plants and Animals" [Ampliando a definição de sistema nervoso para entender melhor a evolução das plantas e dos animais], Llinás e Sergio Miguel-Tomé, um colega da Universidade de Salamanca, basicamente defendem que não faz sentido definir sistema nervoso como algo que só animais têm e não como um sistema fisiológico que pode estar presente em outros organismos sob outras formas.[32] Defini-lo filogeneticamente – ou seja, atribuindo-o a só uma parte da árvore da vida – é ignorar a força real da evolução convergente, em que os organismos, de maneira independente, desenvolveram sistemas similares para lidar com desafios similares. Acontece o tempo todo na evolução: as asas são um exemplo clássico. O voo se desenvolveu separadamente em aves, morcegos e insetos, atingindo um efeito bastante parecido. Os olhos também servem de exemplo: as lentes oculares se desenvolveram separadamente várias vezes.

Faz sentido imaginar o sistema nervoso como outro caso de evolução convergente, declaram Llinás e Miguel-Tomé. Se existe uma variedade de sistemas nervosos na natureza, o que as plantas têm é claramente um desses. Se anda que nem pato e grasna que nem pato, deve ser um pato. Por que não o chamar de sistema nervoso de uma vez?

Percebi que, até aquele momento na sala escura de Gilroy com o microscópio, eu tinha dificuldade para conectar tudo o que estava aprendendo sobre as plantas às plantas de verdade bem na minha frente. A teoria e a realidade material às vezes pareciam muito distantes. Ou, em outras palavras, as habilidades das plantas me pareciam literalmente inacreditáveis. Eu não conseguia lhes dar o crédito por nada do que via. Os fatos eram como ondas de rádio ou polos magnéticos: eu aceitava sua existência sem internalizar sua materialidade. Mas ver a luz verde se movimentar pelo corpo da planta mudou tudo para mim. De repente tudo ficou tangível. Eu vi a planta ficar atenta, à sua própria maneira, ao meu toque.

Já fazia alguns anos que eu pensava sobre plantas, então imaginei que minha lentidão para captar isso provavelmente era um mau sinal sobre como a notícia da destreza desses seres seria recebida pelo público mais amplo. Como esperar que o público assimilasse essa informação de maneira rápida, se eu mesma tinha demorado tanto tempo, mesmo dedicando tanta atenção ao assunto? Entendi que parte do problema era a forma como fragmentos de informação vinham embrulhados em diversas camadas de evasivas, numa linguagem que, a despeito de tudo, cria uma distância entre nós e as plantas. Chamar a vasculatura da planta de sistema nervoso poderia mudar isso. Pensei em Teofrasto e na sábia ideia de que os seres humanos precisam de metáforas com que consigam se conectar. O cerne da árvore deve ser chamado de coração, ele disse. Ninguém jamais olhou para o coração da árvore na expectativa de ver uma veia cava. No entanto, a palavra traz à mente o sentido correto: esta é a carne tenra que mantém a árvore viva. E estes são os canais onde pulsam os sinais elétricos.

Porém, a eletricidade nas plantas ainda é um enigma em um aspecto crucial: nossos tecidos e órgãos também são coordenados por impulsos elétricos, e sabemos que o ponto de chegada de toda essa eletricidade é o cérebro. Nas plantas, não existe um ponto de chegada visível. Pelo que sabemos sobre a dinâmica sensorial em criaturas cerebradas, a falta de ponto de chegada deve significar que qualquer eletricidade gerada pelos sentidos precisa reverberar despropositadamente pelo corpo da planta sem produzir nada além de uma reação muito localizada. Mas não é o que acontece. A planta que é tocada em um ponto — agora nós sabemos, e podemos observar, pelos vídeos da onda de cálcio de Gilroy — sente esse estímulo no corpo inteiro. Quando o impacto do toque percorre o corpo da planta numa onda, a planta desperta para a compreensão do toque e reage da forma certa.

O tato é uma coisa complicada, da perspectiva biológica, até para nós. A tentativa de entender como o corpo humano percebe o toque no nível celular ainda está na adolescência.[33] Grandes saltos foram dados ultimamente: o prêmio Nobel de Medicina de 2021 foi concedido a dois médicos que descobriram os mecanorreceptores sensores de calor, frio e toque. Mas ainda estamos descobrindo como o corpo humano traduz estímulos físicos em informações celulares que podem ser transmitidas, cheias de sentidos, ao nosso cérebro. Sabemos que os canais iônicos são importantes para o tato em seres humanos, e agora sabemos que alguns desses mesmos canais iônicos talvez sejam importantes para o modo como as plantas percebem seu próprio mundo. Sabemos que os eletrólitos são importantes para a condução de eletricidade; os seres humanos geralmente usam íons de potássio, enquanto as plantas geralmente usam íons de cálcio. O terreno ainda é pantanoso, mas Elizabeth Haswell é uma das cientistas cujos trabalhos têm potencial para elucidar a questão. Formada em bioquímica, quando era pesquisadora de pós-doutorado ela ficou fascinada com a ideia de que a ciência ainda não sabia como a planta diferenciava em cima e embaixo — o onipresente mistério da gravidade, cuja solução talvez ela não esteja mais viva para testemunhar. Haswell acabou vindo a chefiar um laboratório de sete pesquisadores na Universidade de Washington, em St. Louis, dedicado à descoberta dos mecanorreceptores, ou os mecanismos através dos quais as plantas traduzem estímulos físicos em informações celulares que, cheias de significados, percorrem seu corpo. Em outras palavras, nada menos do que aquilo que é necessário, no sentido mecânico, para que as plantas entendam seu mundo.

Haswell não tem opinião formada no debate sobre a inteligência vegetal. "Tenho dificuldade de ter alguma opinião veemente sobre o assunto", ela declara. "Não gosto de dizer que a planta tem cérebro. Não gosto de tomar os animais como fundamento, eles se desenvolveram de outra forma — a gente precisa lidar com as plantas de outro jeito." No entanto, ela sente um certo incômodo. "Tirei um período sabático e pensei: vou formar minha própria opinião sobre o assunto. Não formei."

Haswell está trabalhando no nível mais microscópico que existe: está verificando como cada célula vegetal transforma a pressão mecânica em reação química. Entretanto, ela pensa no quadro geral — a caixa-preta. "Desconfio que a planta esteja reagindo a alguns desses estímulos num nível mais alto, com um órgão ou com a planta inteira", diz ela, mencionando ainda os artigos de Jaffe sobre o afago nas plantas e o modo como a dioneia se fecha se dois filamentos são roçados em certo intervalo de tempo. "Elas sabem contar", afirma Haswell. "Se você encosta nas plantas uma vez só, elas não operam uma mudança morfológica enorme", o que acontece quando são tocadas repetidas vezes. "Deve ser algum tipo de decisão tomada pela planta como um todo. Todos os estímulos devem ser reunidos de alguma forma, mas não faço ideia como."

Ao assistir ao vídeo da onda de cálcio de Gilroy, lembrei que, nas filmagens de atividades cerebrais, as ondas também se iluminam. Em relação ao cérebro, temos ferramentas para observar a eletricidade em tempo real. Eu via uma semelhança. Pensei em Haswell, em Trewavas e nos muitos outros cientistas que pareciam se perguntar, de uma forma ou de outra: e se for a planta inteira? E se estivermos procurando errado? É claro que plantas não têm cérebro – mas e se a planta inteira for como um cérebro? Eu não conseguia tirar essa ideia da cabeça. Era simples, mas parecia fazer sentido. Ao mesmo tempo, podia ser uma enorme bobagem.

Para minha surpresa, um dia me peguei fazendo essa pergunta em voz alta para Elizabeth Van Volkenburgh, quando estávamos sentadas debaixo das magistrais árvores antigas do campus da Universidade de Washington em Seattle, onde ela atua agora como reitora. Estávamos falando de potencial de ação e de por que a planta inteira é capaz de reagir a algo que acontece apenas numa parte distante dela. "Será que a planta inteira não é como um cérebro?", indaguei. Fazia quase três horas que estávamos conversando. Ela só tinha mais quinze minutos. Eu tinha deixado essa pergunta para o último instante, assim não faria mal caso ela ficasse muito contrariada e decidisse encerrar a conversa. E agora eu tinha perguntado, e ao ver seu sorriso se abrir achei que tinha feito um papel ridículo.

Então ela se aproximou um pouco e falou mais baixo, num cochicho. "Eu acho que você tem razão", ela disse. "Só não falo sobre isso."

5. De ouvido colado no chão

É noite na floresta tropical do sudeste de Cuba, e um morcego de língua comprida navega entre as árvores, traçando caminho em meio às densas copas, em alta velocidade e no breu total. Feito das membranas diáfanas das asas e de uma penugem discreta, seu corpo inteiro pesa poucos gramas. É um aviãozinho de papel. O morcego solta uma pulsação de sons e escuta o eco devolvido a seus orelhões de chacal. Uma procissão de cliques evoca um panorama de objetos e ar enquanto o minúsculo mamífero inclina as asas para cortar caminho por entre um emaranhado de videiras.

De repente um ruído volta claro e nítido — sempre da mesma forma, embora o ângulo de incidência mude sem parar com o voo e a aproximação do morcego. O som é irresistível por sua clareza, é um chamariz, um farol na noite. O morcego chega e se depara com uma videira dependurada, com um círculo de flores suntuosas cor de vinho, a flor com tufos de pólen abaixados para os ascídios vermelhos coalhados de néctar. O morcego desenrola a língua comprida e espreme a cara entre a flor e seu ascídio. Ele lambe o néctar, pairando no ar enquanto o bebe. Enquanto isso, o pólen polvilha suas costas. Logo acima do círculo de flores uma série de folhas luzidias cresce, alongadas e côncavas feito canoas perpendiculares. O formato fundo e arredondado reflete o mesmo eco nítido de diversos ângulos. Para um morcego em movimento na bagunça acústica da floresta, um eco alto e constante vindo do mesmo lugar se destaca. E para a rara videira que é polinizada por morcegos espalhados por uma paisagem de vegetação densa, destacar-se é crucial.

A *Marcgravia evenia*, esse refletor sonoro cor de rubi, foi a segunda trepadeira que descobriram ter sido acusticamente feita sob medida para os morcegos; a primeira é uma videira florida que cresce nos limites da floresta tropical da América Central.[1] Essa videira, a *Mucuna holtonii*, produz muitas florzinhas e uma explosão de pólen.[2] Para alcançar o néctar, o morcego tem que pousar na flor e enfiar o focinho na fenda entre duas pétalas que parecem asas. A pressão faz com que um segundo par de pétalas coladas dentro delas, chamadas de carena, se abram. Dentro da carena, curvado, sob enorme tensão, fica o estame cheio de pólen. Quando o morcego rompe a carena, o estame derrama boa parte de sua carga de pólen em seu traseiro.

Os cientistas viram os morcegos pousarem apenas nas flores cujas carenas de pólen escondidas permaneciam intactas, e evitarem as que já tinham sido esvaziadas. Existem tantas flores — como os morcegos achavam as certas? Existe um pequeno apêndice côncavo na lateral das flores fechadas que é como uma pétala em sua articulação; os pesquisadores descobriram que esse apêndice funciona como um espelho perfeito para o sonar do morcego. O eco que devolve de vários ângulos é de "uma amplitude espetacular", eles escreveram, assim como o eco das folhas da *Marcgravia evenia*. Depois que a flor despeja seu pólen no traseiro do morcego, o espelho se abaixa, abandonando a arena acústica. Os morcegos já não acham mais essa flor e são encaminhados às flores com espelhos levantados.

As plantas têm uma relação bastante íntima com os sons. Como o som permeia seu ambiente, faz sentido que elas tenham um papel ativo num mundo sensorial tão vasto e variado, sobretudo porque muitas das criaturas que precisam atrair e repelir emitem sons bastante reveladores. A reação das plantas foi transformar o próprio corpo para participar do universo das frequências e vibrações. Não é exagero dizer que criaram ouvidos.

Em 2011, dois pesquisadores do Missouri fizeram uma loucura: puseram captadores de guitarra numa planta e provaram que ela ouve.

A ideia, assim como muitas ideias boas, surgiu por acaso. Rex Cocroft, especialista em comunicação animal, estava estudando viuvinhas. Esses insetos têm uma aparência fantástica, com exoesqueletos iridescentes e, em algumas espécies, um único chifre absurdamente grande que brota da cabeça, feito um unicórnio que preferisse ângulos retos. Cocroft observou que as viuvinhas balançam o abdômen muito rápido, fazendo uma vibração tamborilada descer por suas patas e chegar ao galho da árvore ou do arbusto onde estão. As vibrações atravessam a planta e são captadas por outras viuvinhas, munidas de patas extremamente sensíveis adaptadas à tarefa de funcionar como agulhas de toca-discos. Cocroft percebeu que era assim que a viuvinha dizia "Oi, eu estou aqui". Os insetos estavam basicamente usando a planta como um telefone de latinha. Era um trabalho interessante, mas um dia todas as gravações que Cocroft tentou fazer dessas vibrações foram contaminadas por outro ruído. Era um rangido. Era ritmado. Não era a viuvinha. "Era um monte de lagartas mastigando", disse Heidi Appel, pesquisadora veterana da Universidade de Toledo, Ohio, que se tornou sua colaboradora. Uma possibilidade fascinante passou pela sua cabeça.

As lagartas são máquinas abridoras de latas do mundo dos insetos. "Para falar a verdade, eu gosto do barulho", disse Appel quando sugeri a analogia. Amplificado a um volume perceptível ao ouvido humano, o barulho de mastigação das lagartas é como o dos dentes maciços das cabras mascando forragem ou um punhado de pedregulhos arenosos sendo esfregados com a mão. Imagino que esse possa ser um barulho estranhamente satisfatório, como o de um personagem de desenho animado comendo uma cenoura. Mas, sem a amplificação, é de uma sutileza incrível: o barulho da mastigação da lagarta faz a folha vibrar, numa oscilação de milésimos de centímetros.

Appel conheceu Cocroft em um seminário da faculdade, durante um intervalo para um cafezinho. Os dois se apresentaram dizendo que sistema estudavam, um comportamento social típico dos cientistas da natureza. "Eu estudo como as plantas percebem que sofreram danos e o que podem fazer quanto a isso", Appel se lembra de ter dito.

"Eu estudo como os animais se comunicam por meio da vibração das plantas", disse Cocroft, e contou a ela sobre o problema ambiental que tinha enfrentado alguns dias antes. "Não estava dando certo porque uma lagarta estava se alimentando dela."

Houve um momento de silêncio na conversa. Eles se olharam.

"Você acha que a planta está *usando* ela?", Appel indagou.

"Foi um momento de epifania", ela se recorda. Juntos, eles criaram uma série de experimentos. O raciocínio era mais ou menos o seguinte: a mastigação da lagarta é onipresente na vida da planta. É um barulho muito distinto. As vibrações acústicas percorrem o corpo da planta mais rápido do que qualquer outro sinal que a planta possa identificar. Não seria vantajoso, eles ponderaram, que a planta conseguisse percebê-las?

Mas esse era um terreno problemático. O fantasma de *A vida secreta das plantas* ainda se avultava sobre a botânica cerca de quarenta anos depois de sua publicação. Perguntar se as plantas teriam evoluído a ponto de ouvir — ou pelo menos interpretar as vibrações que consideramos sons — sem dúvida daria o que falar. Até o marido de Appel, o também cientista botânico Jack Schultz, criticava essa ideia. Schultz tinha sido um dos primeiros a alegar que as árvores se comunicavam por meio de substâncias químicas aerotransportadas, teoria muito desdenhada entre os botânicos da década de 1980. Só muitos anos depois, já em meados dos anos 2000, foi que a comunicação química deixou de ser vista como uma bobagem e passou a ser considerada um fato científico. "Ele olhou para mim e disse: 'Você está doida. Você enlouqueceu'", recorda Appel. "É o ceticismo inerente à ciência", ela acrescenta, em tom benevolente. Era um dia abafado no início de setembro e Appel estava andando pelo terreno em volta de sua casa nos arredores de Toledo, Ohio, olhando uma árvore. Schultz estava do lado de dentro, trabalhando no último artigo que tinham escrito juntos. Fazia mais de trinta anos que colaboravam.

Appel não tem muita fé no debate sobre inteligência vegetal que dominou a área. Prefere deixá-lo para o cantinho da filosofia enquanto os cientistas lidam com as ciências naturais. O vocabulário que os cientistas usam é importante, pois eles trabalham com questões complexas: usar palavras sentimentaloides como "pensar" ou "comunicar" só gera confusão. "Fico espantada com o quanto não sei. Mas, no que diz respeito a como definimos as coisas, não sei se isso é reconciliável." Porém, ela não tem dúvida alguma de que as plantas percebem sons.

"Meu Deus", disse ela, virando-se para a árvore. Um enorme e pálido ninho de vespas-do-papel pendia de um galho. Ela ficou parada, admirando-o por um instante, e continuou o passeio pelo quintal, com mais de mil hectares de planície aluvial e carvalhos majestosos, cruzados por uma trilha usada por raposas. Appel chegou ao bebedouro de água adoçada que tinha pendurado para os beija-flores. Estava vazio, a água tinha acabado mais rápido do que lhe parecia possível em se tratando desses passarinhos. Mas não era rápido demais para uma colônia de vespas. "Ah", ela exclamou. "O que eu fiz foi criar condições para as vespas fazerem o ninho."

Plantas e insetos interagem o dia inteiro, e em todas as etapas do ciclo de vida de ambos. Talvez essa seja a relação mais importante de suas vidas, se o inseto for do tipo que bebe néctar ou come folhas, ou seja, a grande maioria. Juntos, as plantas e os insetos representam metade de todos os organismos multicelulares da Terra; não seria exagero dizer que a relação deles é uma das mais importantes do planeta. Quando resolveram testar a audição das plantas, Cocroft e Appel estavam lidando com a borboleta-pequena-das-couves, umas criaturinhas atarracadas e verdes capazes de devorar uma folha bem depressa. A borboleta-pequena-das-couves come a planta da seguinte forma: ela estica suas patas nodosas para lados opostos da borda da folha, levanta a cabeça, que parece um polegar, e começa a mordiscar de cima a baixo, indo em direção ao próprio corpo. Em seguida, tira e recoloca cada uma das patas, criando uma vibração que vai adiante, e assim ondula rastejante um pouco mais à frente. E em seguida ela repete os movimentos: levanta a cabeça, mastiga a folha traçando uma linha, deixando para trás, depois de algumas mastigações, onde havia carne verde, um buraco em forma de lua crescente. Olhe para qualquer folha: se a borda estiver cortada em forma de crescente feito um floco de neve de papel, uma lagarta esteve ali e agora está satisfeita.

A planta tem muito interesse em evitar esse desmanche inconveniente — todos os cloroplastos úteis, todo o potencial para a fotossíntese são levados embora na barriga de um inseto gelatinoso. A boa notícia para as plantas é que elas desenvolveram muitos jeitos engenhosos para pôr um ponto-final nisso enquanto a lagarta faz sua refeição, ou pelo menos para impedir que suas primas participem do banquete. Como já sabemos, algumas plantas injetam taninos amargos nas folhas para que ela fique com um gosto repugnante. Outras fabricam seu próprio repelente contra insetos, que em muitos casos é a parte da planta que os seres humanos mais aproveitam — é o óleo de orégano forte no orégano, o ardido da raiz-forte. Às vezes o método é mais sinistro. Um caso diabólico é o do humilde tomate: o pé de tomate injeta alguma coisa nas folhas que faz as lagartas levantarem os olhos do alimento e se virarem para as outras lagartas. Em pouco tempo, a folha se torna irrelevante. As lagartas começam a se devorar.

Mas, conforme vimos no laboratório de Gilroy, a reação da folha à mordida não se restringe apenas à folha mordida: a mordida desencadeia uma série de mudanças hormonais na planta inteira, o que significa que partes diferentes dela se comunicam de alguma forma. A eletricidade parece ser uma explicação, mas até a velocidade com que essa eletricidade percorre a planta — numa escala de 0,05 metros por segundo — é mais lenta do que algumas das reações observadas pelos cientistas. Essa ameaça parece ser comunicada pelas vibrações que percebemos como sons. As vibrações acústicas correm numa rapidez extrema. Numa planta rígida, lenhosa, correm a milhares de centímetros por segundo, índice que diminui de acordo com o grau de frouxidão da planta. De qualquer forma, é tudo muito rápido. Daria para dizer que as plantas ouvem os invasores?

Para descobrir a resposta, Appel e Cocroft decidiram testar a arabidopsis com o barulho de um inseto que sem dúvida a comeria: a lagarta da borboleta-pequena-das-couves. Para o experimento, eles resolveram usar captadores de guitarra sintonizados na exata frequência de mastigação da lagarta. Já no grupo de controle, prenderam captadores a outras arabidopsis, mas que permaneceram em silêncio.

No primeiro experimento, eles tocaram uma gravação da mastigação da lagarta, causando vibrações minúsculas nas folhas. Mas como testar se a planta estava reagindo? "Uma planta atacada pode reagir na mesma hora ou pode observar o que aconteceu e se preparar para reagir mais rápido numa próxima vez", explicou Appel. Então eles tiraram os captadores das plantas e as testaram com lagartas de verdade. Em seguida, precisaram esperar para analisar as folhas no laboratório, para ver se realmente estavam produzindo compostos defensivos.

"É sério?", Appel disse em voz alta na sala vazia ao ver os resultados. Ela foi ao laboratório e pediu ao técnico que conferisse os números. O técnico os devolveu. Ainda era insanidade. Estava claro. As plantas ouviam as lagartas. Ela ligou para Cocroft. "Você não vai acreditar." Então eles se encontraram e tentaram pensar em todos os erros que podiam ter cometido.

"Talvez as plantas estejam reagindo a alguma outra coisa, não especificamente aos insetos", ela supôs. Eles repetiram o experimento com vários grupos de controle. Usaram um ventiladorzinho para simular um vento brando: talvez isso tivesse feito as plantas ativarem suas defesas? Tentaram tocar a gravação da canção de acasalamento de um gafanhoto: tinha exatamente a mesma amplitude do som das lagartas mastigando, mas o padrão de ritmo era diferente. A arabidopsis não esboçou reação. Afinal, gafanhotos não comem arabidopsis.

Todo esse trabalho só deixou a conclusão ainda mais clara: a planta estava reagindo específica e exclusivamente ao som da mastigação de seu predador verdadeiro.[3] "É claro que nós sorrimos de orelha a orelha", Appel contou. "Na ciência, o avanço no entendimento das coisas é em grande medida gradual, e a maioria passa a carreira inteira... digamos que é bem comum os experimentos darem errado. Mas, quando dão certo, o que eles nos dizem sobre o funcionamento do mundo é só uma pecinha minúscula. É como os tijolos de um muro. Eles se acumulam." Mas essa não era uma pecinha minúscula. Era a prova de que as plantas ouviam, a seu modo desorelhado. O som, para elas, é pura vibração. E elas tomam uma atitude quando percebem uma vibração conhecida, que sabem estar associada a algo ruim. Como a boca de uma lagarta mascando suas folhas.

Depois de aberta a porta para as plantas atentas aos sons de mastigação das lagartas, outras considerações entram em jogo. O mundo é um lugar barulhento. O que mais as plantas escutam?

Enquanto escrevo isto, os pesquisadores estão ocupados com a criação de um campo que resolveram batizar de fitoacústica. A ideia de que as plantas têm audição se torna mais crível quando tentamos adotar o ponto de vista da planta. A audição é um sentido muito útil, principalmente para quem está enraizado. Sem poder fugir ou sair à procura, pelo menos não tão depressa, você precisa de todos os avisos prévios possíveis. Num nível ainda mais básico, a audição é um sentido, ancestral e onipresente, fundamental à vida. As plantas têm muito a ganhar usando informações acústicas. Se há alguma coisa acontecendo do lado de fora de um organismo que possa ter serventia para sua sobrevivência, talvez esse organismo tenha desenvolvido uma maneira de percebê-lo. A evolução, sempre procurando uma forma de se beneficiar, dá ao organismo maneiras de se aproveitar de sua consciência para avançar em seu projeto de sobrevivência.

E isso pode ser utilíssimo na agricultura se os cientistas acharem a forma certa de aplicar esse conhecimento. Afinal, no trabalho de Appel, um indício de som fez a planta fabricar seu próprio pesticida. Se bastasse reproduzir sons para as plantas produzirem pesticidas, poderíamos diminuir ou eliminar a necessidade de pesticidas sintéticos na agricultura, e em certos casos aumentar a escala de produção dos compostos para os quais a planta em questão é cultivada. Numa plantação de mostarda, por exemplo, o pesticida próprio das plantas é exatamente o motivo de seu cultivo — o óleo de mostarda. Botar um arbusto de lavanda em alerta máximo tocando os sons certos faria com que ele produzisse mais compostos de defesa, ou seja, o precioso óleo de lavanda.

Pesquisadores mundo afora tentaram descobrir se tocar certos tons para as plantas pode incitá-las a tomar certas atitudes. Eles experimentaram diversas frequências durante intervalos diferentes. No momento, a pesquisa sobre tons está bastante desorganizada. Um estudo revelou que tocar uma série de tons para a arabidopsis por três horas ao longo de dez dias aumenta sua capacidade de lutar contra uma infecção fúngica nociva.[4] Outro descobriu que tocar alguns sons para o arroz durante uma hora deixou a planta mais apta a sobreviver a secas.[5] E pesquisadores que tocaram sons de frequências diferentes para brotos de alfafa por duas horas constataram o aumento da quantidade de vitamina C da planta, ou seja, a alta de seu valor nutricional.[6] Quando repetiram o experimento com brócolis e brotos de rabanete, eles conseguiram aumentar também sua quantidade de flavonoides.[7] Dá até para imaginar um futuro em que agricultores usem aparelhos de som na plantação em vez de aviõezinhos de pulverização.

O trabalho de Appel se encaixa nesse molde, de certa forma, mas, em vez de testar a audição das plantas para sons aleatórios, seu maior interesse é se perguntar sobre os sons que a planta de fato encontra na natureza. Ela acha mais provável que as plantas tenham reações curiosas a sons que escutam durante seu desenvolvimento. Os cientistas chamam isso de "relevância ecológica". Sons de predadores sem dúvida têm relevância ecológica. Se tocar a gravação da lagarta que devora arabidopsis pudesse preparar o sistema imunológico dessa planta, não teríamos razão para pensar que a mesma coisa não aconteceria em outros pares planta-predador e planta-polinizador. Algumas flores são polinizadas por vibração, por exemplo: são induzidas a soltar o pólen quando ouvem a gravação do zumbido de abelhas. Será que as plantas também ouvem o som dos bichos que comem suas frutas, geralmente barulhentos — pense nos papagaios —, para programar sua maturação? Ou o barulho de um trovão para se preparar para receber a chuva? Faria sentido: uma planta do deserto precisaria se preparar para absorver o máximo de água possível, e qualquer planta com pólen nas flores faria bem em fechar suas pétalas antes de uma tempestade, antes que o pólen fosse levado embora pela água. É isso que a fitoacústica gostaria de descobrir.

A próxima questão lógica é como as plantas sequer conseguem ouvir alguma coisa. Elas até podem não ter ouvidos no sentido tradicional, mas existem ouvidos de tudo que é tipo. Em 2017, uma colaboração entre pesquisadores da China e dos Estados Unidos revelou que os pelinhos existentes nas folhas da arabidopsis funcionam como uma antena acústica, captando e vibrando na frequência dos sons recebidos.[8] Muitas outras plantas também possuem estruturas que parecem pelinhos nas folhas; para entender se essas estruturas, chamadas de tricomas, funcionam como antenas em outras espécies, precisamos de mais estudos. Os pesquisadores já descobriram que esses filamentos permitem que as plantas percebam os passos de mariposas e lagartas e organizem suas defesas: está claro que os tricomas são órgãos muito sensíveis.[9] É impossível não lembrar os ouvidos internos dos animais, também recobertos por células ciliadas específicas que vibram perante ondas sonoras e convertem as vibrações em sinais elétricos enviados para os nervos do cérebro. Esse é mais um lembrete de que, quando a evolução tem uma boa ideia, é provável que a repita em vários âmbitos de vida.

Há pesquisas em andamento hoje que sugerem que o som pode ser tão vital para a vida das plantas a ponto de contribuir para seu formato. Em 2019, pesquisadores da Universidade de Tel Aviv descobriram que a prímula-de-praia — uma flor amarelo-limão em forma de xícara de chá que cresce rente ao chão — aumenta a doçura de seu néctar depois de três minutos de exposição ao áudio de uma abelha voando.[10] A prímula ignora completamente os sons que fogem à frequência do zunido das asas da abelha. A equipe, encabeçada pela bióloga evolutiva Lilach Hadany, aventou a hipótese de que o néctar mais doce — com um teor de açúcar mais alto do que o das flores não expostas ao som de abelhas — seduzia mais os polinizadores e aumentava as chances de polinização cruzada.

Sabe-se que muitos polinizadores se reúnem em volta das plantas que outros polinizadores visitaram minutos antes. Faria sentido a planta antever a abelha nesse caso. Mas será que a xícara de chá na verdade é uma antena parabólica, atenta a seus polinizadores? Hadany e sua coautora Marine Veits, na época estudante de pós-graduação no laboratório de Hadany, notaram que ao tocar a gravação da abelha de novo, dessa vez com um laser rastreador de movimentos apontado para a prímula, as vibrações da flor condiziam com o comprimento das ondas da gravação das abelhas. A flor agia como um amplificador, seu corpo todo uma espécie de caixa de ressonância. Então a equipe arrancou algumas pétalas, quebrando a cumbuca perfeita formada pela flor, e testou as flores outra vez; dessa vez, ela não conseguiu ressoar na frequência da abelha. A flor, nesse caso, sem dúvida era a parte da planta responsável pela "audição" — o que indica que ela adquiriu seu formato bojudo exatamente pelo mesmo motivo que as antenas parabólicas são côncavas. "Encontramos um possível órgão de audição, que é a própria flor", ela disse. Agora, quando olha para as flores, ela enxerga orelhas.

As raízes, ao que parece, têm essa mesma sensibilidade acústica. Por que ter ouvidos só acima do chão se metade de seu corpo está debaixo da terra? Lá embaixo não faltam coisas para se ouvir. Pergunte a uma toupeira se não é verdade. Monica Gagliano, por sua vez, preferiu perguntar a uma ervilha.

As mudas de ervilha no laboratório de Gagliano na Universidade da Austrália Ocidental pareciam estar usando calças gigantescas de plástico. A curvatura no alto de cada broto emergia de um tubo de PVC. Cada tubo se bifurcava embaixo, em duas pernas, como um Y invertido. Gagliano estava testando a capacidade de audição das ervilhas e mais especificamente se elas ouvem o movimento da água. As calças de PVC eram de fato labirintos em Y, a mesma estrutura conceitual usada para testar o aprendizado e o comportamento de ratos de laboratório. Nesse caso, o Y testava em que direção as raízes das mudas de ervilha decidiriam crescer. Na base de cada perna das calças Gagliano botou uma bandeja diferente. Depois de alguns dias de crescimento, as raízes das ervilhas se deparavam com a bifurcação no tubo e precisavam decidir — assim como o rato precisa resolver que caminho tomar num labirinto. Na primeira série de experimentos, uma bandeja continha algumas colheradas de água e a outra ficava vazia. Já é um fato bem conhecido que as raízes de plantas conseguem detectar "gradações de umidade" no solo, o que lhes possibilita achar água a pouca distância, e, como era esperado, quase todas as ervilhas fincaram suas raízes na bandeja com água.

Em seguida, Gagliano refez o experimento, mas em vez de botar água à disposição numa bandeja, ela bombeava a água por meio de um tubo de plástico vedado perto da base de uma das pernas do Y enquanto a outra perna continuava dando em uma bandeja vazia. Uma bomba de aquário repunha a água constantemente. Dessa vez, a planta não tinha como detectar a umidade: só tinha o barulho da água corrente como pista. Mas de novo quase todas as raízes de ervilha cresceram em direção ao som da água corrente.[11] Em seguida, as plantas puderam escolher entre a bandeja de água e a água fluindo no cano fechado. Nesse caso, escolheram a água parada, indício de que as plantas priorizam a umidade de fato — a bebida garantida — e não seu som. As mudas pareciam ser capazes de analisar várias pistas sensoriais, classificando os estímulos em termos de prioridade para a própria saúde, concluiu Gagliano. Mas o mais incrível é que ouviam o som de água corrente de verdade — e se movimentavam na sua direção.

Isso provavelmente não surpreenderia um encanador. Os encanadores estão acostumados com o fenômeno frustrante das raízes de árvores rompendo canos de água vedados. Todo ano, prefeituras gastam milhões consertando encanamentos municipais perfurados pela "intrusão de raízes". A Alemanha, por exemplo, estima gastar 37 milhões de euros por ano consertando canos estourados por raízes.[12] O Serviço Florestal dos Estados Unidos destaca a intrusão de raízes como o motivo de mais da metade de todas as obstruções de canos de esgoto.[13]

Agora Gagliano está incentivando os colegas pesquisadores a pensarem no que mais as plantas podem ouvir.[14] Se as plantas ouvem os animais, será que também podem ouvir umas às outras? Há tempos sabemos que as plantas emitem cliques muito baixinhos quando as bolhas de ar de seus caules estouram, à medida que a água sobe através deles. Esse processo é chamado de cavitação, e esses "cliques de cavitação" parecem aumentar quando as plantas estão enfrentando o estresse da seca.[15] Faz sentido: menos água significa mais bolhas de ar no caule. Gagliano se perguntava se os cliques seriam comunicados propositais, e não apenas bolhas estourando.

Hadany, responsável pelo estudo sobre a prímula, fez uma descoberta em 2023 que pode ser o primeiro indício incontestável de que a teoria do clique da cavitação pode ser válida.[16] Ela e Yossi Yovel, que estuda os sons dos morcegos, puseram microfones em trigos, milhos, videiras e cactos e gravaram seus cliques ultrassônicos. Eu ouvi as gravações, aceleradas e aumentadas a ponto de se tornarem audíveis. Parecem pipoca estourando, ou uma pessoa digitando com força.

O clique de cada espécie de planta parece ter sua própria frequência. O cacto é bem diferente da videira, por exemplo. Mas o mais curioso é que os cliques mudam drasticamente de acordo com a condição das plantas, Hadany me explicou. Existe uma enorme diferença entre os sons de uma planta estressada, desidratada, e os de uma irrigada, sadia. Os tomates, por exemplo, fazem em média 35 sons por hora quando estressados pela seca, porém menos de um por hora quando a planta recebe toda a água de que precisa. Os cliques também aumentaram bruscamente quando ela cortou uma folha, fazendo as vezes de um herbívoro mastigador. Já as plantas que não foram incomodadas ficaram quietinhas. "O tomate e o tabaco, quando se sentem bem, emitem pouquíssimos sons", disse ela.

A equipe de Hadany criou modelos de aprendizagem de máquina capazes de distinguir sons de plantas e outros ruídos, e de identificar o estado das plantas — secas, cortadas ou intactas — com base apenas nos sons emitidos. Isso abre a possibilidade de que agricultores, munidos de sensores ultrassônicos, um dia possam saber da necessidade hídrica de suas plantas.

Mas ainda mais intrigante é o que isso quer dizer para a comunicação vegetal. Identidade e condições de saúde: é informação à beça disponível para qualquer um que tenha a capacidade de ouvi-la. Os seres humanos não têm, não sem amplificação. Mas as mariposas sim. Bem como os morcegos e os camundongos. Os sons que Hadany gravou seriam audíveis para animais de pequeno porte a uma distância de até cinco metros, segundo suas medições. Será que os animais — ou quem sabe outras plantas — detectam e interpretam esses sons? Em outras palavras, será que as plantas estão se comunicando por meio de sons? "Se a gente entende, então outros organismos também entendem", ela diz.

Hadany foi cautelosa ao falar comigo por telefone, pois não queria superestimar suas revelações: elas não nos dizem nada sobre a existência de intenção por parte da planta, afirmou. O clique pode ser apenas um subproduto do fenômeno físico, como o ronco do nosso estômago quando temos fome. "Eu ainda não estou falando em linguagem. Porque linguagem supõe dois lados." Mas, mesmo no caso mais conservador, ela diz considerar provável que *alguém* esteja escutando. Se cliques rápidos indicam que a planta está enfrentando uma seca, ou está sitiada por insetos, outras plantas podem tomar os barulhos como um aviso. Talvez fechem seus estômatos ou aumentem sua reação imune. É isso que Hadany pretende estudar agora, e ela acabou de ganhar uma subvenção importante para levar a pesquisa à frente.

Mas o que isso significaria para a planta? Será que o clique é intencional? É aí que a questão fica delicada. Sabemos que, uma vez que um organismo começa a utilizar as informações dadas por outro ser vivo, em geral a evolução entra no jogo para afinar o organismo que emite essas informações. "Talvez seja inteiramente passivo, mas, se os outros estão reagindo aos sons, a seleção natural pode agir sobre o emissor", Hadany explica. Isto é, os sons poderiam ter extrapolado sua origem humilde de barulho acidental. Talvez tenham sido otimizados a fim de servir a um objetivo muito real — como a comunicação. "É complicado. Chegamos a esse prognóstico pensando nos instrumentos de comunicação. A ciência é um processo longo. Ainda não chegamos lá", diz Hadany com uma piscadela.

Gagliano comparou essa questão ao sonar dos morcegos.[17] Mais de um século depois do surgimento do primeiro indício, a ciência ainda se recusava a acreditar que os morcegos pudessem usar o som para se orientar no espaço. A ideia parecia ir muito além das suposições daquilo de que os animais são capazes. A incredulidade científica dificultou a descoberta da ecolocalização nos morcegos; não poderia estar acontecendo a mesma coisa com as plantas?

Alguns de fato já sugeriram a ecolocalização como uma das motivações para a planta emitir sons. Sabe-se que as trepadeiras, quando ainda são mudas, giram no ar à procura de um apoio vertical para escalar — e parecem descobrir onde há uma superfície adequada para subir muito antes de entrar em contato com ela. Stefano Mancuso, um dos primeiros defensores da neurobiologia vegetal e colaborador frequente de Gagliano, usou um vídeo em *time-lapse* para observar esse fenômeno em pés de feijão, que procuraram e acharam um poste de metal. De novo, a cavitação — o som meramente coincidente das bolhas de ar estourando à medida que o fluido sobe o caule — parece ser a explicação mais lógica. Mas existe coincidência num corpo vivo? Mancuso especula que as videiras estejam usando a ecolocalização para descobrir onde está a estaca.[18] Gagliano enxerga nisso a lógica evolutiva básica: é vantajoso que as plantas aprendam sobre o ambiente que as cerca fazendo sons, pois "sinais acústicos se propagam rápido e com um custo mínimo de energia ou capacidade física", ela diz. Porém, ainda falta a prova concreta.

Será que as plantas têm o que dizer? Gagliano gostaria que descobríssemos. A essa altura, essas perguntas ainda não foram respondidas, tampouco foram realmente feitas, em termos de experimentos reais. Mas até pouco tempo atrás o mesmo acontecia com aquele outro modo de comunicação vegetal que agora é aceito como verdadeiro: a sinalização química. "O nascimento da ecologia química das plantas, por exemplo, desvelou a natureza visivelmente 'tagarela' das plantas, e a eloquência de seu vocabulário volátil", escreveu Gagliano.

Os cientistas já identificaram provas irrefutáveis de que a linguagem não está restrita ao âmbito humano: as marmotas parecem usar adjetivos, sons específicos repetidos que descrevem o tamanho, a forma, a cor e a agilidade dos predadores.[19] O chapim-real japonês tem sintaxe: usa séries distintas de pios para instruir os camaradas a ficarem atentos ao perigo, ou diz a eles para se aproximarem.[20] Já ouvimos falar de pássaros canoros que usam canais secretos para dar avisos e de tâmias avessas a riscos que berram ao menor susto. Talvez seja tacanho de nossa parte excluir a possibilidade de que uma linguagem vegetal baseada em sons também venha à tona.

Tocar no nome de Gagliano ao falar com botânicos é uma atitude muitíssimo polêmica neste momento. Ela virou uma figura controversa na área, mas sua visibilidade cresce fora da torre de marfim. Em 2020, um estudante de pós-graduação da Universidade da Califórnia em Davis tentou reproduzir um estudo radical que ela fez, em que colocou ervilhas em um labirinto em Y para descobrir se elas aprenderiam a associar pistas benignas a recompensas, assim como os animais.[21] Nesse caso, a pista era o vento leve de um ventilador e a recompensa era a luz. A conclusão mudaria o mundo se fosse verdade: a aprendizagem baseada na associação de ideias é um indicador crucial de inteligência em animais. Mas o experimento do estudante não deu certo.[22] Suas ervilhas não deram sinais de aprendizado. Comecei a ouvir mais cochichos que basicamente desacreditavam Gagliano. Todo o episódio fez mal à sua reputação no círculo da botânica. No entanto, é necessário dizer que a reprodução é complicada. A possibilidade de várias pessoas independentes repetirem um estudo e chegarem ao mesmo resultado é absolutamente crucial para a confirmação de novas conclusões científicas, mas sua impossibilidade nem sempre significa que o resultado original está incorreto. Entretanto, significa que o método de pesquisa não é robusto o suficiente para valer a aposta. Se as conclusões estiverem de fato corretas, vão precisar esperar que um experimento melhor as confirme.

Para outros, foi o livro de memórias de Gagliano, *Thus Spoke the Plant* [Assim falou a planta], lançado em 2018, que pôs sua reputação em risco. Na obra, ela conta que tomou ayahuasca em um ritual xamânico no Peru e comungou com o espírito da planta, que lhe disse qual era o melhor método para usar em seus estudos. Na ciência existe uma separação tácita entre Igreja e Estado. Na ciência, pureza é não entrar nas águas do misticismo, ou pelo menos entrar e guardar sigilo. A ciência é feita de pessoas, e se essas pessoas não gostam do seu trabalho, ou não a consideram parte da tribo, talvez você seja atazanada e não consiga financiamento. Gagliano já foi fustigada em conferências em que homens (são sempre os homens) se levantaram para censurá-la e em periódicos em que grupos de botânicos (de novo, homens) escreveram cartas de protesto contra ela.

Mas outros são menos ríspidos. Não entendem por que ela é alvo de tanta ridicularização se na academia existem muitos homens que já tomaram caminhos mais místicos. Outros ainda têm uma opinião mais nuançada: claro, parece que o método que ela usou no artigo sobre aprendizado por ervilhas é falho, mas as ideias são boas, e afinal é bom alguém instigar a área a fazer perguntas mais ousadas, sobretudo em relação à acústica vegetal. Seu trabalho em defesa da fitoacústica fez uma enorme diferença: era *mesmo* hora de se levar o mundo da audição vegetal a sério.

É sensacional, enquanto isso, ver o abismo entre a recepção a Gagliano no mundo científico e no não científico. Ela fala para plateias lotadas em conferências de filosofia e em eventos de ciências voltados para o público em geral, e teve um perfil publicado na seção de estilo (e não de ciências) do *New York Times* em 2019. O programa *Radiolab*, da WNYC, falou de seu trabalho em um episódio, e ela já deu entrevistas a meia dúzia de veículos da grande mídia. Suas ideias científicas agradam bastante às pessoas que não fazem parte da ciência institucional.

Ainda não sabemos como a história verá Monica Gagliano, mas eu a vejo como um símbolo perfeito da nossa época. Ela tem um pé em cada mundo enquanto a ciência que emerge em torno das plantas força um confronto entre eles. Publicou artigos em periódicos de teoria feminista que parecem defender que os cientistas usem mais a percepção em suas metodologias, mas reconhece que isso é completamente contrário à formação que recebem. Em um artigo de 2022, escrito em coautoria com a antropóloga Kristi Onzik, da Universidade da Califórnia em Davis, ela citou a metodologia peculiar de Barbara McClintock, que acabou provocando uma mudança radical em 1944 com sua pesquisa sobre a natureza da genética do milho.[23] McClintock, que décadas mais tarde seria laureada com o prêmio Nobel, descobriu que alguns genes se rearranjavam, mudando espontaneamente de posição no cromossomo, uma ideia inédita na época. McClintock passava horas a fio observando os milhos, "se perdendo" no ato de reverência e ouvindo atentamente até sentir que tinha "uma intuição sobre o organismo" e estava apta a ter uma "comunicação direta" com ele. As tecnologias em escala molecular levariam anos para surgir e provar a seus colegas que ela tinha razão. Talvez os cientistas devessem ser mais receptivos à ideia de afrouxar um pouco a mão quanto às certezas racionais que sustentam suas carreiras, postulam Onzik e Gagliano.

Onzik, uma antropóloga que decidiu se concentrar na cultura dos pesquisadores que estudam o comportamento das plantas, acompanhou Gagliano em seu laboratório na Austrália, onde ela tentava descobrir se as raízes optam por crescer num caminho de menos resistência, prevendo e evitando obstáculos. Em termos de metodologia, seu estudo era parecido com o experimento sobre a percepção das raízes quanto à direção da água corrente, mas dessa vez ela usou labirintos mais complexos, com quatro pernas em vez de duas. Onzik viu a frustração de Gagliano com as condições estéreis do laboratório e o desperdício prodigioso das caixas de isopor onde haviam chegado as peças de vidro plastificado que usaria nos labirintos. "Sem hesitar muito", ela embrulhou os labirintos e foi se instalar numa casa em uma floresta subtropical em Nova Gales do Sul, escreveu Onzik. Ali, cercada por "aranhas, salamandras e cobras", ela reinstalou o experimento. O novo ambiente não era estéril nem tinha a temperatura controlada. Ela tinha virado as costas, de caso pensado, para o mundo da ciência replicável. O que quer que acontecesse em seguida tinha pouca chance de ser aceito em periódicos científicos convencionais. Mas ela estava sondando um jeito diferente de adquirir conhecimento, escreveu Onzik.

A fronteira entre o mundo espiritual e o mundo científico é um lugar traiçoeiro, e aquele que habita esse espaço sem dúvida é alvo de críticas e até do desprezo dos pares. Mas Gagliano parece estar à vontade e não se abala. Eu a vejo como alguém que tenta estabelecer uma relação entre esses dois mundos. De certo modo, ela está no centro da guerra a respeito da inteligência vegetal. Provavelmente não faz mal que seja agora financiada por uma bolsa milionária da Templeton World Charity Foundation que apoia estudos sobre "Inteligências Diversas". Ela é afiliada à Universidade Southern Cross, na Austrália, mas a subvenção já não tem mais vínculo com fontes federais tradicionais. Manter a palatabilidade acadêmica já não é mais uma preocupação, não por motivos financeiros, pelo menos.

Gagliano palestrou em Dartmouth no começo de 2020, sobre sermos seres humanos mais humildes: "Nós somos as crianças que acabaram de chegar na vizinhança. A tradição é respeitar os mais velhos", ela declarou, se referindo a bactérias, fungos e plantas. Ela chamou a visão da humanidade no topo da cadeia evolutiva de "arrogante" e "juvenil".

"Quem disse que a ciência é a única forma de conhecimento? Como cientista, amo a ciência", Gagliano disse em Dartmouth. "Eu acho que é uma forma linda de descrever o mundo. Mas não é a única."

Fico impressionada com o conflito existencial provocado pela ideia de uma planta capaz de ouvir, que aparentemente impõe um conflito entre ciência e espiritualidade. Mas também me impressiono ao perceber que ninguém está questionando o fato de que as plantas têm audição. O que elas procuram ouvir é o que ainda não sabemos direito. Mas essa já é uma revelação sensacional para quem passou a vida inteira imaginando o contrário. Meu mundo de sons sempre pareceu fundamentalmente separado de tudo que diz respeito às plantas. Mas ultimamente minha ideia sobre o que é uma planta vem se transformando. Parece que elas se intrometem em todos os níveis do nosso mundo sensorial. De repente, a esfera em que existo — o mundo do tato, do compartilhamento, da audição — pareceu estar perdendo seu distanciamento essencial do mundo da folhagem. O muro que sem querer eu tinha construído entre as duas vem ficando mais tênue, mais transparente, como a membrana úmida de uma bolha de sabão ameaçando se romper. Brotos verdes duros irrompem.

6. O corpo (vegetal) carrega marcas

É um atípico dia de calor em setembro, e Berlim está iluminada pelo sol a pino. Nessa cidade de longos invernos cinzentos que começam prontamente no outono, a sensação é de que o dia ensolarado pode demorar a se repetir. As pessoas se espalham nas praças da cidade, estiradas entre sebes e roseirais. Vejo três homens mais velhos sentados em um banco, a cabeça levantada, os olhos fechados, sem trocar uma palavra sequer. Parecem tentar absorver os últimos raios de sol através dos poros.

O tédio já domina o Jardim Botânico de Berlim, mas algumas plantas audaciosas ainda estão desabrochando, suas flores também voltadas para o sol minguante. Meu companheiro de caminhada, Tilo Henning, é pesquisador dessa instituição. Ele me fala da *Nasa poissoniana*, uma planta da família florífera Loasaceae que cresce nos Andes peruanos, e o que ele diz me fascina.

"Como assim, a flor se lembra?", indago. "Onde é que ela guarda a memória?"

Henning balança a cabeça e ri, o cabelo preto preso em um rabo baixo que cai sobre a gola do moletom. Ele não sabe. Ninguém sabe. Mas, sim, ele diz, ele e o colega Max Weigend, presidente do Jardim Botânico que fica a algumas horas dali, em Bonn, já observaram a capacidade da *Nasa poissoniana* de guardar e recuperar informações. Eles descobriram que essas flores multicoloridas em forma de explosão estelar conseguem se lembrar do intervalo de tempo entre visitas de abelhões e prever em que momento seus polinizadores devem chegar.

Esse estudo é um complemento novo e explosivo ao mundo do comportamento vegetal: a memória vegetal. Vim até aqui porque me ocorreu que a memória deve ser a base de todos os comportamentos complexos. Eu já tinha aprendido que as plantas ouvem os sons do entorno, que têm tato e que trocam informações. Mas todas essas habilidades são limitadas por sua temporalidade passageira. De que vale a sensação sem a capacidade de relembrá-la? Sem a memória, poucas coisas são feitas com inteligência. As lembranças nos dão a capacidade de aprender e de nos orientarmos no tempo e no espaço. Se a planta tivesse lembranças, o que isso significaria? Não o tipo genético de memória dos pássaros que migram para os mesmos lugares todo ano, mas memórias individuais. Uma memória elástica. Memórias que mudam segundo as circunstâncias.

As estruturas complexas das flores, tão estranhas, e os pelos urticantes da família Loesaceae absorvem a atenção de Henning e Weigend há décadas; eles batizaram dezenas de novas espécies e descreveram as farpas urticantes do caule da planta, que já lhes causaram um bocado de bolhas. Weigend nutre um interesse especial por coisas que provocam ardências e coceiras: ele descobriu que as plantas da família Loasaceae usam para produzir seus pelos urticantes os mesmos ingredientes de que são feitos os dentes dos seres humanos e dos animais.[1] É uma vantagem, pois causar dor dá um tremendo trabalho: os pelos são feitos exatamente como seringas hipodérmicas e têm que ser duros o bastante para furar o exoesqueleto do inimigo e injetar nele a toxina geradora de dor. Quando olhou para outras famílias de plantas, Weigend viu que a arquitetura dos pelos urticantes era muitíssimo específica a cada espécie, com diferentes misturas de minerais, talvez calibradas para fazer jus à dureza necessária para perfurar a pele do animal que as come.[2] Mas um ano, depois de um experimento inspirado na observação do voo das abelhas em torno das plantas de uma estufa de Bonn, Henning e Weigend se deram conta de algo novo. A *Nasa poissoniana* consegue ofertar seu pólen quando acha que o polinizador vai aparecer. E age assim porque se lembra do intervalo de tempo transcorrido desde a última visita do polinizador.

A *Nasa poissoniana* a essa altura já era, graças ao trabalho dos dois, descrita como "a flor que se comporta como um animal".[3] Assim como muitas plantas, a flor tem o cuidado de fracionar o pólen que produz, mostrando apenas um pouquinho por vez, desse modo nenhuma mariposa ou abelha toma uma quantidade excessiva, pois seria ruim para o projeto da diversidade genética. Mas a *Nasa poissoniana* vai além: quando percebe que existem menos polinizadores por perto, ela solta gotas maiores do pólen grudento por vez, para evitar que tenham poucas oportunidades boas de polinização.[4] Isso também dilui o néctar, o que incita a criatura voadora a voltar duas vezes para colher a mesma quantidade de açúcar — pulverizando pólen em seu corpo duas vezes. Manipular o polinizador faz sentido para a flor que vive em condições muito adversas. A *Nasa poissoniana* prospera em altitudes altas — e geralmente com populações minúsculas. Precisa aproveitar muito bem todas as oportunidades.

A *Nasa poissoniana* é uma das pouquíssimas plantas que mexem partes do corpo numa velocidade rápida demais para o olho humano — nesse caso, levam dois ou três minutos para deslocar os estames da horizontal para a vertical. Os estames da flor começam na horizontal, todos enfiados dentro das pétalas côncavas que ladeiam o centro da flor como uma série de canoas. Quando a abelha chega até a flor, põe seu aparelho bucal em forma de canudo debaixo da pétala central, em forma de vieira, e a levanta. Debaixo da vieira existe uma poça de néctar: a abelha bebe. De uma forma ou de outra, o levantamento da vieira faz um dos vários estames da flor — seus órgãos fertilizantes masculinos —, bem, se erguer. O mecanismo por trás dessa reação ainda é um mistério. Mas é cativante assistir à ereção do estame. O filamento branco e fino se levanta, encimado por um pacotinho amarelo de pólen estrategicamente porcionado, formando um ângulo de noventa graus apontado para o centro da flor. Quando vários estames ficam eretos, eles se unem, formando um cone fino no meio das pétalas, e a flor passa a ter uma semelhança incrível com um lançador de raio laser de ficção científica.

Outras plantas ligeiras têm motivações claras. A amoreira-branca, por exemplo, pode catapultar seu pólen a um índice de mais ou menos metade da velocidade do som, o que lhe dá uma boa chance de chegar bem longe e encontrar condições adequadas para crescer.* Ou seja, a *Nasa poissoniana* deve

* Outras plantas que se movimentam depressa se movem por razões que os cientistas ainda não entendem. O pé de carambola, por exemplo, mexe suas folhas o dia inteiro, e não se sabe o porquê. A planta rezadeira, muito comum em ambientes domésticos, é parte do numeroso clube de plantas que fecham suas folhas à noite, e os cientistas ainda debatem por que agem assim. As folhas da avenca roxa, que não são uma samambaia, mas um membro da família Oxalidaceae, parecem "dançar" devagarinho. De novo, ninguém sabe por quê.

se movimentar tão rápido por alguma razão. "Nós pensamos: vai ver que elas conseguem controlar", Henning explicou. "Vai ver que elas sabem de quanto em quanto tempo os polinizadores aparecem."

Em 2019, a mais recente descoberta de Henning e Weigend acrescentou uma camada inacreditável ao complexo histórico sexual da flor. Depois que a primeira abelha vai embora com o néctar todo, a abelha seguinte a chegar fica de mãos abanando. Mas a *Nasa poissoniana* já terá erguido um novo estame cheio de pólen fresco, pulverizando a abelha de qualquer forma. É um fato consolidado que o inseto que não acha néctar não sonda outra flor da mesma planta. Prefere voar mais longe, ir até uma planta vizinha, carregando o pólen da flor vazia e fertilizando a flor da planta seguinte. Essa enganação é a chave da diversidade genética da *Nasa poissoniana*. Mas Weigend e Henning perceberam que o estame já estava levantado quando a abelha seguinte aparecia. A impressão era de que isso acontecia pouco antes da chegada da abelha, como se a planta fosse capaz de prever o futuro. Mas na realidade era mera lembrança do passado.

O par montou um experimento para testar se isso poderia ser verdade, e eles mesmos fizeram o papel de abelhas. Em um grupo de flores, eles cutucavam a cavidade do néctar a cada quinze minutos. No segundo grupo, eles a cutucavam a cada 45 minutos. Um terceiro, usado como grupo de controle, foi deixado em paz. No dia seguinte, eles voltaram e constataram que enquanto o grupo dos quinze minutos erguia vigorosamente seus estames num intervalo de tempo mais curto, o grupo dos 45 minutos esperava mais, levantando os estames depois de transcorrido mais tempo. Eles testaram outra vez e viram que se o intervalo entre as visitas dos polinizadores mudasse — de 45 minutos, digamos, para uma hora e meia —, no dia seguinte a *Nasa poissoniana* já tinha ajustado seu ritmo para atender ao novo cronograma. Ela aprendia com a experiência.[5]

"É óbvio que elas são capazes de contar o tempo entre as visitas e guardar a informação", diz Henning. Os botânicos nunca tinham reparado nesse comportamento. A *Nasa poissoniana*, além de ser uma contadora magistral de pólen, também é uma flor dotada de memória.

Continuamos nosso passeio pelas veredas do jardim. Quero saber o que Henning acha do debate que vem surgindo nos círculos da botânica nos últimos anos, se ele pensa que podemos dizer que as plantas têm comportamentos e se o comportamento delas pode conotar alguma forma de inteligência ou consciência.

Conforme eu descobria repetidas vezes, esse é o assunto do momento, mas também um assunto delicado. As plantas são inteligentes? Nesse caso, também têm consciência? Quero saber especificamente o que Henning, que acabou de concluir que a planta que ele estuda há vinte anos tem memória, pensa disso. A flor andina contava o tempo e mudava de comportamento segundo a realidade vivenciada. Henning e Weigend tinham dito que esse era um comportamento "inteligente" no artigo que escreveram, mas a palavra ainda era santificada pelas aspas. Eu considerava possível que Henning visse a aparente memória da flor como um sinal de consciência – ou talvez visse a flor como um robô inconsciente com uma série pré-programada de reações. Nós também chamamos nossos robôs de "inteligentes" de vez em quando.

Faz muito tempo que a memória está entrelaçada com a maneira como concebemos nossa consciência. Nosso "senso de passado", como às vezes é chamado, completa a percepção de nós mesmos como seres que se deslocam no tempo. As memórias são a espinha dorsal das narrativas que contamos a nós mesmos sobre nós mesmos: nada pode ser mais essencial à experiência consciente. Mas os filósofos da mente tendem a distinguir esse tipo de memória de longo prazo do tipo que até agora os botânicos descobriram que as plantas têm. Supõe-se que eles argumentariam que uma planta que constata a pressão mutável das partes crescentes de seu corpo ou o horário de chegada das abelhas não tem memória consciente. No entanto, essa não é nem de longe uma opinião consagrada: muitos outros filósofos defendem o contrário, que toda memória divide uma base em comum com a consciência.[6] Todas as memórias transformam o mundo neutro em um playground de significados pessoais. É claro que esse debate provavelmente vai se estender enquanto os mecanismos neurais subjacentes à consciência continuarem a escapar aos cientistas.

Henning se desvencilha da minha pergunta das primeiras duas vezes que a faço. Mas, na terceira vez, algo nele se transforma. Ele interrompe os passos e se vira para me responder. Ou está de saco cheio de mim ou desmontei a fachada de circunspecção meticulosa esperada dos pesquisadores profissionais. Os artigos dissidentes, ele diz, são todos focados na falta de cérebro – e a falta de cérebro, ele diz, significaria falta de inteligência. "As plantas não têm essas estruturas, é óbvio. Mas olha só o que elas fazem. Elas assimilam informações do mundo externo. Elas processam. Tomam decisões. E realizam. Elas levam tudo em consideração e transformam em reação. E para mim essa é a definição básica de inteligência. Não é só um automatismo. Pode até haver algumas coisas automáticas, como o crescimento na direção da luz. Mas não é essa a situação nesse caso. Não é automático."

Henning retoma minha primeira pergunta, sobre onde a *Nasa poissoniana* guardaria suas memórias. É claro que isso ainda é um mistério. Mas, Henning diz, "vai ver que a gente não consegue enxergar essas estruturas. Vai ver que elas ficam tão espalhadas pelo corpo da planta que não sejam uma estrutura única. Vai ver que é esse o truque. Vai ver que é o organismo inteiro."

A memória, mesmo nos seres humanos, ainda é rodeada de mistério. Os neurobiólogos já descobriram maneiras de "ver" certas memórias humanas em tomografias cerebrais, como ligações específicas dos neurônios, mas muitas outras permanecem invisíveis à ciência. E existem também as memórias que o corpo humano guarda, mas que nada têm a ver com os neurônios. Nossas células imunológicas se lembram dos patógenos e usam essas memórias para reagir quando eles reaparecem. As memórias epigenéticas em células podem ser passadas de uma geração humana a outra: hoje sabemos que o peso do estresse e do trauma — bem como da exposição a coisas como a poluição do ar — é passado a filhos e netos através do sangue, e possivelmente tem impacto sobre fatores como marcadores inflamatórios. O corpo, como se diz, carrega marcas.[7] Mas esses não são os tipos de memórias que incluímos na paisagem de nossa consciência. As memórias que o corpo guarda para nós só ficam em silêncio até emergir como uma mudança na nossa saúde, quando se tornam bastante tangíveis. Mas a epigenética é um campo que estamos apenas começando a descortinar. Ainda não temos vocabulário para assimilá-la à percepção que temos de nós mesmos. Até para nós a memória é algo difícil de analisar.

As plantas também têm esse tipo celular de memória. Pouco depois de minha visita a Berlim, pude testemunhá-lo com meus próprios olhos. Eu estava morando na fazenda do meu amigo, depois de desocupar meu apartamento no Brooklyn e voltar para os campos de centeio por onde corria quando era pequena. Mas agora eu tinha largado meu emprego e me comprometido a responder às minhas próprias perguntas sobre a botânica. Lincoln, o filho do fazendeiro, estudava na classe abaixo da minha na época da escola. Seus pais acompanharam o crescimento de nós dois. Agora a fazenda era dele. Era formada por insubordinados 120 hectares de florestas de bordo e pastos em Connecticut, e ficava a uma hora e meia da cidade de Nova York. Lincoln tinha duas cabras, uma dúzia de galinhas poedeiras e um peru macho gigante que mudou para sempre minha visão da espécie. Ele era um dinossauro autoritário, uma criatura barroca, carismática, e eu sempre percebia com clareza como estava seu humor. Como era possível que eu já tivesse comido um animal tão magnífico? No meio da minha estadia, esse peru formidável foi devorado por um lince.

Eram meses de frio. Cheguei em novembro e fiquei até o fim de janeiro. Na primeira semana de dezembro, Lincoln, o companheiro dele, o pai, minha companheira e eu plantamos um pé de alho. O alho pode ser semeado em outubro ou novembro, caso você esteja protelando, mas depois disso é jogar com a sorte: o solo ainda precisa de um bocadinho de calor para convencer o dente de alho de que é seguro ele se enraizar. A tarefa tinha sido adiada até o último minuto. Na manhã seguinte à plantação, acordamos com a primeira neve da temporada. Estava tudo branco. Os dois sulcos da plantação eram uma costura dupla na bainha de um lençol branco.

Na véspera da semeadura, estávamos todos acomodados em bancos na cozinha, um alqueire de alho entre nós, separando cada cabeça em dentes com o lado cego da faquinha de manteiga. Parecíamos abridores de ostras. Livres de suas camadas de papel com o estalo da faca, os alhos pareciam pérolas cheias de curvas lisas e leitosas. É muito comum eu me espantar com as formas que a natureza cria. Como foi que o alho ganhou sua casca delicada? E aqueles alhos, tão lisinhos e segmentados como uma laranja feita de madeira, como se cada pedaço tivesse sido moldado em um torno? O mais incrível, no entanto, era que cada alho, se acomodado de cabeça para cima na terra antes do inverno chegar de verdade, se multiplicaria. Criaria raízes brancas que pareciam talharim e brotos verdes tenros, e em julho, se tudo corresse bem (e via de regra tudo corre bem com o alho), haveria uma cabeça inteira de alho no lugar onde aquele único dente tinha sido plantado.

Para brotar, o alho precisa da memória do inverno. O fato de que um dia a primavera chega não basta para fazer a vida emergir — um longo período de frio é crucial. Essa memória do inverno é chamada de "vernalização". Macieiras e pessegueiros não dão flores nem frutas sem isso. Tulipas, açafrões, abróteas e jacintos, em geral os primeiros brotos da primavera, também precisam de uma vernalização forte. Se você vive num clima quente e compra bulbos de tulipa, o atendente da floricultura talvez lhe dê o sábio conselho de deixar os bulbos na geladeira por algumas semanas antes de plantá-los, caso um dia queira ver uma flor.

Enquanto enfrentava o inverno, sentindo os ossos gelarem, eu pensava nos dentes de alho na terra congelada, esperando, observando a geada que tomava a terra feito uma morsa, contando sua passagem. Talvez o fato mais educativo disso tudo seja que as plantas sabem esperar, sabem aguentar o que é inóspito, sabem que o tempo delas ainda não chegou mas vai chegar, e que seu florescimento não é uma questão de se, mas de quando. Pensar no alho era reconfortante. A paciência dele estimulava a minha. A espera sugeria algo pelo que esperar: o solo duro degelaria, o ar voltaria a ser aconchegante para o meu corpo.

O mais extraordinário na vernalização é que ela quer dizer que as plantas se lembram. O termo sem dúvida se aplica: as plantas usam informações guardadas a respeito do passado para tomar decisões para o futuro. Esse não é um exemplo peculiar. As plantas observam a duração do dia e a posição do sol. A malva multiflora, uma planta com flores cor-de-rosa, vira suas folhas para o horizonte horas antes do nascer do sol, na direção exata em que espera que ele nasça.[8] Esse movimento se origina no tecido na base do talo, onde a malva ajusta a pressão da água que a atravessa para se curvar na direção desejada. Ao longo do dia, a quantidade e a direção do sol que a malva sente são codificadas nos fotorreceptores presentes em suas folhas. Eles guardam as informações de um dia para o outro, e nesse ínterim as utilizam para prever onde e quando o sol vai nascer no dia seguinte.

Pesquisadores já mexeram com a malva simulando um "sol" mais caótico, mudando a direção de sua fonte de luz. A malva aprende a nova localização. Essa reação é "de uma complexidade extraordinária — porém de uma elegância extrema", nas palavras da equipe de pesquisadores ávidos para descobrir com a malva como fabricar painéis solares mais engenhosos.[9]

No que diz respeito a meu alho, a memória e a contagem estavam interligadas. As plantas que se fiam na vernalização precisam ter alguma forma de registrar a passagem do tempo para garantir que o período transcorrido de frio — e de calor — bastou. Emergir em fevereiro durante uma onda de calor de dois dias pode ser desastroso. Então elas parecem contar os dias. É por isso que muitas plantas esperam até o calor se firmar por ao menos quatro dias. É menos provável que seja um acaso.

O fato de as plantas se lembrarem as aproxima de nós, as torna mais legíveis, de certo modo. Mas é uma lição de humildade lembrar que elas são um reino de vida totalmente à parte, produto de uma inovação evolutiva tumultuosa que se desviou do nosso ramo de vida quando ambos éramos criaturas unicelulares que mal se mexiam boiando no oceano pré-histórico. No aspecto biológico, seria impossível sermos mais diferentes. E, no entanto, os padrões e ritmos das plantas têm certas ressonâncias com os nossos. Assim como nós, as plantas têm ciclos circadianos internos: elas precisam do ciclo de dia e noite. Desaceleram no inverno e aceleram na primavera. Passam pela juventude e pela velhice. E gravam o que já passaram. A memória claramente é bem arraigada na biologia. Isso faz sentido: se a trajetória de toda a evolução é voltada para a sobrevivência, a capacidade de lembrar tem uma vantagem evolutiva natural. É muitíssimo útil para que o ser permaneça vivo.

À medida que eu olhava mais longe, procurando outras plantas que fizessem algo parecido com a flor de Henning, mais a memória e o movimento pareciam andar de mãos dadas. O corpo da planta registra um dado e se movimenta de acordo com ele. Pensemos na dioneia, a queridinha dos ligeiros. Conforme já mencionei, as dioneias sabem contar até cinco e guardam a lembrança dessa contagem durante o tempo que leva para entender se o que tem dentro da mandíbula é um mosquito ou não. Funciona assim: se dois dos cílios dentro do lóbulo da dioneia são tocados em menos de vinte segundos — um bom sinal de que existe uma criatura viva se movimentando dentro dele —, a armadilha se fecha. Mas a dioneia continua contando depois de se fechar. Se os pelos sensíveis são incomodados cinco vezes seguidas — dirimindo qualquer dúvida de que pegou um ser vivo serpenteante —, a planta injeta sucos digestivos na armadilha e a refeição começa. Como a digestão se prolonga por vários dias, é importante que a planta tenha certeza.

Mas se a armadilha é acionada duas vezes, se fecha, e o acionamento para, a armadilha se abre de novo um dia depois. Está claro que aquilo dentro dela é tão pequeno que não vale o trabalho, ou não é um ser vivo, mas sim um pedacinho de galho ou uma pedrinha — ou, no caso de todas as dioneias que já nos contaram alguma coisa sobre a espécie, a ponta da sonda de um botânico. A dioneia corrige o erro que cometeu.[10]

Também é sabido que algumas trepadeiras fazem contas e corrigem os erros que cometem, o que exige memória. As trepadeiras têm uma prerrogativa mais forte para se mexer do que as plantas que se sustentam sozinhas. As trepadeiras jovens precisam buscar estruturas de sustentação imediatamente ou se arriscar a desmoronar sob o próprio peso. E, portanto, elas se mexem, esplêndidas, exuberantes e ágeis. Uma vez, depois de esquecer uma batata-doce na bancada da minha cozinha e ela dar vários brotos, eu a enfiei em um vaso grande de terra e reguei, sem saber o que esperar. Dias depois, um primeiro rebento esforçado se agarrava à perna de uma mesa ali perto. Duas semanas depois, mais rebentos se juntaram ao primeiro. A batata-doce estava enrolada em três pernas de mesa e ousava atravessar o tampo. Uma das gavinhas tinha se enredado no puxador de uma gaveta. Fiquei feliz de ser a anfitriã de um polvo desses. Por que eu só tinha comido batata-doce e nunca tinha cogitado plantá-la? Era tão melhor.

Vídeos em *time-lapse* são um milagre para vermos trepadeiras e outras plantas se movimentarem. Roger Hangarter, professor de biologia na Universidade de Indiana, mantém a "Plants in Motion", uma encantadora videoteca digital de plantas se movimentando, ao estilo dos primórdios da internet.[11] É claro que passei horas no site. Mas os melhores vídeos de plantas da internet são das cuscutas, plantas parasitárias que levam ao pé da letra a ideia de serem videiras: elas não dão folhas, portanto precisam achar uma hospedeira da qual extrair açúcares logo depois de brotar da terra. Quando encontra uma hospedeira, a cuscuta se afasta totalmente do chão, dependente do novo benfeitor para saciar todas as suas necessidades. A clorofila não tem serventia para ela, que não faz a fotossíntese, por isso ela tem um tom curioso de laranja, e, como não tem folhas, parece uma larva luzidia. Vê-la crescer em *time-lapse* é uma maravilha. Quando a muda de uma cuscuta parasita emerge, ela gira devagarinho no ar. É impossível não ver que procura alguma coisa. Na verdade, o gesto é inequívoco: ela parece farejar. A cuscuta realmente está provando o ar, atenta às emanações de uma planta boa para parasitar.[12] Em seguida, antes de qualquer contato físico, ela começa a se movimentar em uma direção, resoluta.

A capacidade de escolher bem é um dos sinais de inteligência. A raiz latina de "inteligência", *interlegere*, significa "fazer escolha entre". É divertidíssimo assistir às cuscutas escolhendo: elas preferem tomates a trigo, por exemplo. Trigos são difíceis de escalar e não muito suculentos. Quando uma muda de cuscuta cresce entre um trigo e um tomate, começa a girar no ar assim que brota da terra. Depois de algumas perambulações, ela se volta, determinada:

percebeu de longe quem são seus vizinhos. Agora, como um filhote de cobra, ela atravessa o ar, mirando o tomate, evitando o trigo. Consuelo de Moraes, ecologista da ETH Zurich, o instituto federal de tecnologia suíço, fez parte da equipe que notou esse fenômeno, em 2006. Ela se lembra de ter ficado chocada com a rapidez do acontecimento. Quando as viu no vídeo em *time-lapse*, achou inevitável pensar no comportamento dos animais.

Depois que a cuscuta encontra o que parece ser uma presa adequada, ela começa a serpentear. Em poucas horas, verifica se vai valer o esforço. Por meio de estudos de laboratório, os cientistas perguntaram à cuscuta o que ela estava procurando. A resposta clara é a quantidade de energia nutritiva que provavelmente vai conseguir extrair do hospedeiro em questão, com base em sua saúde geral e na concentração de nutrientes que circulam em seu corpo. Em um experimento, cuscutas que cresceram entre espinheiros escolheram as plantas que cresceram com um suprimento extra de nutrientes e rejeitaram as que cresceram num ambiente com escassez de nutrientes.[13] Porém, elas fizeram a escolha antes de penetrar a pele das plantas, nos levando a questionar como colhem essas informações (a resposta provável, assim como acontece com a maioria das respostas que dizem respeito às plantas, está nos sinais químicos). Se a presa se revela medíocre, a cuscuta para de serpentear e busca uma nova presa em questão de horas. Mas, se decide que a planta vai ser uma boa hospedeira, começa a enrolar mais cachos no caule da presa.

O número total de cachos que a cuscuta faz reflete a energia total que planeja usar para parasitá-la.[14] Portanto, ela sabe contar. Mais cachos significam mais espaço para raízes. Depois que o enroscamento se completa, a cuscuta cria fileiras de espigas vampirescas nas bordas dos cachos. As espigas se afundam na pele do hospedeiro e começam a sugar seu sumo. A cuscuta não suga a ponto de matar a planta — uma hospedeira morta não atenderia a seus interesses.* Ela prefere manter a planta capenga, humilhada, mas ainda fazendo a fotossíntese. As cuscutas não produzem folhas porque não precisam. Extraem tudo o que precisam do corpo alheio. E são excepcionais nisso: atormentam plantações mundo afora, sendo responsáveis por graves prejuízos em 25 espécies cultivadas em 55 países.[15] Uma planta subjugada à cuscuta não

* Isso não é totalmente verdade, pois às vezes a cuscuta mata a planta, mas quando é assim ela fez um mau trabalho. O interesse de uma planta parasitária é manter sua hospedeira viva.

tem forças para dar muitas frutas. Seu corpo cheio de gavinhas forma esteiras desordenadas em plantações feito milhões de dráculas vegetais, enfiando os dentinhos no pescoço alongado das vítimas.

A cuscuta serpenteante, contando seus cachos, interpreta uma espécie de memória viva através de seus movimentos. A memória é uma forma de guardar o que aprendemos sobre o lugar onde vivemos, sobre os perigos e oportunidades que o mundo tem a nos oferecer. O aprendizado é uma estratégia evolutiva de sobrevivência, como no caso da malva que se volta para o sol. Memória, aprendizado e movimento: eles parecem andar juntos, são um pacote.

Anthony Trewavas, o fisiologista vegetal da Universidade de Edimburgo, gosta de usar a teoria das redes para pensar nas plantas. Embora sua formação dite o exame minucioso de sistemas vegetais individuais, ele argumenta que é preciso prestar atenção na planta inteira — o que emerge da soma de todas as partes agindo juntas. Ele escreve que, como os animais sempre precisaram percorrer terrenos amplos em busca de comida, a evolução animal "refinou seus instrumentos sensoriais e motores e estabeleceu uma conexão rápida entre ambos", que uma hora ou outra seria acompanhada por células nervosas "compactadas em um cérebro".[16] Seria possível construir a mente com outras coisas? O cérebro, afinal, surgiu via evolução, emergindo de componentes não mentais. Pele, sangue, neurônios especializados.

Em 1866, Thomas Henry Huxley fez uma declaração que ficou famosa: "A ideia de que algo tão incrível quanto a consciência surja como resultado da irritação de tecidos nervosos é tão inexplicável quanto a aparição do gênio quando Aladim esfrega a lâmpada". Já descobrimos muitas coisas sobre o cérebro desde então. Mas a consciência, por enquanto, se mostra impenetrável para a neurobiologia moderna. O fato de o cérebro produzir a experiência da "mente" não é explicado por sua mera existência física.

Na avaliação de Trewavas, o cérebro é apenas uma estratégia para a construção de inteligência e consciência. As plantas simplesmente tomaram um outro caminho evolutivo, atendendo a suas necessidades: a atenção e a percepção delas estão situadas em todas as suas partes, mas cada uma delas se comunica e bola estratégias com o todo, gerando consciência mesmo assim. "A planta individual que contém milhões de células é um sistema complexo, auto-organizado, com um controle distribuído que permite a exploração do ambiente local, mas no contexto do sistema vegetal inteiro", ele escreve. "A consciência, portanto, não é localizada, mas compartilhada pela planta inteira, ao contrário do cérebro animal, mais centralizado."[17]

Trewavas destaca que a forma de crescimento da planta é evidência de sua constante consciência de si. As plantas são modulares. Crescem de inúmeros nós, todos vindos de um meristema, um grupo de células que podem se transformar em qualquer tipo de pele. A botânica Robin Wall Kimmerer escreveu que, assim como células-tronco, os meristemas são sempre embrionários, estão sempre prontos para virar o que for necessário.[18] Ela sugere que esses locais de criação de células, repletos de hormônios e nutrientes, são um bom ponto de partida para olharmos onde fica a inteligência vegetal. Os meristemas percebem os resultados da eterna varredura do corpo inteiro da planta. A planta monitora cada parte de seu corpo ramificado para ver como está se saindo — em que medida cada folha está fazendo a fotossíntese e cada raiz sugando umidade. Se um ramo não está fazendo sua parte, recebe menos recursos para permanecer vivo. O crescimento, a partir dos meristemas, segue outras direções. Se o nó continua com um desempenho aquém do desejado, é totalmente bloqueado e deixado para definhar enquanto a planta desloca sua energia para dar apoio a uma parte mais produtiva do corpo.

Uma vez, caminhando por uma estrada do oeste de Washington sob o sol a pino do meio-dia, me deparei com um bosque de cedros-vermelhos gigantescos. Seus galhos mais baixos eram tão cheios e grossos que eu não conseguia vislumbrar o tronco através deles. Dei a volta e entrei no bosque, e foi como se cruzasse a linha pontilhada dos fusos horários em um mapa. De repente o dia virou noite. Do mortiço chão da floresta polvilhado de folhas haviam irrompido cogumelos castanhos reluzentes, molengos feito orelhas. Toras caídas apodreciam, expelindo sua serragem vermelha em montes úmidos, o tronco em desintegração bem acomodado no musgo amarelo-esverdeado. Os cedros tinham criado aquele breu com seus corpos. E agora eu via seus troncos, grossos e retos. Não tinham nenhum galho do lado onde eu estava: era como entrar numa caverna criada por uma cascata ou uma tenda de circo arbórea. As frondes verdes luzidias formavam arcos distantes de mim, voltados para a luz do dia. Dentro do bosque, os troncos estavam nus, a não ser por alguns galhos desfolhados bem altos, onde talvez a luz já tivesse chegado a ponto de incomodá-los com algumas folhas que se voltavam para dentro. Mas, sendo uma árvore, você não se movimenta em direção ao breu. Esses galhos eram história antiga, agora murcha. Eu estava vendo a realocação em andamento.

Para fazer isso, a planta precisa sempre se lembrar do que está acontecendo em seu corpo e de quanto tempo faz. "A dinâmica é contínua ao longo do ciclo da vida", afirma Trewavas, "exigindo uma narração, por assim dizer." A planta prossegue segundo um fluxo constante de escolhas, fazendo uma recalibragem fina da pressão dos fluidos que percorrem seu corpo para dar conta de suas mudanças de forma. Se uma folha morre, ou é tirada de serviço, digamos, a pressão sobre o sistema da planta inteira tem que se reajustar para manter o equilíbrio e continuar de pé. É sutil, mas óbvio: a consciência biológica permeia o corpo da planta como um todo.

À medida que crescem, todas as plantas desenvolvem seu corpo para se adequar ao ambiente, tanto na raiz como no broto. A forma surgida é uma reação direta aos obstáculos físicos encontrados, à distribuição de nutrientes no solo e à direção da luz. Portanto, o corpo da planta é uma expressão física das condições, momento após momento, ao longo de sua história de vida. As raízes e os brotos mais novos são responsáveis pelas mudanças: as partes mais antigas das plantas são um registro das condições anteriores. Assim, a planta é um mapa cujo código é desnecessário: a história de vida da planta pode ser decodificada à primeira vista.

No nosso cérebro, a memória é uma entidade física, uma ligação entre neurônios. Nas plantas, as memórias talvez também sejam caminhos físicos: a raiz que se enreda entre os ramos do solo e se desvia, indicando onde já existiu um trecho úmido. O lóbulo do tronco, onde já existiu um galho, conta a história do sol que desde então foi encoberto. O substrato dessas memórias é o solo e a atmosfera e não nossa massa cinzenta. A memória é a configuração de um espaço físico, que por acaso nosso cérebro também tem mais facilidade de lembrar. A memória espacial humana é nossa forma de memória mais aguçada, considerada remanescente de nossa época de caçadores-coletores, em que a memorização rápida dos arredores era crucial para a sobrevivência num cenário hostil cheio de perigos e recompensas.*

* É por isso que atletas da memória de nível competitivo, imitando as técnicas dos oradores de poemas épicos dos velhos tempos, constroem "palácios da memória" na mente, colocando itens a recordar como objetos nos vários ambientes de uma casa imaginária que pode ser percorrida e de onde os objetos podem ser recolhidos mais tarde. Para saber mais, leia *A arte e a ciência de memorizar tudo*, de Joshua Foer (Rio de Janeiro: Nova Fronteira, 2011).

Mas e se não precisássemos fugir de mamíferos de grande porte que tentavam nos devorar, ou não precisássemos correr atrás de um mamífero pequeno em uma paisagem complexa para ter o que jantar? Nosso cérebro é centralizado e compacto, perfeito para animais que precisam viajar e levar sua inteligência. Mas e se, em vez da caça, nosso alimento fosse a luz do sol, e fôssemos banhados por ela, e só precisássemos evoluir para estar preparados para recebê-la? Em vez de um cérebro compacto e portátil, talvez tivéssemos desenvolvido uma capacidade ilimitada de fabricar braços novos repletos de bocas a curto prazo. Animais como nós dependem totalmente da integridade do corpo para viver, mas talvez fosse melhor termos desenvolvido flexibilidade em vez de fragilidade: poderíamos ter a possibilidade de deixar um ou dois braços para trás se já não fossem ideais para pegar alimentos.

Se nos decidirmos por considerar o cérebro animal a única forma de se criar uma mente e de guardar memórias, seria sensato procurarmos primeiro os indícios de como a mente surgiu ao longo das eras evolutivas. Em *Metazoa*, o filósofo Peter Godfrey-Smith rastreia o surgimento da mente animal a partir dos primeiros organismos multicelulares que boiavam no mar. Quando ele chega às primeiras criaturas que sabiam nadar ou se arrastar pelo leito do oceano, ele se pergunta se esses animais primitivos tinham consciência de si mesmos e de que eram seres à parte de outros. Será que percebiam o ambiente e elaboravam memórias dele com o tempo? Em outras palavras, estavam vivendo experiências? Sem dúvida se movimentavam bastante em busca de alimento.

"Ações novas e expansivas implicam a expansão da sensibilidade", escreve Godfrey-Smith. "Não se ganha nada biologicamente com a assimilação de um dado que não é colocado em uso." Se essas criaturas estavam se deslocando, estavam se sujeitando a vários tipos de informações sensoriais novas. Seria um desperdício não conseguir guardá-las, não elaborar uma imagem dos fatos do mundo para se fiar depois. Talvez a capacidade de se deslocar no espaço com intencionalidade tenha surgido primeiro, e a capacidade de perceber o espaço tenha vindo depois, numa reação ao deslocamento. Ao pensar no que poderia existir nos animais antes da evolução da experiência, é interessante imaginar um animal cujos movimentos sejam mais rápidos que os sentidos, ele diz. A percepção e a capacidade de guardar as sensações acabariam surgindo automaticamente. O primeiro animal a experimentar seu mundo provavelmente também foi o primeiro animal a se deslocar por esforço próprio.

Movimento e experiência parecem ser uma dupla natural. Mexa-se e novas experiências surgirão. Faz sentido conseguir registrar esses estímulos e colocá-los em uso na busca particular de desenvolvimento. Esse é o nascimento do aprendizado. Minha leitura sobre a evolução animal corresponde a tudo o que aprendi sobre as plantas até aqui. Penso na cuscuta, sondando o ar em busca de um cheiro e contando os cachos que vai precisar lançar para sobreviver. Enquanto me movimento pela cozinha da minha casa, minha jiboia está acompanhando todas as suas partes modulares, decidindo qual direção tomar para crescer mais. A resposta é sempre, ao que parece, a janela, onde quer que ela esteja. E, nas montanhas do Peru, a *Nasa poissoniana*, a flor da memória, está erguendo seu estame — sentindo uma abelha — e resolvendo quando levantar o próximo para sentir outra.

As plantas, assim como os animais, se deslocam no espaço. Mas fazem isso a seu próprio estilo — por meio do crescimento. É fácil imaginá-las provando tudo, tomando notas, guardando as informações que descobrem para uso posterior. A ideia da memória vegetal perde um pouco de sua mística quando a vemos dessa forma.

A memória e a experiência têm um laço intrínseco, pois podemos dizer que um ser vivo que lembra dos contornos de seu mundo o experimentou. Esse ser também deve tomar decisões mais sensatas — isto é, se comportar com inteligência — ao se deparar com circunstâncias semelhantes no futuro. Aprendemos com nossas lembranças. A memória provavelmente incitou nossos ancestrais mais distantes a adotarem estilos de vida mais complexos, que exigiam tomadas de decisões ainda mais complexas. Talvez não saibamos onde as plantas guardam a memória — em algum canto, poderíamos dizer, de sua mente descerebrada —, mas reconhecer que é evidente que elas a têm basta para transformar nosso mundo. Nossa coleção particular de experiências nos outorga a percepção que temos de nós mesmos, a percepção de nossa subjetividade, que passamos a enxergar como a consciência. Uma visão mais generosa da vida vegetal talvez estenda a elas um pouco dessa subjetividade: afinal, as plantas parecem experimentar e se lembrar do mundo à medida que o percorrem. Os mistérios permanecem, é claro. Estamos bem longe de entender a amplitude da memória nas plantas. Temos poucas pistas e pouquíssimas respostas, e muito mais experimentos pela frente para tentar obtê-las. Mas novos fios de relação se estendem entre nós. Um universo de naturezas ganhou o centro das atenções.

7. Conversas com animais

Em *Semiosis*, romance de ficção científica de autoria de Sue Burke lançado em 2018, as plantas são os personagens principais. Um grupo de seres humanos voou rumo ao espaço para escapar da Terra, devastada pela guerra e pelas mudanças climáticas, e ocupar um planeta verdejante que denominam "Pax". Eles se mudaram para lá para recomeçar a humanidade com uma postura diferente em relação ao mundo natural: "Com a ecologia, não contra ela". Eles não demoram a descobrir que, para isso, precisam ser servos respeitosos à vontade das plantas de Pax.

"Na Terra, as plantas sabem contar. Elas enxergam, se mexem, produzem inseticidas quando o inseto errado entra em contato com elas", diz Octavio, o botânico da colônia. Em Pax, as plantas tiveram ainda mais tempo para se desenvolver. Uma planta mata alguns membros da colônia quando eles avançam demais. Sabota suas plantações de grãos. As plantas parecem ser capazes de planejamento estratégico.

Os humanos concluem que sua única chance de sobrevivência é se colocarem à disposição de uma videira muito poderosa. "A gente trabalha para ela, e não o contrário", diz Octavio. "Ela vai nos ajudar só porque vai ser bom para ela." Numa inversão dos papéis terrenos, os seres humanos se tornam "mercenários servis" de plantas beligerantes.

Várias gerações humanas depois, quando outra espécie alienígena ataca os humanos, a videira sugere formas de neutralizar a ameaça sem matar — um preceito de Pax é a coexistência pacífica. "O mutualismo pode ser forçado", diz a videira, que cogita injetar entorpecentes em suas frutas para desarmar os invasores. "Basicamente, vamos recrutar um simbionte." Os seres humanos reagem com um silêncio perplexo. A videira acrescenta, para encorajá-los: "É muito comum as plantas fazerem isso com animais".

A essa altura, eu já tinha aprendido com Rick Karban e suas artemísias sobre a comunicação entre plantas, o complexo diálogo de sinais químicos que alertam outras plantas de ameaças iminentes. Eu entendia que essa conversa silenciosa estava por todos os lados, transcorrendo facilmente abaixo da nossa percepção, uma forma de comunicação que não exigia nem som nem movimento. Um mundo de sentidos circulava no ar. No entanto, de modo geral, o estudo da comunicação entre plantas parecia se concentrar sobretudo em alertas: quem alertava quem e quando. Fazia sentido: se preparar para um ataque é crucial para a sobrevivência. Mas com tanto poder para transmitir significados, eu achava impossível que as plantas emitissem apenas alertas. Devia haver algo mais na comunicação entre elas. Eu soube que era essa a tendência — muito mais coisas estavam em discussão. Mas o que eu não pensei até me deparar com a questão é que as plantas não mantêm um diálogo apenas com sua classe. Volta e meia elas cruzam a fronteira entre espécies.

Aliás, as relações que as plantas têm com outras espécies de plantas, e até com os animais, é uma tapeçaria de dinâmicas que vão de recíprocas a intensamente antagônicas. Via de regra, é difícil saber a diferença. O campo que as estuda é chamado simplesmente de "biocomunicação", um nome que parece certinho demais para o monte complicado de relações interespécies que são deslindadas hoje. À medida que caio no mundo da biocomunicação, vou ficando com a impressão de que a regra da vida é a mistura desordenada. Parece que tudo impacta e altera tudo. Me lembro de uma expressão usada pela teórica Donna Haraway, que escreve que nossa vida, quer a gente perceba ou não, é "chafurdar abundantemente em lamaçais multiespécies".[1]

Consuelo de Moraes, a ecologista que descobriu como as cuscutas escolhem suas presas, vive no meio dessa confusão. Ela se senta na beirada e observa, os olhos semicerrados, enquanto espécies e mais espécies interagem. A bem da verdade, parece ter um dom sobrenatural para enxergar interações significativas onde os cientistas anteriores não viam nada. Ela é uma pessoa estritamente científica, e suas falas têm uma clareza muito prática. Não me conta nada que não tenha a certeza de ser capaz de replicar ou que não esteja segura de que seria aprovado numa revisão por pares. Mas ela também se sente apta a se espantar, e essa é sua principal ferramenta de pesquisa. Seu senso de rigor faz com que os recados que traz do mundo do lamaçal multiespécies pareçam confiáveis, e por isso mais assombrosos.

Moraes conversa comigo à sua mesa no departamento de ciências dos sistemas ambientais da ETH Zurich, tendo como segundo plano uma parede cheia de borboletas presas dentro de molduras quadradas. São as formas adultas das lagartas que ela estuda. Moraes é especialista em insetos, plantas e vírus que sobrepõem suas vidas às dos outros de formas ornamentais. Na década de 1990, por exemplo, estudou o drama entre o trigo, as lagartas e as vespas. Primeiro a lagarta masca o trigo. A planta percebe e pega uma amostra da mistura de saliva e regurgitante que a lagarta deixa em suas folhas; agora a planta já sabe qual é aquela espécie de lagarta — ou pelo menos de qual espécie de vespa que precisa que venha parasitá-la. Então a planta exala um gás químico muito bem afinado. Passada uma hora, as vespas certas já chegaram. As vespas, sem dúvida contentes com o cenário ideal que enxergam, enfiam seus ferrões no corpo das lagartas, injetando seus ovos. Quando os ovos eclodem, as larvas de vespa usam suas mandíbulas avantajadas para comer as lagartas de dentro para fora. Em seguida, tecem suas pupas em forma de balinha Tic Tac, que grudam na pele vazia da lagarta. O resultado é um vermezinho verde coberto de saliências brancas sedosas, como espinhos de ouriço feitos de feltro. Moraes descobriu esse comportamento no milho, no tabaco e no algodão em 1998.[2]

Duas décadas depois, Moraes percebeu marquinhas de mordida nas folhas de algumas plantas de mostarda-preta que cultivava em estufa. As marcas pareciam luas crescentes, sempre um sinal do aparelho bucal de abelhões. Mas por que abelhões estavam mordendo plantas? Ela continuou observando.

Moraes entendeu que os abelhões estavam morrendo de fome. Fazia dias que rodeavam os botões fechados das flores de mostarda, mas ainda não havia flores abertas. Se não enfiassem a língua em uma poça de água floral açucarada em breve, começariam a desacelerar, seu corpo faria uma tentativa desesperada de conservar calorias. Mais cedo ou mais tarde, pousariam na terra, se arrastariam um pouco e morreriam. As pobres abelhas estavam num ritmo totalmente errado. As flores só abririam dali a um mês. Não era possível. Ela notou que as abelhas começaram a morder as folhas das plantas. No dia seguinte as flores brotaram. As abelhas beberam o néctar e sobreviveram.

Que interessante, Moraes pensou. As abelhas não comem folhas. Não parecia haver nenhuma boa razão para gastarem uma dose preciosa de energia em algo que não as alimentaria. Mas ali estavam elas, mastigando mesmo assim. Havia luazinhas por todos os lados. Alguém já deve ter percebido isso, ela imaginou. "E então você faz a revisão da literatura e pensa: como foi que deixaram isso passar?"

Moraes montou um experimento com todos os controles adequados e descobriu que as abelhas que comiam as plantas faziam suas flores brotarem até trinta dias antes do esperado.[3] É óbvio que as abelhas se beneficiavam — mas, como descobriu Consuelo, as plantas também: elas brotavam a tempo de serem polinizadas pelas abelhas. O ritmo da natureza é assim: todas as espécies dependem de outras espécies, de uma forma ou de outra. Se estão dessincronizadas, todo mundo perde. A existência de uma forma de comunicação entre espécies é uma garantia de sobrevivência.

"Um dos meus alunos me mandou fotos da salada de espinafre dele com essas meias-luas", Moraes contou. "Antes a gente não procurava, mas agora olha ao redor e pensa: meu Deus, isso é estrago causado por abelhas. A sua cabeça começa a ver a mesma coisa o tempo todo."

As abelhas comuns, ela descobriu, sabem identificar à distância se um almíscar de macaco tem ou não muito pólen devido ao aroma de certo composto floral volátil que se traduz, no cérebro delas, em "rios de pólen". Mas fabricar rios de pólen exige muitos recursos. Então o almíscar de macaco desenvolveu um atalho. Ele conhece as regras desse processo de pré-seleção, e, em vez de fabricar pólen extra, exala o volátil de qualquer forma — em suma, ele mente. A abelha, agora ludibriada, vai sofrer uma decepção. De qualquer jeito, o almíscar conseguiu o que queria: uma abelha na qual pulverizar seu pólen. O almíscar de macaco mente muitíssimo bem.[4]

Com a biocomunicação, o que não falta é almíscar de macaco. Moraes fala da "corrida armamentista" de insetos, plantas e vírus, uns puxando o tapete dos outros e também levando puxadas de tapetes. "Todo mundo está tentando sobreviver. Todos eles." Ela volta e meia ri ao explicar suas descobertas, como se mais uma vez se espantasse com os resultados. Tenho a sensação de que não é muito devota dessa ideia da natureza como campo de batalha, mas essa é a metáfora à mão para toda a ciência desde Darwin, e portanto ela a usa.

Há alguns anos, depois de ver uma planta de que gostava na estufa do jardim botânico de Zurique, um de seus alunos de pós-graduação levou algumas sementes para o laboratório de Moraes. Eles cultivaram e admiraram os caules roxos da planta, cobertos de espinhos de 2,5 centímetros. Em termos de tamanho, os espinhos eclipsavam as florzinhas amarelas. Todas as partes da planta são venenosas para os seres humanos. Seu nome comum é "diabo puro" e "malevolência". Eles puseram lagartas jovens nas plantas só para ver o que aconteceria. Pouco depois, perceberam glóbulos de algo grudento no caule da planta diabólica. Eram bolinhas de açúcar reluzentes, feito orvalho no pé-de-leão ao amanhecer. Era néctar "extrafloral", ou seja, um néctar fora da flor, o que não é anormal nas plantas: geralmente, ele existe para atrair algum animal que come açúcar e pode ajudar a planta de algum modo. Eles continuaram observando as lagartas. De fato elas haviam sido seduzidas pelas bolinhas de açúcar. Mas as lagartas não ajudam as plantas. Elas as devoram. De repente, havia algo errado com suas bocas. As articulações das mandíbulas grudavam nos glóbulos como se fossem cola. "É que nem quando você está com um caramelo na boca", Moraes explicou. As lagartas filhotes balançavam a cabeça para a frente e para trás, tentando limpar a substância. Era uma tentativa débil: sem braços que alcançassem a boca, elas não tinham muito o que fazer. As bolinhas perfeitas de açúcar eram uma cilada. Era tentar engolir uma delas que a boca nunca mais se abria.

Ultimamente, Moraes anda trabalhando com o solidago, que, com seus talos altos e arcos de florzinhas douradas, é quase onipresente no leste da América do Norte. Em 2020, ela descobriu que o solidago sente os sinais voláteis dos mosquitos que formam galhas e botam seu sistema imunológico para funcionar antes de ter qualquer contato com eles. Insetos que produzem galha podem ser uma ameaça às plantas: depois que chegam, sequestram seu DNA, forçando a planta a usar a própria pele para construir um abrigo para eles. As arquiteturas que emergem podem ser geométricas, adornadas e feitas de cores que a planta não produz em circunstâncias normais. Os insetos costumam botar seus ovos na galha, causando um problema para a planta quando nascem com fome. No frigir dos ovos, da perspectiva da planta, o melhor é evitar essas situações. Então faz sentido que o solidago tenha inventado um jeito de saber se há insetos produtores de galha por perto. Mas os mosquitos, cientes de que as plantas percebem sua chegada, também avaliam o solidago. Se está exalando voláteis que indicam que levantou defesas contra o mosquito, as fêmeas que carregam os ovos percebem e o evitam. Para o mosquito, é melhor seguir em frente em busca de um espécime mais desarmado.[5]

As conversas interespécies desse tipo são constantes e totalmente invisíveis à percepção humana. A comunicação é sofisticada, dinâmica, complexa e rápida — tudo acontece em questão de instantes. Por enquanto, só entendemos um pedacinho disso, diz Moraes, que completa: "sempre me surpreendo com o pouco conhecimento que temos".

Lembrei do milho e dos tomates convocando vespas. Estavam basicamente recrutando colaboradores. Ou, sob outro prisma, estavam usando as vespas como ferramentas. A linha entre colaboração e coerção às vezes é confusa. É claro que as vespas também se beneficiavam da relação. Mas, em todo caso, foi a planta que propôs esse arranjo. Da perspectiva da planta, ela tinha achado o instrumento certo para a missão. Pensei em como a capacidade de usar ferramentas é um teste clássico de inteligência animal. Já tinha assistido a vídeos de gralhas abrindo caixas de comida com gravetos e lontras-do-mar usando pedras como bigornas para abrir moluscos. Seria esse caso tão diferente assim? Continuei lendo: no final das contas, essa é uma história que se repete muito no mundo vegetal.

A doce-amarga, uma planta da família do tomate, da batata e do tabaco, excreta um néctar açucarado para recrutar formigas como guarda-costas. As formigas, fisgadas pelo xarope melecado que a planta goteja para elas, cumprem seu dever de arrancar as larvas da inimiga mortal da doce-amarga, o besouro-saltador, que se agarra ao caule da planta. Elas precisam ser ligeiras para que os bebês de besouros-saltadores não tenham a chance de penetrar o corpo da doce-amarga e causar um estrago. As formigas saem marchando com a larva rumo ao formigueiro.[6] A larva desaparece para sempre.

Várias outras plantas empregam formigas assim, e isso é tão comum que a comunidade botânica tem um apelido para elas: plantas-formigueiro. (Além do nome oficial: mirmecófitas.) Algumas espécies de formigas já não conseguem mais sobreviver sem as plantas-formigueiro, como é o caso daquelas em relação de simbiose com árvores tropicais do gênero *Macaranga*, que morrem logo depois de separadas delas.[7] As acácias têm uma relação parecida: alimentam suas formigas e lhes dão lugares específicos para se aninhar nos espinhos ocos de seus galhos. Em troca, as formigas agridem qualquer coisa que perturbe a árvore que abriga seu formigueiro. A página em inglês da Wikipédia sobre as mirmecófitas mostra uma fotografia de três formigonas cor de ferrugem em uma folha, cercando uma formiga-açucareira menor. Duas das formigas maiores seguram as patas da frente da formiguinha entre as mandíbulas e a terceira a segura pelo abdômen. "Formigas colaboram para desmembrar uma formiga invasora", diz a legenda. A árvore recrutou as formigas como guarda-costas, e elas são pagas com xarope e moradia.

Se não conseguem fazer alguma coisa sozinhas, as plantas acham outras coisas que possam fazê-las por elas. Mas quando essas coisas são seres vivos, com objetivos próprios, elas podem precisar de um suborno — ou manipulação. Legumes, por exemplo, se associam a bactérias em suas raízes para fixar uma provisão constante de fertilizante nitrogenado. Suas raízes são formadas por fileiras de nódulos arredondados que parecem pérolas tortas e servem de abrigo para colônias bacterianas. As bactérias nos nódulos fixam o nitrogênio no solo para as plantas, que por sua vez as alimentam de açúcar. Mas esse arranjo nem sempre funciona como o legume gostaria. As bactérias são volúveis: nem sempre cumprem sua missão, e nem sempre a cumprem direito. Sua capacidade de fixar nitrogênio varia bastante. O legume monitora os simbiontes que vivem em cada um de seus nódulos para garantir que cumpram sua parte do acordo, exigindo uma troca individualizada. Se a planta pega uma bactéria se aproveitando dela, castiga a delinquente cortando o fornecimento de oxigênio para seu nódulo.[8]

O acordo dos legumes parece ser o caso de uma transação muito objetiva entre organismos, com um pouco de travessura e de castigo no meio, mas a análise de outras relações interespécies é mais complicada. É difícil verificar a coerção, sobretudo, num sistema biológico. Quem há de dizer que a outra parte está sendo coagida e não que colabora por vontade própria? O que nos parece coerção pode ter outras conotações para os envolvidos. Um caso é o do grupo de orquídeas que os biólogos chamam de "sexualmente enganosas". Essas orquídeas são um exemplo brilhante do domínio que as plantas têm da bioquímica.

As plantas são geniais na sintetização de compostos químicos. Parecem ser capazes de fazer qualquer mistura química necessária para a tarefa que têm em mãos, excretando-a como gases pelos poros, ou às vezes pelas raízes, para impregnar o solo. A precisão e a aptidão delas para isso extrapolam as de qualquer outro organismo, e é justo dizer que constituem uma inteligência a mais que volta e meia ainda choca os pesquisadores. A cada novo avanço nas ferramentas de amostragem de gases, o quadro se alarga. Invenções químicas mais sutis e específicas se tornam visíveis. É previsível que se conclua que as plantas produzem compostos bem mais complexos do que nossas ferramentas são capazes de perceber.

Mas voltemos às orquídeas. Na Austrália, o biólogo evolutivo Rod Peakall passou mais de trinta anos estudando como vários grupos de orquídeas convenciam vespas a tentar fazer sexo com elas. O objetivo da planta era cobrir as vespas de pólen. Assim, a fim de fazer sexo vegetal, ela fazia uma pantomima de sexo entre vespas, e a vespa sem querer fazia sexo vegetal. A mecânica é meio complicada, mas talvez nada que sabemos nos mostre de forma mais clara até que ponto as plantas se envolvem na vida de outras espécies. Então vamos nos esforçar para imaginar.

Como tantas de nossas plantas mais esquisitas, muitas orquídeas especializadas em sexo com vespas são nativas da Austrália. Vejamos as orquídeas-aranha, por exemplo. O aspecto aracnídeo vem do fato de terem abolido o conceito de pétalas normais. Elas desenvolvem fios filamentosos, longos, e anexam um bulbo em forma de casulo à ponta de um deles, que ricocheteia com a brisa. O bulbo tem mais ou menos o tamanho e a forma de um tipo específico de vespa fêmea.

Agora imagine as vespas. A fêmea da espécie não voa. Para acasalar, os machos voam à procura de fêmeas não voadoras que se acomodam nas plantas quando estão no cio. O macho arremete, pega a fêmea num abraço de urso e eles voam feito dois praticantes de queda livre amarrados para fazer sexo suspensos no ar. O manequim de vespa da orquídea, então, é feito para se encaixar perfeitamente nesse sistema: a vespa macho desce, dá um abraço de urso e se movimenta feito um desvairado, tentando voar com a fêmea de mentirinha. Juntos, a vespa e a vespa de mentira se balançam na sépala fina até a vespa de verdade esbarrar no meio da orquídea. O pólen está ali, esperando para se derramar nas costas do inseto. Depois de um tempo, a vespa, talvez se dando conta do engano (mas talvez não), sai voando, com pólen e tudo. (Outra espécie de orquídea com uma estratégia similar cola um belo pacotinho amarelo de pólen nas costas da vespa. Fica parecendo que a vespa está indo para a escolinha de vespas.) Então, pousa sobre outra coisa que supõe ser uma vespa, se debate de novo, e durante esse processo deposita o pólen. Que seleção, imagino a vespa pensando, zumbindo em torno de um canteiro de orquídeas.

Durante gerações a maioria das pessoas acreditou que as vespas eram atraídas pela forma do pêndulo da orquídea.* Mas, como ponderou Rod Peakall, as vespas têm uma visão razoável. E na verdade a orquídea que melhor se saía na imitação da forma da vespa fêmea era preguiçosa em relação aos detalhes. Criava uma silhueta aceitável, mas de perto não tão convincente assim. Várias outras espécies de orquídeas com a mesma tática de polinização pareciam se esforçar ainda menos para criar um bom disfarce. Vespa nenhuma olharia para ela e ficaria convencida, ele pensou. Além do mais, as vespas só acasalam quando as fêmeas estão no cio. Devia ser uma questão de feromônios.

Os semioquímicos são quaisquer compostos sintetizados em um corpo e excretados para se infiltrar em outro. São por natureza qualquer substância química que uma criatura produz e exala para tomar as rédeas de outra. O termo "semioquímica" não implica nenhuma intenção nem malícia, apenas o fato assombroso de que, querendo ou não, quem inala o semioquímico vai ser obrigado a se comportar. Talvez chegue a pensar que se decidiu sozinho.

No início dos anos 2000, Peakall se propôs a avaliar em que medida essa enganação da orquídea tinha a ver com a química. As orquídeas estavam exalando um buquê convincente de fragrâncias de vespa, ele pensou. Peakall sabia que certas orquídeas atraíam apenas algumas espécies de vespas, portanto a química devia ser bem específica. Ele achava que elas deviam estar usando uma combinação dos mais de 1700 compostos de aromas florais já conhecidos.

"Estávamos redondamente enganados", disse Peakall para a comunidade global de botânicos, na palestra de abertura da conferência anual da disciplina em 2020.[9] Quase todos os semioquímicos que ele e sua equipe haviam analisado

* Em 1928, a naturalista australiana pioneira Edith Coleman concluiu que o cheiro devia fazer parte do processo. Mas a química ainda era um mistério, e a ideia de enganação visual continuou forte. Ver Edith Coleman, "Pollination of an Australian Orchid by the Male Ichneumonid *Lissopimpla semipunctata*, Kirkby", *Ecological Entomology*, v. 76, n. 2 (19), pp. 533-9, jan. 1929. Disponível em: <doi.org/10.1111/j.1365-2311.1929.tb01419.x>.

eram fruto de uma botânica totalmente nova.[10] E eram só um punhado de orquídeas. Quantos compostos mais existiriam no ar, manipulando o ambiente de forma sutil, ainda invisíveis a nós? Não só isso, mas, graças aos avanços mais recentes na tecnologia de percepção de gases, Peakall conseguiu ver que, para as vespas serem atraídas, a orquídea tinha que fazer uma mistura muito precisa de pelo menos dois desses compostos.[11] Em cada orquídea, a receita era diferente. Uma espécie de orquídea sintetizava um gás com uma proporção de exatamente 10:1 de dois compostos. Outra orquídea usava a proporção de 4:1 de dois compostos totalmente diferentes. Todos eram novos para a ciência. A especificidade era de fazer cair o queixo, e ameaçava não ser detectada nem pelas ferramentas mais modernas. Além disso, como descobriram Peakall e seus colegas, as orquídeas precisam de luz UV para que os semioquímicos funcionem. Em outras palavras, elas utilizam a luz do sol como ingrediente.

Peakall impregnou continhas pretas em varas com esses compostos sutis, para ver se atrairiam as vespas mesmo sem a presença da vespa de mentira. Funcionou direitinho, provando que a mágica estava na química e não no truque visual. "Claro que ainda é um mistério como, em termos evolutivos, as orquídeas conseguem interceptar e cooptar os sinais de comunicação particulares das vespas que as polinizam com tamanha precisão", afirma Peakall. Era difícil imaginar um sistema coevolucionário mais alinhado entre plantas e insetos.

Mas, ao ouvi-lo falar, eu também me perguntava o que estava faltando nessa história. Sem dúvida parecia ser um caso de enganação sexual, mas e se a vespa soubesse da trapaça e estivesse representando? Natasha Myers, antropóloga da ciência da Universidade de York, e Carla Hustak, que estuda história da ciência na Universidade de Toronto, propõem uma maneira diferente de enxergar a relação entre orquídea e vespa.[12] O corpo da orquídea e do inseto, como até Charles Darwin observou em 1862, se articulam com exatidão, na adaptação mais perfeita da natureza.[13] Mas ele ainda assim achava que a relação era basicamente fraudulenta: uma vez que o inseto não estava obtendo nenhuma vantagem reprodutiva do encontro, a orquídea devia estar enganando a vespa. Mas será que havia outra coisa em jogo, perguntam Myers e Hustak. Talvez outra coisa que não a mecânica da sobrevivência-do-mais--apto darwiniana? Elas sugerem uma espécie de flerte entre inseto e orquídea, uma dança interespécies em que os dois lados concordam com o arranjo e o levam adiante com prazer. Talvez esses encontros fossem prova de um outro tipo de arranjo ecológico, em que "prazer, brincadeira ou improvisação intra ou interespécies" é a norma. Em suma, seria possível dizer que a vespa "se entrega" aos prazeres da "pseudocópula"?

Pode parecer um exagero, mas o próprio Darwin fez ensaios com as orquídeas que tinha em casa, criando uma espécie de experimento multissensorial, cutucando, sondando e pincelando partes das orquídeas com os dedos, com fios de cabelo e com outras ferramentas para ver se provocava as mesmas reações que os insetos e as plantas despejavam seus saquinhos de pólen nele. Basicamente, ele passou um longo tempo interpretando o papel de vespas excitadíssimas, e descreveu as orquídeas como flores com afinidade sexual com certos tipos de toque, algo óbvio até para ele, um ser humano. Myers e Hustak questionam: será que podemos ver a relação como um acordo de reciprocidade, em que tanto a orquídea quanto seu polinizador ficam satisfeitos? Darwin, afinal, falava da natureza como uma "massa emaranhada", uma "rede inextrincável de afinidades"[14] entre espécies muitíssimo envolvidas na vida umas das outras. Talvez haja espaço para outra interpretação, menos antagônica, mais amistosa, do envolvimento das plantas na vida de outros seres.

Também é preciso dizer que pesquisas revelaram que essas orquídeas tendem a fazer uma imitação química que não chega à perfeição, fazendo alterações tão sutis em alguns aspectos da mistura química a ponto de serem convincentes, mas não totalmente indistinguíveis da coisa genuína.[15] Faz sentido: se tivessem um desempenho melhor do que as vespas fêmeas, atraindo bem demais os machos, talvez eles ficassem tão encantados que nunca mais copulassem com uma vespa fêmea de verdade. As orquídeas correriam o risco de perder sua polinizadora. É de se perguntar o que a vespa, talvez capaz de perceber a discrepância, pensa de tudo isso quando ainda assim resolve copular com a flor.

Em *Braiding Sweetgrass* [Tranças de ervas sagradas], Robin Wall Kimmerer, botânica e membro da nação potawatomi, diz que, quando era moça, queria muito saber por que ásteres e solidagos tendiam a florescer juntos, em setembro.[16] O solidago amarelo fulgurante ao lado dos ásteres roxos geravam uma dinâmica visual inebriante. Por que, ela queria saber, eram tão lindos? Ela foi uma criança indígena que passou a infância usando pronomes pessoais para criaturas não humanas. Quando entrou na universidade, na década de 1970, seu orientador parecia nutrir um interesse especial por arrancar isso dela. Ela ouviu que sua pergunta sobre a beleza não tinha espaço no departamento de botânica. A beleza era subjetiva, não objetiva, e portanto jamais seria uma linha de pesquisa adequada à ciência. As plantas precisam ser objetos, não sujeitos, para podermos extrair delas respostas científicas.

Mas Kimmerer descobriu que a pergunta não era inadequada à ciência indígena. Mais tarde, depois de obter o doutorado e um cargo docente num departamento de botânica, ela compareceu a uma reunião de anciãos indígenas em que uma mulher navajo passou horas falando de plantas e de suas relações preferenciais — as outras plantas que gostam de ter por perto ao crescer, o porquê de serem tão lindas. Ela não mencionou ásteres e solidagos, mas "suas palavras eram como sal volátil", declarou Kimmerer, despertando-a do absolutismo científico em que ela vivia, na época, fazia muitos anos. Ela retomou a pergunta do começo. Quando querem medir se um ser vivo se beneficia de um ou outro acordo, os cientistas tendem a medir a reprodução. Portanto, se ásteres e solidagos de fato se beneficiam do fato de crescerem juntos, se existe uma finalidade em toda sua beleza, eles provavelmente têm um índice mais alto de reproduções quando estão juntos do que sozinhos. Como a reprodução dos ásteres e dos solidagos depende da polinização, ela resolveu estudar as abelhas.

O amarelo e o roxo estão em lados diametralmente opostos no círculo cromático e produzem um efeito visual recíproco: nossos olhos têm uma reação mais forte quando o amarelo e o roxo estão juntos do que quando uma dessas cores aparece sozinha. Kimmerer imaginou que talvez as cores tivessem o mesmo efeito sobre as abelhas. As flores são basicamente outdoors para atrair polinizadores. Quanto mais chamativa a propaganda, mais abelhas aparecem. As abelhas têm um espectro visual muito maior do que o nosso e enxergam cores que não vemos. Muitas flores são listradas, feito pistas de aterrissagem ou olhos-de-boi, alvos que só as abelhas percebem. Mas, afinal, no que diz respeito a ásteres e solidagos, nós e as abelhas vemos praticamente a mesma coisa. Elas também veem um espetáculo deslumbrante criado pela mistura de amarelo e roxo. Quando testou sua hipótese — de que ásteres e solidagos têm que crescer juntos por algum motivo relacionado a abelhas —, Kimmerer descobriu que eles atraíam mais polinizadores juntos do que sozinhos. Mais abelhas visitavam as plantações misturadas do que os canteiros só de solidagos ou só de ásteres. O espetáculo visual seduzia as abelhas, assim como a seduzia. A beleza delas, concluiu Kimmerer, era proposital. Nossa ideia subjetiva de beleza realmente pode nos dar informações sobre as intenções das plantas.

A beleza é quase sempre uma forma de comunicação. Ela comunica "me escolha". A preferência estética foi demonstrada em todo o reino animal: os bichos são atraídos pelo que consideram bonito. Não é nenhum espanto que as plantas incorporem a beleza também com esse propósito. As flores se desenvolveram a fim de ser belas para os animais.[17] A princípio, a maioria das plantas terrestres dependia do vento para carregar seus grãozinhos de pólen de uma planta para a outra. Mas acabou que os animais entraram no jogo e começaram a comer o pólen das plantas, rico em proteína. Ao pastar, esses animais transportavam parte do pólen de flor em flor, completando a fertilização de um modo muito mais eficiente e ordeiro do que seria possível para o vento. As plantas não demoraram a transformar algumas de suas folhas em bandeirinhas coloridas — as primeiras pétalas — para conduzir os animais ao local do pólen. Essas pétalas adquiriram cores e formatos mais apurados e acabaram produzindo símbolos visíveis à anatomia específica do olho do polinizador. Essas configurações sedutoras emergiram como flores e chegaram a extremos estéticos na corrida para atrair criaturas com uma anatomia ocular cada vez mais complexa e gostos estéticos cada vez mais aguçados.* A beleza das flores agora fala alto também para nós.

Sabemos que a genialidade bioquímica das plantas as torna mais resilientes, faz com que se defendam bem de predadores e saciem suas necessidades de formas sutis e manifestas. E elas nem sempre se conformam ao que a sensibilidade europeia chamaria de "ordem natural" das coisas. Não se atêm só à própria espécie, nem a um gênero bem definido. Afinal, a orquídea se reproduz por meio do sexo com vespas. Algumas plantas basicamente apenas se clonam,

* Mas, como é o caso também dos humanos, a fonte inicial de preferência estética continua sendo um mistério. Por que achamos certas coisas lindas? Em alguns casos, feições bonitas podem indicar uma vantagem evolutiva oculta, uma força individual hereditária. Essa teoria é conhecida como a dos "genes bons", mas ainda não passou por estudos. Na maioria dos casos, não existe correlação entre beleza e vigor. Em geral, a beleza não parece ser benéfica. Um pesquisador que estuda a beleza biológica chamou-a de "genuinamente indulgente" em um artigo da *New York Times Magazine*. Não existe explicação para acharmos certas coisas bonitas. E, no entanto, ser bonito tem vantagens óbvias. A beleza desencadeia certas reações no cérebro animal, suscita a atração. As plantas, que não ignoram esse fato, tentam se embelezar.

como os álamos trêmulos e os dentes-de-leão, e outras às vezes se clonam e às vezes fazem sexo, como o morango. Muitas plantas são bissexuais, com genitais femininos e masculinos juntos na mesma flor (na anatomia vegetal, elas curiosamente são chamadas de flores "perfeitas"). A árvore ancestral de ginkgo muda espontaneamente o sexo de uma parte de seu corpo, produzindo um galho fêmea em uma árvore macho.[18] O ginkgo é uma das linhagens de árvores mais antigas com as quais convivemos, perseverando há centenas de milhões de anos, sobrevivendo por teimosia desde a época dos dinossauros. A fluidez sexual torna essa árvore notavelmente resiliente a todos os problemas que a acometem.

Num dia úmido de junho, na Virgínia, caminhei sobre a vegetação rasteira de um bosque de ginkgos majestosos ao lado de Sir Peter Crane, paleobotânico e ex-diretor do Royal Botanic Gardens, em Kew. Ele estava a caminho da Inglaterra para a celebração dos setenta anos de coroação da rainha Elizabeth, que aconteceria no dia seguinte. Mas, no dia em questão, estava no meio de sua espécie favorita. O bosque de trezentos brotos tinha sido plantado no Blandy Arboretum em 1929, e as árvores eram altíssimas, embora Crane tenha me lembrado que já tinha visto ginkgos muito mais antigos e mais altos na Ásia. As folhas em forma de leque refrescavam o ar dentro do bosque e tingiam a iluminação de verde-oliva claro. Com ânsia, imaginei como seriam em novembro, quando ficam douradas e caem dos galhos, em sincronia, criando uma chuva. Eu já tinha me maravilhado com isso durante muitos novembros cinzentos em Nova York, onde o ginkgo é comum nas calçadas. Se você já teve a sorte de estar no lugar certo no dia certo, testemunhou essa chuva de moedas de ouro leves como plumas, a calçada cheia de escamas douradas. Em vez desse espetáculo estrelado por ginkgos, eu estava na Virgínia para ver a outra ponta do ciclo anual da árvore: centenas de mudas minúsculas brotavam do chão da floresta, ainda ligadas às sementes pungentes de onde surgiam, feito pintinhos saindo da casca. Quase todas estavam destinadas ao fracasso: nenhum dos ginkgos adultos que se avultavam sobre elas pareciam estar prestes a tombar e morrer, e só assim um buraco se abriria nas copas e lhes daria a chance de sobreviver. Com pena delas, desencavei três ginkgos bebês e os carreguei durante o resto de nosso passeio para depois replantá-los num vaso em casa.

Crane, junto com seus colegas do Japão, foi o primeiro a publicar um artigo sobre a mudança de sexo do ginkgo, depois de ver uma breve matéria em um jornal local do Japão falando que um ginkgo macho famoso, considerado um Monumento Natural do Japão, tinha desenvolvido um galho fêmea. Quando foram estudá-lo, viram que o galho realmente tinha começado a fabricar sementes. Além dessa árvore, só três outros ginkgos que mudam de sexo — um em Kew Gardens, em Londres, outro no Kentucky e o terceiro no bosque da Virgínia onde estávamos — tinham sido descritos. Ele explicou que hoje se acredita que o fenômeno é raríssimo, mas talvez seja porque quase ninguém se dá ao trabalho de procurá-lo. Um ginkgo adulto pode ter centenas de galhos e ser muito alto, o que torna a observação de traços sexuais dificílima e onerosa. Além do mais, o período de verificação do sexo de um ginkgo é muito curto: é preciso esperar que suas partes sexuais produzam pólen ou óvulos, e mesmo assim achar um galho atípico em uma árvore coalhada de pólen é uma tarefa árdua que ainda não foi empreendida por ninguém. Mas Crane, que escreveu um livro quase reverente sobre o legado cultural e biológico dos ginkgos, diz que o que eles estão fazendo merece nossa atenção. Esse pode ser um dos motivos para o ginkgo ter sobrevivido quase inalterado por centenas de milhões de anos.

Sem dúvida, existe algo bastante excêntrico nisso tudo — as orquídeas, os álamos, os morangos, as plantas-formigueiro e os ginkgos; uma noção de entrelaçamento sensual indiferente a binaridades, que ultrapassa as fronteiras entre espécies e quase se alegra ao desafiar os modos de reprodução heteronormativos. Essa lente também pode nos ajudar a escapar da ideia de que tudo na natureza é uma batalha com um vencedor evidente. Às vezes pode ser um improviso, uma colaboração ou outra coisa completamente diferente.

Quando conversei com Jarmo Holopainen, ele estava prestes a se aposentar da Universidade da Finlândia Oriental, por muitos anos a instituição pioneira nas pesquisas sobre interações vegetais. Eu me pergunto se existe algo específico na Finlândia que a torne tão dada a inovações nesse campo — suas árvores, sobretudo, são especiais: o país abriga grandes florestas de álamos, árvores que crescem em vastas colônias de clones. Ou seja, na verdade todos os álamos são o mesmo indivíduo. Contemplar um único megaorganismo abre um novo campo no nosso cérebro: se todos são o mesmo ser, é claro que eles se comunicam por seus inúmeros galhos, que nesse caso são árvores inteiras. Qual é a diferença entre um único megaorganismo e uma comunidade? Eu imaginava esses álamos quando Holopainen atendeu o telefone. Sua voz era calma e imponente. Dava a impressão de ser alguém que pensava no futuro da ciência à qual tinha dedicado a vida. Talvez os jovens imaginem que certo campo será mais bem compreendido na época em que se aposentarem, mas Holopainen prefere olhar para um campo de questões inacabadas.

Sua área são os voláteis vegetais, os químicos que as plantas utilizam para se comunicar. Em 2012, ele e o pupilo James Blande publicaram um belo artigo em que descreveram a síntese bioquímica das plantas como uma "linguagem", e as várias combinações complexas de elementos como o "vocabulário".[19] As combinações e proporções dos compostos do buquê, eles escreveram, podem ser descritas como "frases".

"Nesse sentido, é uma conversa", Holopainen me disse durante nossa ligação. Em um estudo muito refinado, ele descobriu que o vidoeiro-branco, que cresce bem no clima frio do norte, às vezes é atacado por gorgulhos. Ele percebeu que eles se defendem muito bem contra o gorgulho quando crescem em áreas nas quais também está presente a *Rhododendron tomentosum*, conhecida como chá de labrador e usada como chá e como remédio por grupos indígenas do norte há milênios. As folhas dos vidoeiros que crescem ao lado deles não têm cheiro de vidoeiro, mas o aroma mais distinto do chá-de-labrador. Junto com Blande e seus colegas de laboratório, Holopainen descobriu que a fragrância não vinha mesmo do vidoeiro. Na verdade, era a mesma substância que torna o chá de labrador medicinal. O vidoeiro-branco absorveu o cheiro da planta vizinha: os compostos grudavam em suas folhas, funcionando como defesa quando vinham os gorgulhos.[20] Os mesmos compostos protegem as duas. É uma frase inteira, trazida à luz por duas plantas totalmente diferentes.

Nos últimos tempos, porém, Holopainen andou mais interessado no ar que carrega essas frases-cheiros. Ele queria saber se a poluição gerada pelos seres humanos seria capaz de bagunçar esses voláteis vegetais e criar um curto-circuito na comunicação entre eles. Para resumir, sim. À medida que a importância da comunicação vegetal com outras espécies vai ficando mais clara, vamos entendendo também que talvez estejamos confundindo a comunicação entre as plantas. A poluição que constantemente enche o ar parece sabotar sua capacidade de enviar e interpretar os sinais umas das outras.[21] Assim como a comunicação entre as plantas pode cruzar a fronteira entre espécies, também a nossa tem essa capacidade. E estamos falando com elas através da fumaça.

As plantas estão adaptadas para lidar com um pouco de ozônio, disse Holopainen. Mas isso impõe uma certa forma de estresse, e, como todo estresse, a certa altura ele se torna insuportável, causando danos em níveis bastante altos aos tecidos. E nos níveis mais baixos, mais crônicos, as plantas são muito expostas, sobretudo nos arredores das áreas urbanas, a um ozônio capaz de abafar os sinais vegetais carregados pelo ar, que não vão tão longe no meio da bruma de poluição.

Em segundo lugar, o ozônio pode alterar a composição de um sinal químico em trânsito, bagunçando a mensagem e tornando-a ininteligível. Terceiro, a planta receptora talvez nunca mais ouça o sinal, devido à possibilidade de que feche seu estômato — os poros vegetais parecidos com lábios, na face inferior das folhas, que inspiram e expiram gases — ao sentir o ozônio, que, afinal, é tóxico. Isso também vale para a poluição em forma de dióxido de carbono. "Sabemos que quando cultivamos plantas num ambiente com emissão elevada de CO_2, a sinalização também é diminuída", ele disse. "Também sabemos que elas não mantêm o estômato aberto quando o CO_2 está alto." Em suma, a poluição do ar atrapalha bastante a comunicação vegetal. E a situação só piora.

O efeito cascata é assustador. Os mecanismos de defesa das plantas — como a capacidade de se tornar amarga quando avisada da iminência de um ataque de insetos, por exemplo — geralmente são a forma principal de manter essas pragas em níveis manejáveis. Esse controle de pragas natural não funciona tão bem se as plantas não conseguem mandar mensagens. "Algumas espécies de pragas que normalmente estão sob controle podem apresentar um surto", Holopainen explicou. "Pode haver consequências graves."

E não são só as plantas que vão perder. Como sempre, na malha entrelaçada da vida, mais espécies estão em risco. Blande me detalhou a questão. Digamos que uma planta evolua a ponto de convocar vespas parasitoides a botar ovos dentro de suas lagartas, matando essa praga. É provável que a vespa dependa da planta para lhe mostrar onde botar os ovos. Se não encontram uma planta hospedeira para suas larvas, as vespas recusam o chamado.

Blande reparou que quando flores de mostarda-preta são expostas ao ozônio, os abelhões, seus polinizadores, demoram mais para encontrá-las.[22] Para confirmar, ele acompanhou a saída das abelhas da colmeia usando câmeras GoPro. Menos polinizadores de mostarda são menos mostardas bem-sucedidas, e, na escala da indústria, talvez escassez ou safras perdidas. E não temos por que pensar que essa situação só pode atingir a mostarda: a família da mostarda (que também é a família do repolho) é uma favorita tradicional dos pesquisadores de plantas, como já vimos. É provável que muitas outras relações interespécies estejam em perigo, mas por enquanto ninguém tenha pensado em estudá-las.

Agora Blande está examinando os pinheiros-de-casquinha, uma bela sempre-viva que cresce no norte da Europa e se sai bem até no Ártico. Ele os escolheu porque ainda não existe nenhum estudo sobre esse tipo de problema em coníferas. Por enquanto, ele viu que quando os gorgulhos começam a se alimentar do tronco das mudas de pinheiros-de-casquinha, a planta solta voláteis que fazem as mudas vizinhas da mesma árvore ativarem seu sistema imunológico, e incita as outras árvores bebês a intensificarem a fotossíntese, talvez em preparação para o ataque iminente. Afinal, é pela fotossíntese que as plantas isolam o carbono do ar, e elas precisam de carbono em abundância para fabricar todos os compostos que utilizam para sinalizar e se defender.

Mas, quando a poluição chega, tudo muda. "Parecia que algumas das plantas tinham como reagir, mas muitas simplesmente não reagiram", disse Blande. As mudas incólumes não aumentam a fotossíntese, tampouco começam a preparar o sistema imunológico quando existe poluição. "Eu diria que tudo indica uma quebra na interação."

Além de tudo isso, existem alguns indícios de que nossa forma de cultivar alimentos está atrapalhando a comunicação vegetal, embora essa não seja nem de longe uma situação generalizável. Algumas plantas domesticadas chegam a produzir mais voláteis do que suas congêneres selvagens. Mas pesquisas revelaram que as variedades comerciais de milho são muito menos capazes de produzir sinais voláteis do que os cultivares locais quando percebem herbívoros botando ovos neles. Eles são totalmente incapazes de convocar predadores benéficos.[23] São, ao que parece, plantações silenciosas de milho, emudecidas num momento de perigo.

Isso nos leva a questionar se campos semeados com plantas altamente arquitetadas, cultivadas em lotes enormes de terra para servirem de alimento, como o milho, não foram despidas de sua capacidade de comunicação. Ou talvez ela tenha se tornado desnecessária por intermédio da seleção de plantas que recebem tudo de que precisam para sobreviver sem terem que se defender constantemente. Em certa medida, é por isso que tantos pesticidas são necessários na agricultura moderna, de escala industrial: algumas plantas parecem não conseguir mais fazer coisas como alertar as outras sobre pragas invasoras ou convocar predadores benéficos à vontade.

Está claro que priorizar a comunicação vegetal que ultrapasse a barreira entre espécies pode ser benéfico para as plantas e as pessoas. É evidente que estamos perdendo a guerra contra as pragas.[24] O mundo usa cerca de 2 milhões de toneladas de pesticidas convencionais por ano para controlar ervas daninhas e insetos.[25] (Só os Estados Unidos dizem usar quase quinhentas toneladas por ano.)[26] E não são aplicações feitas de vez em quando: a maioria das plantações têm que ser encharcadas de pesticidas várias vezes durante sua época de crescimento para evitar as pragas. É óbvio que as pragas acabam ganhando resistência aos pesticidas, o que leva a dosagens cada vez maiores, até que se torne necessária a elaboração de fórmulas totalmente novas. As consequências disso para a saúde humana são graves. Só nos Estados Unidos, cerca de 11 mil agricultores morrem envenenados por pesticidas todos os anos, e outros 385 milhões sofrem envenenamentos graves, mas sobrevivem – isso para não falar dos defeitos congênitos, dos problemas respiratórios e de outros efeitos de longo prazo sobre a saúde causados pela exposição constante a doses regulares dessas substâncias.[27]* Enquanto isso, a água das chuvas que caem sobre as plantações borrifadas tiram os pesticidas das fazendas e os jogam nos córregos e rios, e eles contaminam o abastecimento de água, estendendo os problemas de saúde à população em geral de seres humanos, de peixes e da fauna marinha. Deve existir algum outro caminho.

No entanto, temos muito o que aprender com as plantações que ainda têm bastante capacidade linguística. Já ouvimos falar bastante das engenhosas táticas de defesa dos tomates. O que podemos aprender com elas, eu me pergunto. Vários tipos de grãos também são exímios na autodefesa: trabalhos têm sido feitos para produzir plantas de arroz incluindo um terpeno do feijão-de-lima que atrai vespas parasitárias.[28] Nos testes, o arroz alterado se torna capaz de convocar os predadores também das próprias pragas.

Alguns botânicos defendem que os mecanismos de defesa naturais das plantas sejam mais explorados, para que se elaborem plantações que saibam se proteger.[29] Há até quem indique a retomada da antiga sabedoria da plantação

* É incrível, mas isso quer dizer que, por ano, mais ou menos 44% dos agricultores são envenenados por pesticidas.

companheira, a prática de prestar atenção em quais plantas sobrevivem e crescem melhor na companhia de quais outras plantas — suas companheiras naturais. O morango é um claro exemplo das vantagens da plantação companheira. A flor de morango se fertiliza sozinha: produz frutas usando o próprio pólen, ou basicamente copulando consigo mesma. Também consegue fazer polinização cruzada com outros pés de morango, embora para isso precise da ajuda de insetos voadores. Os agricultores sabem que os morangos aumentam sua produção de frutas em cerca de 30% — e em geral elas são de muito mais qualidade — quando plantadas ao lado da borragem, uma erva medicinal cujos botões são estrelas azuis perfeitas.[30] A borragem atrai o polinizador do morango; frutas mais numerosas e de maior qualidade emergem quando o morango, que se adapta sexualmente, escolhe copular por meio de insetos em vez de consigo mesmo.[31] Os jardineiros domésticos e os indígenas usam técnicas de plantação companheira há séculos, mas esse método ainda é raro na agricultura convencional, de grande escala.

Penso na beleza dos solidagos e ásteres florescendo juntos, atraindo mais polinizadores uns dos outros no processo, e em tudo o que isso nos diz sobre a comunicação das plantas — entre si mesmas, com outras espécies de plantas e com os insetos. As plantas podem pedir ou exigir assistência; o mundo a que pertencem parece pronto para atender seu chamado. Há um forte argumento de que devemos deixar as plantas falarem mais por si mesmas.

8. O cientista e a trepadeira camaleoa

No voo de Nova York para Santiago do Chile, a telinha em frente à minha poltrona mostrava a rota no mapa como um traço grosso que descia o globo em linha reta. O trajeto duraria onze horas, sempre no sentido sul. Eu lia sobre a floresta temperada do Chile onde passaria boa parte da semana seguinte. Ficava entre uma série de lagos e uma cadeia de vulcões na região sul do país de formato alongado, a duas horas de viagem de avião de Santiago. Em 2014, um ecologista peruano chamado Ernesto Gianoli havia descoberto que uma trepadeira comum nessa floresta tropical tinha um dom nunca visto em outras plantas. Ela conseguia, de maneira espontânea, tomar o formato de qualquer planta que crescesse ao lado dela.

A *Boquila trifoliolata* é uma planta de aparência simples, com folhas ovais verde-claras em grupos de três, como o trevo e o feijão comum. Eu já tinha passado horas a fio olhando fotografias dela e tinha a impressão de conhecê-la bem, ou melhor, sabia que esse formato oval não era nem de longe a história toda. Gianoli tinha contado vinte espécies diferentes de plantas que a boquila conseguia imitar, mas a lista vivia crescendo. Sempre que viajava até a região para fazer trabalho de campo, ele descobria outra. Parecia ser só uma questão de olhar com atenção e tempo.

No entanto, apesar de a boquila ter se tornado uma modesta celebridade em certos círculos da botânica, Gianoli ainda era o único pesquisador que a estudava no lugar onde crescia naturalmente. Ele estava louco para voltar.

Quando enfim conseguiu organizar uma viagem de pesquisa ao território das boquilas, uns dezoito meses depois da minha primeira tentativa de participar de uma dessas visitas, ele parecia aliviado e animado. Gianoli e sua equipe estudariam outra trepadeira durante a estadia, declarou, mas eu seria bem-vinda e veria boquilas até me cansar.

Eu vinha acompanhando a descoberta desde que largara meu emprego, três anos antes, e nesse meio-tempo a boquila tinha causado um verdadeiro rebuliço na botânica. Um grupo de pesquisadores da Alemanha estava convicto de que essa imitação incrível era um sinal de que a planta enxergava. De que outra forma poderia reproduzir com precisão a textura, o padrão de veios, o formato da folha vizinha? Gianoli não gostava dessa tese. Tinha uma opinião bem diferente sobre o que estava acontecendo. Tinha algo a ver com bactérias, e ele me explicaria mais tarde. Mas, fosse qual fosse o mecanismo, eu achava óbvio que a trepadeira estava fadada a mudar nosso conceito do que são as plantas e do que elas são capazes. Ela parecia valer a viagem. Reservei minha passagem num piscar de olhos.

Gianoli é professor da Universidad de La Sirena, no Chile, especializado em plasticidade adaptativa, ou a capacidade das plantas de adequar seu comportamento ao ambiente em mutação. Quando começamos a nos corresponder, ele usava mensagens de voz para se comunicar, assim podia responder de acordo com os próprios horários (o filho recém-nascido não dormia, justificou). Sua voz era tranquila, ponderada, com uma cadência metódica que imediatamente passava a impressão de que ele era um pensador frio. Ele falou da infância lendo Darwin e jogando futebol. Quase tinha virado jogador profissional aos dezessete, mas preferiu a biologia. Foi uma decisão sofrida — eu senti a emoção em sua voz ao falar do episódio —, mas ele queria, assim como Darwin, dar alguma contribuição ao entendimento do mundo onde vivia. A assinatura de seu e-mail é uma citação de Karl Popper, o filósofo da ciência: "Pois foi meu mestre quem me ensinou não apenas o pouco que sei, mas também que qualquer conhecimento que eu possa almejar só pode provocar uma percepção mais plena da infinitude da minha ignorância". Depois de anos lendo sobre descobertas vegetais, a infinitude da minha ignorância — da ignorância humana coletiva — era cada vez mais óbvia para mim.

Gianoli começou estudando interações entre plantas e insetos, mas se viu cada vez mais fascinado pelo lado das plantas nessa equação. "Porque não imaginamos que as plantas façam 'coisas inteligentes'", ele disse. Elas são consideradas sujeitos passivos em suas interações com insetos. Mas ele logo viu que elas faziam "muito mais do que deveriam estar fazendo". Gianoli queria saber se eu já tinha ouvido que as plantas exalam plumas de sinais químicos para chamar os inimigos naturais dos insetos que as devoram, para arrancar os insetos dali e comê-los. Ou que algumas plantas conseguem detectar que um inseto botou ovos em algum ponto de seu corpo e sabotá-los. "Ou que agora foi revelado que as plantas ouvem, de certo modo, porque detectam o barulho das lagartas mastigando e mudam seu modo de defesa", ele disse. Eu já tinha ouvido tudo isso, mas ainda assim foi divertido ser lembrada de que até os botânicos achavam essas revelações doidas, dignas de assombro. "Ele nunca termina, esse processo de perplexidade com as plantas", ele disse.

Talvez viesse a calhar que tivesse se especializado em trepadeiras. As trepadeiras lembram muito os animais: elas escalam, muitas vezes com bastante ligeireza. Darwin, herói de Gianoli, também passou um tempo concentrado no comportamento das trepadeiras e escreveu um livro inteiro sobre o assunto em 1865. Em *On the Movements and Habits of Climbing Plants* [Sobre os movimentos e hábitos das plantas trepadeiras], Darwin observa dezenas de trepadeiras vivendo suas vidas usando diferentes técnicas corporais.[1] Algumas se enrolavam em objetos para se içar, outras excretavam uma substância adesiva, outras desenvolviam ganchinhos para assegurar sua ascensão. E todas localizavam seus andaimes girando devagarinho suas pontas em círculo, tateando o ar até esbarrar em alguma coisa concreta. É impossível não pensar em orangotangos ou em gatos enquanto ele observa as plantas "brigarem" com montes de galhos ou escalarem os trepa-trepas de barbantes feitos para elas. Elas também parecem ser totalmente capazes de corrigir seu rumo: quando Darwin tirava um galho das garras da trepadeira, ela simplesmente esticava o cacho que tinha feito e retomava a procura por outro lugar para escalar.

Darwin usou todo tipo de espécies em seu estudo, pegando emprestadas as plantas das coleções de Kew Gardens, na Inglaterra, para onde os naturalistas da época levavam as espécies exóticas que traziam de suas viagens de navio a cantos distantes da Ásia, da Oceania e da América Latina. Na Ceropegia, uma família de trepadeiras da África, do sul da Ásia e da Austrália com flores que parecem paraquedas, Darwin viu um broto crescer devagar, aos poucos, escalando um galho, mas sem passar de seu cume. Darwin narrou o fato como se assistisse a um homem determinado a subir uma montanha impossível de escalar. O broto "de repente saltou" do galho, caindo no lado oposto, antes de retomar sua ascensão pelo mesmo ângulo, enrolando-se graveto acima. Esse ciclo de subidas, descidas e mais subidas se repetia várias vezes. "Esse movimento do broto tinha um jeito muito esquisito, como se a trepadeira estivesse aborrecida com o fiasco, mas resolvesse tentar de novo", ele escreveu.

Outra planta, uma trepadeira florida mexicana do gênero Phlox, desenvolveu ganchos para escalar os andaimes que Darwin fez para ela. "Quando um cacho enrolado encontra uma estaca, os galhos se curvam logo e o agarram", ele escreveu. "Os ganchinhos têm um papel importante, pois evitam que os cachos sejam arrastados pelo rápido movimento circular antes de poderem se agarrar bem ao graveto." Os ganchos me lembram morcegos subindo muros íngremes com seus polegares em gancho. O fato de essa planta prender o galho para evitar que escape de suas garras me lembrou os muitos papagaios que já vi segurarem um punhado de painço com as patas enquanto usam o bico para arrancar os grãos. Esse gesto de segurar alguma coisa é muito familiar, é inequivocamente humano.*

Portanto, as trepadeiras têm um longo histórico de façanhas incríveis. Mas quando Gianoli descobriu que a boquila, essa planta pequenina do Chile, era uma camaleoa em forma de trepadeira, não havia nenhuma teoria anterior ou comprovada no nosso conhecimento das plantas que pudesse explicar o que ela estava fazendo. Esse tipo de imitação nunca tinha sido visto em planta alguma. Entender como a boquila fazia isso exigiria, nas palavras dele, um distanciamento das "vias de conhecimento consagradas". E assim como com qualquer fato na ciência, ele enfrentaria arapucas tentadoras ao longo do caminho: explicações plausíveis, mas que poderiam descarrilhar as pesquisas por muitos anos caso se provassem erradas. "Eu acho que se a gente conseguir

* Darwin também observou duas plantas da família da boquila: a *Akebia quinata*, uma trepadeira com frutos roxos comestíveis com gosto de chocolate, nativa do Japão, e a *Stauntonia latifolia*, uma planta dos Himalaias por vezes chamada de "trepadeira-linguiça", com frutas rechonchudas, retangulares, com gosto de berinjela. (A boquila é nativa do Chile, mas quase todas as suas parentes estão na Ásia.) Essas foram algumas das trepadeiras mais rápidas que Darwin observou, capazes de completar um círculo em menos de três horas. É fácil imaginar o movimento dessas trepadeiras em *time-lapse*, mas Darwin, muito antes do advento dessa tecnologia, simplesmente as assistia por horas a fio, por dias, verificando seu progresso ao longo do tempo.

desvendar, se conseguir descobrir o mecanismo subjacente à capacidade da boquila de fazer isso, é bem provável que a gente estabeleça um novo conceito. Um novo processo. Uma nova interação. Uma nova... sei lá o quê." Ele riu no microfone do celular e apertou o botão de enviar.

Para compreender o mistério que a boquila representa — porque a imitação espontânea afronta tudo o que sabemos sobre as plantas até agora —, temos que retomar a explicação de como as plantas percebem a luz. Para imitar alguma coisa, supõe-se que você precise saber, em algum nível, como ela é. A percepção da luz é a forma principal de os animais saberem que aparência as coisas têm. Damos a isso o nome de visão. As plantas também percebem a luz, sobretudo porque precisam comê-la, e às vezes evitá-la. Mas será que é assim que a boquila está fazendo sua artimanha?

Nenhuma outra força tem mais impacto sobre a vida da planta do que a luz. Mas a luz em excesso pode ser perigosa, queimando as folhas da planta. As plantas bolaram todo tipo de maneiras de evitar queimaduras nas folhas. Mas a luz também é inimiga das raízes, que geralmente vicejam num breu quase total.

Nos laboratórios de botânica, é normal as plantas crescerem em caixas translúcidas e em placas de Petri, assim os cientistas podem ver as raízes se formarem. Sabe-se que as raízes crescem dez vezes mais em laboratório do que na escuridão do solo, ou, em outras palavras, como cresceriam na mata.[2] Via de regra, os cientistas atribuem isso às condições excelentes do laboratório. A ideia é a seguinte: com solo bom, muita luz e água, por que a planta não teria um crescimento excelente? Mas o botânico eslovaco František Baluška, que conhecemos como membro do grupo original dos autoproclamados neurobiólogos vegetais, propõe outra teoria. As raízes estão apenas fugindo.[3] A luz é um fator estressante, e as raízes, capazes de percebê-la, crescem em velocidade máxima para escapar dela. Baluška diz que se trata de um grande defeito na metodologia do estudo, que talvez tenha maculado décadas de literatura científica. Ele e colegas já demonstraram a fobia de luz das raízes do milho e da arabidopsis, e defendem o uso de placas de Petri escurecidas em laboratório.[4] Mas Baluška levou a ideia além do âmbito da mera "percepção" da luz. Agora ele sugere que adotemos uma linguagem diferente, algo que vá mais ao ponto: as raízes enxergam a luz. Elas têm uma forma de visão.

Dois anos antes da minha viagem ao Chile, me encontrei com Baluška no último andar do Instituto de Botânica Celular e Molecular da Universidade de Bonn, na Alemanha, onde ele chefia o laboratório de pesquisas. Ele estava terminando de escrever um e-mail e me indicou uma sala de aula no final do corredor. O dia estava nublado em Bonn, e o céu escoava em explosões periódicas. Só os musgos do jardim botânico da universidade, lá embaixo, estavam curtindo o clima.

Baluška veio ao meu encontro um ou dois minutos depois e se aboletou numa cadeira, curvando-se para a frente feito um corredor no bloco de partida. Ele era alto, de ombros largos e olhos azuis. Disse que se aposentaria no ano seguinte, depois de décadas de laboratório. Olhou para mim e perguntou: o que você quer saber? Tive a impressão de que estava confuso comigo, uma repórter de Nova York chegando meio ensopada, tentando secar o caderno molhado na mesa.

A essa altura, Baluška era famoso entre os botânicos, ou infame, a depender do ponto de vista, por ser membro fundador da Sociedade pela Neurobiologia das Plantas e por experimentos em que descobriu ser possível anestesiar plantas. Se as plantas podem ficar inconscientes, isso quer dizer que são conscientes? Baluška tem certeza que sim. "Eu acho a consciência um fenômeno bastante básico que começou com a primeira célula", ele diz. E, além do mais, o que é a consciência se não a capacidade de lidar com as situações, de se cuidar? "Se você não está consciente, não está atento a seu entorno e não pode agir. Está de fora. Se alguém estiver cuidando de você, pode sobreviver, mas sozinho não sobrevive." A planta anestesiada não está consciente, ele diz, e é essa diferença que interessa.

No entanto, vai saber? Baluška gesticula para o espaço vazio a seu lado. "Não dá para ter certeza da consciência nem de um amigo seu. Você não tem como provar. Só pode imaginar", ele diz. "A única coisa que meio que comprova é a anestesia. Mas não temos nenhuma outra forma de comprovar que a outra pessoa está consciente." Eu me imagino anestesiando meus amigos, só para garantir.

Nossa conversa se desvia para as plantas comestíveis. No momento, Baluška está imerso numa pesquisa sobre a dracena, que ele diz ser "maravilhosa". As dracenas enxergam, pelo menos com suas raízes, ele afirma. Antes de mergulharmos no assunto, entretanto, ele me pergunta se já ouvi falar em Vavilov. Digo que não.

No início dos anos 1900, o agrônomo soviético Nikolai Ivanovich Vavilov descobriu um fenômeno estranho: as ervas das plantações às vezes começavam a se assemelhar à planta.[5] Os centeios originais, ele percebeu, não pareciam os grãos gorduchos típicos da Rússia. Eram uma erva irregular, não comestível. O centeio, ele percebeu, tinha feito um truque incrível de imitação.

Os primeiros cultivadores de trigo, que arrancavam ervas daninhas com as mãos, tiravam e jogavam fora as ervas-centeio para preservar a saúde das plantações. Então, para sobreviver, alguns centeios adquiriam uma forma análoga à do trigo. Ainda assim os agricultores arrancavam o centeio incômodo quando o notavam. Essa pressão seletiva levou o centeio a evoluir a ponto de enganar o olhar sagaz do agricultor. Nesse caso, só as melhores imitações sobreviviam. No final das contas, o centeio ficou tão bom de imitação que virou ele mesmo uma planta.

Hoje, o "mimetismo vaviloviano" é um fato básico da agricultura.* A aveia é resultado de um processo semelhante: ela também começou imitando o trigo. Nos arrozais, a erva conhecida como capim-arroz não se distingue do arroz quando ainda é uma muda. Uma análise genética recente revelou que a erva começou a alterar sua arquitetura para se equiparar à do arroz cerca de mil anos atrás, quando o cultivo de arroz na Ásia já estava avançado.[6] Nas plantações de lentilha, a ervilhaca é a erva onipresente que teve a destreza de redesenhar suas sementes outrora esféricas, adquirindo o mesmo formato achatado e redondo das próprias lentilhas. Nesse caso, a planta não precisava enganar os olhos do agricultor, mas tornar-se impossível de eliminar no processo mecânico de debulha. Máquinas de separação de grãos simplesmente não percebem a diferença entre ervilhaca e lentilha. O especialista em genomas de ervas Scott McElroy argumenta que as plantas modernas, resistentes a herbicidas, na verdade estão apenas fazendo um mimetismo vaviloviano no nível bioquímico: estão imitando plantas comestíveis convenientemente projetadas para suportar o herbicida.[7]

A ciência do cultivo em geral é vista como uma domesticação de espécies selvagens esqueléticas a fim de torná-las máquinas de comida abundante, útil, uma prova da vontade e da engenhosidade humanas. Mas Baluška opõe-se à ideia de que se trata de uma "domesticação" de fato. "Seria domesticação se um parceiro tivesse mais influência do que o outro. Mas não temos indícios disso", diz ele. "Uma palavra melhor seria coevolução. Elas nos transformam, mas nós também as transformamos."

* Vavilov não obteve sucesso a tempo: foi mandado para o gulag por se opor à visão pseudocientífica de Stálin na escolha do ministro da Agricultura e morreu de inanição aos 56 anos.

Está claro que as plantas são capazes de manipulações complexas. Baluška fala dos milhares de químicos vegetais naturais que ingerimos sempre que comemos frutas e legumes. "Não sabemos o que eles estão fazendo com o nosso cérebro", ele diz. "Não dá para ter certeza, quando estamos comendo alguma coisa gostosa, saborosa, de que não existe algo no tomate ou na maçã que nos leva a crer que eles são a melhor comida."

Volto a pensar na videira falante de *Semiosis*, e me pergunto até que ponto estamos a serviço das plantas. Agora sabemos um pouquinho sobre a genialidade das plantas para sintetizar substâncias químicas de alta complexidade capazes de influenciar outras plantas e animais de formas sutis ou patentes. Supõe-se que existam milhares desses compostos que inalamos ou ingerimos dia após dia, só por nos alimentarmos de plantas em um mundo dominado por plantas. Sabemos que algumas plantas são alucinógenas, outras viciantes, e já está provado que a jardinagem diminui a depressão. O que falar dos compostos que podem estar dentro das maçãs ou numa espiga de milho? A questão então é de que outras maneiras elas estão nos influenciando? Uma tropa de humanos cuidando de uma plantação sem dúvida pode parecer um exército de simbiontes vegetais, servindo diligentemente às necessidades das plantas. Penso no mimetismo vaviloviano: não domesticamos a aveia; a aveia nos domesticou. Quando olho para uma plantação de repolho, abóbora ou mirtilo, me pergunto: será que eles recrutaram um simbionte e esse simbionte é a gente?

Mas é claro que ambos tiramos proveito dessa forma específica de coerção. Talvez seja assim que devamos pensar em todos esses entrelaçamentos cheios de camadas: eles podem ser vistos como antagonismos ou podem ser oportunidades de simbioses, de mutualismo.

"Eu acho que as plantas são organismos primários e nós somos secundários. Somos totalmente dependentes delas. Não sobreviveríamos sem elas", diz Baluška. "O oposto não seria tão drástico para elas."

É com esse pano de fundo intelectual que Baluška toca na questão da visão vegetal. Ele admite que seu jeito de falar é bem diferente da linguagem sóbria baseada em dados adotada pela maioria dos pesquisadores que conheci. Ele se expressa mais como um filósofo. Mas estou curiosa: penso no longo histórico de cientistas que propuseram hipóteses escandalosas, muito distantes das teses vigentes, que acabaram se mostrando certeiras. Talvez Baluška seja um deles. Talvez não.

Finalmente entramos no tema de suas ideias sobre a visão. Baluška se interessou pelo assunto durante seu trabalho com raízes de milho. Mas, segundo ele, é pouco provável que a visão se limite às raízes. Ele acredita que a epiderme das folhas de certas plantas (a "pele" da planta, digamos) também pode ter uma espécie de visão. E uma visão bem mais complexa, que não só distingue a luz da escuridão.

Antes, lendo a carta de Baluška e Mancuso em um número do periódico *Trends in Plant Science*, eu quase havia caído para trás. O título era "Vision in Plants via Plant-Specific Ocelli?" [Visão vegetal por meio de um ocelo específico às plantas?].[8] Essa interrogação inocente não amenizou as ilações. "Ocelo" é um termo científico para olhos simples, e Baluška e Mancuso questionavam se as plantas não os teriam. O artigo faz uma menção à boquila, que dois anos antes Gianoli descobrira ser capaz de imitar o formato e a sensação ao tato das folhas de outras plantas, inclusive sua cor, padrão dos veios e textura.

Pesquisas recentes sugerem que uma cianobactéria antiga, ancestral das plantas, tinha (e ainda tem) o menor e mais antigo exemplo de um olho que funciona como uma câmera. Baluška e Mancuso se arriscaram a aventar que as plantas, que vieram da união desse organismo com uma ancestral da alga, talvez nunca tenham abandonado essa característica evolutiva tão útil. Em sua carta, eles observam que as células mais próximas à superfície das folhas das plantas tendem a não ter cloroplastos — o tipo de célula que possibilita a fotossíntese —, embora, logicamente, a superfície da folha seja o melhor local para a realização da fotossíntese. "Não é fácil explicar esse fenômeno", eles dizem. Será que é porque essas células são usadas como ocelo? Em outras palavras, seriam elas olhos bem simples?

Essa não foi a primeira vez que cientistas especializados em plantas cogitaram essa possibilidade. Mas a última pessoa que apresentou essa hipótese, um século atrás, viu a ideia cair no esquecimento logo depois. Por volta da virada do século, Gottlieb Haberlandt, um botânico austríaco de 51 anos e autor de mão-cheia de vários livros de fisiologia vegetal, começou a se perguntar se a planta não seria capaz, de alguma forma rudimentar, de enxergar. Ele publicou essa teoria em um livro novo, lançado em 1905, *Die Lichtsinnesorgane der Laubblätter* [Os órgãos das folhas sensíveis à luz].[9]

Francis Darwin, filho de Charles e também cientista, enalteceu o livro de Haberlandt e fez muitas referências a ele, e foi assim que eu, que não falo alemão, compreendi suas ideias.[10]

"Se existem órgãos de percepção de luz, eles devem estar na folha", Darwin escreveu, parafraseando o artigo de Haberlandt. "É de esperar que esses órgãos estejam na superfície", Haberlandt postulou, pensando em um olho simples como uma cúpula, ou ocelo, do tipo que Baluška e Mancuso proporiam mais de um século depois. Mas a ideia nunca ganhou a comunidade botânica da época. Em 2016, quando um grupo de pesquisadores publicou o artigo inovador que dizia ser possível a existência de olhos ao estilo de câmeras em cianobactérias, a ideia era de que suas células funcionariam como "microlentes esféricas, que permitem que a célula veja a fonte de luz e se volte para ela".[11]

Saber que a cianobactéria tem a capacidade de enxergar abre a possibilidade de que talvez o reino vegetal, que evoluiu a partir dela, nunca tenha descartado a visão. No mundo de luz e sombras, em que todos os possíveis amigos e inimigos usam pistas visuais para caçar, se alimentar e se esconder, existe uma razão evolutiva para se acreditar que, depois que adquire a visão, um organismo, não a abandona. Afinal, os olhos humanos e todos os outros olhos modernos provavelmente são evoluções de olhos antigos como os da cianobactéria.

É claro que a evolução nem sempre narra uma história linear. Várias características de todos os reinos de vida surgiram e foram descartadas ao longo de milhões de anos, mas depois ressurgiram, se desenvolvendo outra vez. Mas embora os cientistas ainda não tenham localizado o ocelo nas folhas das plantas, é possível que ele exista. Como argumentam Baluška e Mancuso, por enquanto ninguém procurou de verdade.

A visão é basicamente a percepção de luz e sombras. Os objetos são visíveis para nós e para outros animais quando refletem a luz de volta para nós. A cor também é um truque básico de luz: ela emerge quando um objeto absorve alguns comprimentos de ondas de luz, mas não outros, refletindo-os de volta para nossos olhos, determinando a cor que vemos. As folhas verdes, por exemplo, parecem ser verdes porque absorvem comprimentos de ondas vermelhas e azuis, devolvendo aos nossos olhos apenas o verde. A clorofila da planta come essa luz vermelha para converter o CO_2 e a água que absorve em alimento adocicado: é a fotossíntese. A luz inclui uma gama de cores, algumas que nos são visíveis e outras que extrapolam nossa capacidade visual: imagine o arco-íris que um prisma, que divide as ondas de luz, reflete na sua parede. Quando a luz passa pela pele verde das plantas, elas absorvem parte da luz vermelha do espectro para a fotossíntese, portanto a luz restante que atravessa a planta contém menos luz vermelha quando chega ao outro lado. Isso quer dizer que a luz que atravessa a planta tem uma proporção diferente de cores: o índice de comprimento de ondas vermelhas a vermelho extremo — uma forma de luz vermelha que fica no fim de nosso espectro visual — é reduzido. Em 2020, pesquisadores descobriram que plantas parasitárias interpretam essa mudança de proporção na luz para saber quem ou o que está por perto.[12] No laboratório, mudas de cuscutas parasitárias pareceram detectar o tamanho, o formato e a distância de plantas vizinhas, e usaram essas informações para decidir em direção a quais plantas crescer e quais parasitar. Faz sentido: cuscutas não fazem fotossíntese. Quando são mudas, têm pouco tempo para localizar uma boa hospedeira antes de esgotar suas reservas de energia. E, depois que uma trepadeira parasitária resolve se enrodilhar em uma planta hospedeira, o destino das duas se entrelaça para sempre. Escolher a planta certa é obrigatório. Crescer às cegas, em qualquer direção, via de regra seria desastroso.

Para a surpresa dos pesquisadores, a avaliação que a cuscuta faz das proporções de luz vermelha parece ser minuciosa. No laboratório, eles usaram uma mistura de arranjos em LED de cor vermelho extremo e plantas de verdade para montar os testes: quando existe a opção do LED arranjado para parecer uma luz atravessando uma planta em forma de grama e outro que parece o corpo de uma planta com galhos, as mudas escolhem ir na direção da que tem galhos (cuscutas não crescem na grama). Elas também escolhem crescer rumo à mais próxima de duas plantas de mesmo tamanho, ainda que a diferença seja de apenas quatro centímetros de distância. Não é nenhum exagero dizer que essa planta parasitária é capaz, dessa maneira básica, de ver sua hospedeira — ou pelo menos seu tamanho e formato.

Mas as plantas não têm receptores apenas de luz vermelha. Por enquanto, os botânicos descobriram catorze tipos de receptores de luz em plantas, e todos fornecem informações vitais: alguns possibilitam que os brotos da planta cresçam em direção à luz e outros os ajudam a evitar os nocivos raios UV.[13] Mas ainda não temos explicação para muitos dos fotorreceptores. Em um artigo de 2014, botânicos da Argentina decretaram que alguns desses fotorreceptores tinham a ver com a capacidade da arabidopsis de reconhecer suas parentes: eles observaram que as delicadas plantas detectavam se o corpo vegetal a seu lado era ou não de uma parente segundo a qualidade da luz que o atravessava.[14] Por meio dos fotorreceptores, elas eram capazes de perceber seu formato — e portanto, de uma maneira ou de outra, os pesquisadores conjecturaram, seu parentesco genético. A arabidopsis adequava seu crescimento na tentativa de não atrapalhar o crescimento de seus familiares lhes fazendo sombra. E a arabidopsis não é especial nesse sentido: é apenas o organismo-modelo em que os botânicos testam seus experimentos, e é por isso que já a vimos em tantas situações diferentes, em laboratórios e com objetivos diversos.

Em meados da década de 2010, a ideia de que plantas pudessem enxergar começou a borbulhar entre o pessoal da neurobiologia vegetal. O mecanismo através do qual as plantas percebem diferenças sutis no campo visual era um mistério, assim como a questão de como uma imagem geral pode ser integrada à reação sem o tipo de processamento centralizado normalmente feito pelo cérebro. E então, numa floresta tropical chilena, Gianoli fez uma descoberta espantosa que mais uma vez mudou o panorama.

Ele estava dando uma caminhada no intervalo de uma infindável excursão de coleta que fazia com os alunos quando reparou em uma coisa estranha. Um arbusto frondoso parecia estar brotando de dois caules no chão, um bem mais fino que o outro. Ele examinou a planta com atenção. O caule mais fino não era da mesma espécie que o arbusto — era uma *Boquila trifoliolata*, uma trepadeira comum naquela parte da floresta. Mas o que surpreendia era que as folhas da boquila tinham exatamente o mesmo formato que as do arbusto. Ele já tinha olhado para a planta inúmeras vezes: ela estava em todos os cantos da floresta. Mas nunca tinha notado essa característica.

Gianoli não demorou a ver outra arvorezinha abrigada pela boquila, e de novo as folhas da boquila tinham o formato das folhas da árvore. Passado um instante, ele se deu conta da enormidade do que estava vendo. Entendeu que era algo grandioso. "É difícil traduzir em palavras. Foi meio que uma emoção. Me dei conta de que era uma descoberta", ele disse. "Qual é o sonho da criança que gosta de ciência? Fazer uma descoberta, né? Achar um osso de dinossauro, sei lá. E eu cheguei perto. Cheguei perto do sonho da criança. Mas, para que ele de fato se realizasse, eu precisava elucidar o mecanismo."

Já ciente do que estava procurando, ele via a boquila por todos os lados, e em cada canto ela tinha um formato diferente. Era inacreditável. "A essa altura eu já tinha um conhecimento básico de mimetismo, de todos os truques de que as espécies são capazes", ele disse. Mas esses truques eram o resultado de gerações de mudanças lentas. "Por isso entendi na mesma hora que se tratava de algo extraordinário, pois era uma reação que estava acontecendo dentro de uma mesma geração. Não era consequência de gerações e mais gerações de um feito prolongado, mas sim uma reação plástica."

Ninguém tinha estudado especificamente a boquila: ela só cresce no Chile e até então não era considerada muito digna de nota. Gianoli voltou para a cabana onde o resto da equipe aguardava e se virou para o aluno de graduação Fernando Carrasco-Urra. "*Quieres ser famoso?* Tive uma ideia para a sua pesquisa."

Depois dessa excursão, Gianoli e Fernando publicaram uma série de descobertas incríveis a respeito da boquila, uma trepadeira única capaz de escalar e imitar as folhas de quatro árvores diferentes em termos de formato, cor, textura e padrão dos veios.[15] Às vezes, quando a folha em questão era muito complexa (digamos que sua borda fosse serrilhada), Gianoli e Carrasco-Urra concluíam que a boquila "tinha se esforçado muito" e produzido uma folha meio torta, meio serrada, como se um escultor amador tentasse imitar Michelangelo. O objetivo do ardil parecia ser diminuir a possibilidade de os herbívoros comerem a trepadeira: ao se misturar às folhas muito mais abundantes das árvores, as folhas de boquila tinham menos chance de serem mordidas. Mas o mecanismo — *como* a boquila faz isso — ainda era um grande mistério. A boquila, uma camaleoa dinâmica, foi a primeira espécie que eles descobriram ser capaz de imitar mais de uma planta.

Só existe uma outra planta sabidamente capaz de fazer algo parecido. O visco, que às vezes simboliza o amor romântico, é uma planta parasitária. E, assim como todas as plantas parasitárias, enfia as gavinhas na planta hospedeira, em geral um eucalipto ou uma acácia, e suga os nutrientes de que precisa para sobreviver em vez de fabricá-los por conta própria. Bastante romântico.

Porém alguns viscos elevam esse parasitismo a outro patamar, se transformando para ficarem idênticos à hospedeira. Como se não bastasse se apossar do resultado dos esforços da hospedeira, eles se apossam de sua identidade. Em fotos de viscos crescendo em eucaliptos na Austrália, é praticamente impossível distinguir as duas plantas. Nesse caso, o visco desenvolve folhas iguaizinhas às lâminas rijas, redondas, prateadas do eucalipto. Em outra fotografia de um broto de visco-casuarina ao lado de uma casuarina australiana, as duas plantas têm folhas finas, compridas e caídas, parecidas com as plumas de um filhote de papagaio.[16] O mimetismo é absoluto.

No caso do visco, uma espécie é mimeticamente pareada com apenas uma espécie de hospedeira: o visco da casuarina australiana só adquire o formato da folha de casuarina australiana, por exemplo. Os viscos também têm a vantagem de ficarem completamente enganchados no sistema circulatório de suas hospedeiras: eles enfiam seu corpo na pele da planta que parasitam, sem dúvida ganhando acesso a informações genéticas cruciais que devem ajudá-los a tomar o formato da hospedeira. São relações muito íntimas, muito específicas, que se desenvolveram ao longo da evolução.*

Mas, embora impressionante, o mimetismo do visco não chega nem perto do que Gianoli viu. O que a boquila faz vai além: é evidente que ela se adapta a qualquer tipo de planta que o meio ambiente põe a seu lado, e tudo indica que nem precisa de contato físico para isso. Ela percebe as plantas vizinhas em tempo real e transforma seu corpo para que fique igual ao delas — às vezes transformando suas folhas para corresponderem à folhagem de várias árvores diferentes ao mesmo tempo, sem encostar em nenhuma delas. É claro que isso torna a hipótese da visão tentadora.

Na época, Gianoli especulou que a boquila colhesse informações sobre o formato da folha por meio de pistas aerotransportadas, ou talvez por algum tipo de transferência de genes horizontal. As raízes das plantas não estavam ligadas, portanto a comunicação entre elas estava fora de questão. Mas, quando deram uma olhada na pesquisa de Gianoli alguns anos depois, Baluška e Mancuso acharam óbvio que a boquila colhia informações usando a visão.

O próprio Gianoli se insurgiu contra a afirmação de Baluška e Mancuso. As causas mais prováveis eram a transferência genética horizontal ou a comunicação

* Outros tipos de relações íntimas evolutivas produziram outros exemplos desconcertantes de mimetismo vegetal: a pulmonária-comum no sudoeste da Inglaterra pinta em suas folhas dezenas de manchinhas brancas parecidíssimas com fezes de passarinhos. Talvez elas protejam a planta: pode ser que os animais fiquem menos propensos a comer as folhas caso elas pareçam estar cobertas de um vetor de doenças. Várias espécies de maracujá das Américas do Sul e Central dão folhas que parecem ter sido enfeitadas com círculos amarelos. Parecem ovos de borboleta: é menos provável que uma borboleta deposite seus ovos em uma folha que já tem ovos, para não pôr suas lagartas bebês em uma competição desnecessária quando saírem do ovo. Se a borboleta ignora a folha, acreditando que ela é inadequada para sua prole, o maracujá se poupa do tormento de ser a primeira refeição de dezenas de lagartas famintas. Ver Edward E. Farmer, *Leaf Defence* (Oxford: Oxford University Press, 2014) e Lawrence E. Gilbert, "The Coevolution of a Butterfly and a Vine", *Scientific American*, v. 247, n. 2, pp. 110-21, 1982.

por meio de pistas carregadas pelo ar, ele refutou por escrito. Mas nenhuma dessas ideias fazia muito sentido, pelo menos à primeira vista. Em sua obra, Gianoli já tinha mostrado que, quando a árvore hospedeira estava totalmente desfolhada, as folhas das trepadeiras adotavam sua morfologia normal, de formato ovalado; além disso, a trepadeira sempre imitava as folhas mais próximas de seu corpo, fossem ou não parte da árvore escalada — nos casos em que um galho alto de outra árvore aproximava suas folhas da boquila, a trepadeira preferia imitá-las. "A visão nos parece uma explicação mais parcimoniosa desse fenômeno complexo", Baluška e Mancuso escreveram no periódico *Cell Press*.

Mais tarde, em sua sala, Baluška me falou de Jacob White, um entusiasta das plantas de Utah com quem mantinha contato e que estava cultivando uma boquila em uma árvore de plástico, só para descartar completamente a possibilidade de transferência genética ou comunicação química. "Ele me manda fotos que mostram que ela também está imitando a planta artificial", Baluška contou, mas ele precisaria repetir o experimento várias vezes para que fosse considerado prova de alguma coisa.

Depois de minha conversa com Baluška, fui embora me perguntando se nossa definição atual de visão não nos cega para o papel que ela tem na vida vegetal. Na pior das hipóteses, geralmente as plantas folhosas já demonstram ter o que é a definição mínima de visão: elas são fototrópicas, ou seja, se voltam para a luz do sol. E se a visão das plantas afinal for ainda mais avançada, que mudança isso vai trazer para a nossa relação com elas? Penso na siba, que é daltônica, mas ao mesmo tempo consegue "ver" com a pele e em questão de instantes imita a cor e a textura de um monte de rochas marinhas ou um grupo de corais para se misturar ao pano de fundo, se escondendo dos predadores bem debaixo de seus narizes. Enquanto caminho por uma praça vazia, no fim desse dia, me pergunto se estou sendo observada.

Desembarquei do meu longo voo para Santiago do Chile e embarquei no penúltimo trecho da viagem. Quando finalmente cheguei a Puerto Montt, era um dia úmido e frio de abril, o finzinho do verão chileno. Fui imediatamente recebida por Gianoli e sua equipe: Gisela Stotz, Cristian Salgado-Luarte e Víctor Escobedo. O grupo é simpático, está feliz de se reunir outra vez. Faz um tempo que fizeram a última expedição de campo. Eles trabalham juntos há quase quinze anos sob a supervisão de Gianoli, e cada um estuda um fator da plasticidade das plantas, a habilidade que elas têm de mudar aspectos de seu corpo e comportamento que vão além das reações pré-programadas à medida que novas condições vão surgindo. Eles estavam ali para estudar a *Hydrangea serratifolia*, uma trepadeira diferente e bastante prolífica daquela floresta, para ver se ela escolhia bem para onde crescer. Mas também veríamos muitas boquilas, eles me garantiram.

Nos esprememos em um carro alugado e Gianoli dirigiu mais duas horas rumo ao sul, em meio a plantações de batata e pastos, escutando a trilha sonora operística do filme *A vida dupla de Véronique*. Seu cineasta preferido é o polonês Krzysztof Kieślowski.

Chegamos a uma colônia de cabanas rústicas instaladas à margem de um rio. Os donos da hospedaria tinham acendido o fogo do fogão a lenha e mais tarde serviram um jantar substancioso, com porções enormes de batata e carne acompanhadas por uma abundância de vinho tinto. Enquanto jantava, o grupo botava as novidades em dia, falando de suas vidas, bichinhos, filhos e cônjuges. Meu sono foi pesado nessa noite, e de manhã me deparei com um dia cinzento, enevoado. Guardamos o almoço e fomos de carro até o Parque Nacional Puyehue. Após uma breve caminhada, saímos do caminho assinalado e adentramos a floresta. Uma oportunidade como essa é rara: é claro que não é permitido nem recomendado que turistas desviem das rotas demarcadas em nenhuma floresta. Mas ao lado dessa equipe, que frequentava a floresta havia anos, isso me pareceu uma honra rara e provavelmente benigna. No entanto, levei um apito: as outras ocasiões em que tinha me desviado da trilha das florestas ao lado de cientistas tinham me ensinado como é fácil alguém se afastar e se perder. Mesmo agora, eu percebia que, se deixasse a equipe andar um pouco sem mim, de repente me veria totalmente sozinha. A floresta tropical é acachapante para os sentidos. Berrar é inútil, a não ser que os outros estejam perto: a chuva e os pássaros absorvem o impacto da voz, e a densa sobreposição de flora verde absorve totalmente o campo de visão.

Alcancei o grupo, que tinha parado para beber água. Escobedo quebrava quadradinhos de chocolate e os distribuía. O chão da floresta estava coberto de bolinhas marrons. Salgado-Luarte catou um punhado, abriu uma delas com os polegares e botou a carne branca na boca. Deu uma segunda noz a Stotz, que me mostrou como imitá-los e me disse que se chamavam *avellanos chilenos*, ou avelãs chilenas, embora não fossem avelãs, mas os frutos de outro tipo de árvore. Fiquei com um pouco de medo de comer algo encontrado no chão, já que a única doença grave que eu poderia pegar naquela floresta era o hantavírus, transmitido pela urina de roedores, mas ver o grupo curtindo a avelã era tentador demais. Ah, dane-se, eu pensei. Abri um. O frutinho branco que havia ali era mais cremoso e doce do que uma avelã, e estalou quando o mordi, um contraste bem-vindo com a umidade da vegetação ao nosso redor.

Vez por outra, passávamos por um emaranhado alto de bambus, tão denso e reto que me pareciam um bichinho andando em uma escova de dentes. Imaginei que o bambu fosse invasivo, como geralmente é nos Estados Unidos, e a princípio não lhe dei muita importância. Mas Escobedo explicou que se tratava da quila, nativa daquela floresta. Tudo aqui é nativo, ele disse. Espécies invasivas ainda não tinham chegado ao lugar, algo raro e precioso na era moderna. Escobedo me mostrou como arrancar a ponta crescente do broto de quila, a parte mais macia da planta, que ainda não tinha virado madeira. Ela se destacava da articulação com um estalo, e Escobedo enfiou a ponta mole na boca, indicando que eu deveria comer a pontinha. Peguei um broto para mim. Tinha um gosto bom, adocicado e herbal, que me lembrou as pontas das flores de madressilva que eu mordiscava do pé quando era pequena. Pelo resto do dia, sempre que passávamos por uma quila ou uma árvore de avelã, eu não resistia e quebrava um broto ou pegava uma noz do chão, encantada com a abundância desses alimentos silvestres.

Mais tarde, vi Escobedo arrancar uma folha serrilhada verde-escura de uma arvorezinha e levá-la na mão por algum tempo, cheirando-a. Na vez seguinte em que o vi com a planta, também peguei uma: o cheiro era almiscarado e intenso, mas ao mesmo tempo leve e simples, como um bom amaro italiano, ou como hortelã e cascas de laranja aquecidas no fogão e arrastadas na terra fria. Escobedo me disse que ela se chamava tepa, e queria transformá-la em perfume. "É, ele disse isso seis anos atrás e é claro que não fez nada", brincou Salgado-Luarte. Os pesquisadores passaram o dia inteiro fazendo piadas como essa, pegando no pé uns dos outros por causa de seus defeitos, como só acontece com quem já passou muito tempo junto em laboratórios e cabanas, ao longo de anos. "Nós nos demos o apelido de 'caravana de fracasso'", Gianoli explicou depois.

Paramos diante de uma árvore enorme. Ela parecia adequada ao projeto do grupo, por isso eles colocaram mãos à obra. Eles estavam estudando a

Hydrangea serratifolia, uma trepadeira notadamente prolífica. Seus restolhos rosados costuravam o primeiro centímetro de solo de todo o chão da floresta para onde eu olhasse. Serpenteavam entre moitas de musgo e galhos caídos, cruzando uns com os outros, apontando — indo — para todos os lados. Essas protusões que pareciam vermes são as plantas quando jovens. As adultas estavam enroladas nas árvores ao meu redor, trepadeiras densas, confusas, encarquilhadas, com cascas duras que formam o próprio ecossistema. O musgo e o líquen pendem delas como peças de roupa.

O grupo tentava botar ordem no caos, provar que aqueles brotos de trepadeira na verdade avançavam pelo chão da floresta com intenção, em busca de árvores adequadas para escalar, percebendo a sombra que lançavam a fim de julgar o tamanho da planta. Quando enfim alcançam uma árvore, as trepadeiras jovens que serpenteiam pelo solo mudam do rosa para o verde e mudam também de estratégia, deixando de procurar sombras para procurar o sol. Guiadas pelo sol, as trepadeiras sobem centenas de metros até penetrar a fronde da árvore, irrompendo em coroas de flores brancas e fazendo chover sementes no chão da floresta, recomeçando o ciclo. Se a árvore não lança sombra suficiente, é provável que não seja alta a ponto de sustentar uma trepadeira, que pode crescer por centenas de anos, chegando quase à metade do tamanho da árvore antiga. Talvez, o grupo de Gianoli ponderava, a planta leve isso em conta. Afinal, tudo depende da descoberta de uma árvore boa.

Eles começaram a plantar bandeirinhas no chão, ao lado de brotos de trepadeiras, a um raio de dois metros da imensa árvore hospedeira considerada adequada. A ideia era medir os ângulos de cada trepadeira em relação à árvore: se estivessem no caminho certo para alcançá-la, seria uma sorte; se não estivessem, seria um azar. Se mais de metade das trepadeiras estivesse no caminho certo, seria um indício de que a hipótese deles estava correta: era possível que as trepadeiras fizessem uma busca ativa por árvores. Durante um respiro na instalação de bandeirinhas, Salgado-Luarte apontou um arbusto pequeno chamado *Luma apiculata*. Ele bateu no próprio rosto com as folhas, além de enfiar a cara nelas, portanto fiz a mesma coisa. O cheiro era de limão e sabonete branco recém-aberto, a versão mais genuína daquilo que um detergente de roupas tenta ser, limpo e delicioso. "É assim que a gente sabe se é uma luma e não outra espécie igualzinha a ela", Salgado-Luarte me explicou antes de estapear a planta vizinha, quase idêntica à primeira. Seu aroma era apenas herbal. Pensei no sinal de sofrimento que esses cheiros representavam do ponto de vista da planta, e pedi desculpas mentalmente por nosso pequeno ato de violência.

Pouco depois, nos deparamos com uma clareira e tive meu primeiro encontro com aquilo que vinha esperando. A área era cercada por uma camada verde de mata temperada que subia acima de minha cabeça. Pisei na beirada da clareira e olhei para baixo na esperança de adaptar minha visão a ponto de distinguir algumas plantas individuais em contraste com o solo. Gavinhas delicadas de *Boquila trifoliolata* surgiram na minha frente. Ela rastejava pelo chão da floresta, na base das árvores, aparentando ser ela mesma, com a simplicidade cristalina de suas folhas de três lóbulos, que eu já tinha visto tantas vezes em fotografias. Fiquei fascinada ao finalmente vê-la ao vivo. Segui com os olhos alguns filamentos de seus caules ao se entrelaçarem aos emaranhados densos de outras plantas, todas muito acima da minha cabeça. À medida que subiam, as folhas da boquila escapavam do meu campo de visão. Discretas, se escondiam entre as da planta que escalavam, e, quando eu ia examiná-las, puxando uma folha aqui e ali, eu via que tinham de fato adquirido formas diferentes. A boquila estava em todos os cantos, e sempre imitando a planta que por acaso era sua vizinha. Nada poderia me preparar para ver uma planta se transformar em uma réplica quase exata de outra. Eu estava conversando sobre isso com cientistas havia quase dois anos, mas ver com meus próprios olhos me deixou embasbacada com a ideia de que essa possibilidade sequer existisse.

Continuamos a caminhada pela mata e fui vendo que a boquila nem sempre imita alguma coisa. Às vezes é ela mesma. Mas foram várias as vezes em que Gianoli me apontou grupos de boquila que mimetizavam espécies diferentes. Eu sempre demorava um instante para distinguir a boquila das plantas a seu redor. As réplicas eram muito parecidas, mas não perfeitas. Às vezes o caule era da cor errada, ou a folha engrossada não era grossa o suficiente para se passar pela folha de outra planta. Em uma planta, as folhas de boquila de repente estavam enormes, pareciam dedos, verde-escuras e lustrosas, tão alongadas que eram quase do tamanho da minha mão. Elas estavam imitando o notro (*Embothrium coccineum*), uma espécie de sempre-viva pequena cujos galhos pendiam sobre a clareira que havia a seu lado. A menos de um metro e meio de distância, as folhas da boquila de repente estavam pequeninas e etéreas: não eram mais dedos finos, mas folhas redondas do tamanho de uma moeda, talvez quinze ou dezesseis vezes menores do as da boquila ao lado. Em vez de brilhantes e escuras, essas folhas eram opacas e cor de menta, assim como as de uma outra planta que havia por ali. Era complicado saber onde começava a boquila na confusão densa de verdes, mas Gianoli me disse que não ficaria surpreso caso os dois tipos de folhas estivessem crescendo de partes diferentes da mesma planta. No meio das duas transformações, as folhas de boquila tinham o formato padrão, formando uma cascata de ovais onduladas de tom verde ciano.

Andamos mais um pouco. Vi que, quando a planta estava ficando amarelada, a boquila imitadora também se amarelava. Gianoli apontou uma moita coberta de folhinhas reluzentes, verde-escuras, que iam do tamanho da unha do polegar ao tamanho da unha do mindinho. Aquela, ele me disse, era a *Rhaphithamnus spinosus*. Gavinhas de boquila se enrodilhavam em seu caule. As folhas de boquila pareciam normais na base, mas, à medida que eu erguia o olhar para a trepadeira, para o ponto em que começava a se enrolar nas partes folhosas da rhaphithamnus, as folhas de boquila iam ficando drasticamente menores e adquiriam um brilho escuro. Nos galhos mais antigos, as folhas de boquila mais próximas das folhas de rhaphithamnus equivaliam perfeitamente a elas em termos de tamanho, cor e formato. Mas nada empolgou mais Gianoli do que me mostrar que a boquila havia desenvolvido um espinho afiado na ponta de cada folha. Eu não tinha sequer reparado nas folhas pontudas da rhaphithamnus antes de Gianoli me mandar passar o dedo na parte inferior da folha. As pontas afiadas se curvavam um pouquinho sob a folha, como se fossem uma garra. A boquila, ao imitar a rhaphithamnus, reproduz fielmente esse espinho, e também o curva para baixo. Passei o dedo em diversas superfícies inferiores de várias folhas de boquila, tateando à procura do apêndice dentado.

Gianoli acha isso incrível. A planta ter ou não ter a ponta das folhas espinhosa, ele diz, é uma característica muito usada para distinguir a espécie. É considerada crucial para a identidade da planta, uma coisa imutável que a torna única. Aparecer assim, em uma planta sem histórico de espinhos, é algo inédito. Seria como uma pessoa desenvolver uma presa de rinoceronte. Não acontece nunca.

Gianoli também considera a ponta espinhosa da folha um golpe forte contra a hipótese da visão — quem olha a folha de rhaphithamnus de cima não vê o espinho. O espinho só é visível de baixo, portanto como a boquila, que cresce acima da planta, saberia dele, se realmente usasse a visão para guiar sua imitação? A princípio, concordo com ele: me parece lógico. Vi com meus próprios olhos que as folhas de boquila situadas acima das folhas de rhaphithamnus também produziam o espinho. Talvez fosse um furo na tese de Baluška. No entanto, imagino a planta coberta de órgãos semelhantes a olhos, uma hipótese apresentada pelos defensores da visão vegetal. Se os "olhos" são onipresentes e as informações integradas, uma parte da boquila que estivesse bem posicionada veria os espinhos, creio eu.

A boquila, então, desaparece no meio da hospedeira. Ela se esforça muito para se tornar invisível. Por que ela quer ser difícil de achar? A razão parece óbvia: em um mundo em que os animais querem devorá-lo, um indivíduo está menos propenso a virar alimento se misturando a um mar de outros petiscos idênticos. Mas talvez essa tese deixe passar outra vantagem desse arranjo. A boquila, ao imitar outras plantas, está testando estratégias de evolução diferentes. Cada uma das plantas da floresta reagiu ao mesmo ambiente com estruturas diferentes. Todas são um retrato concreto de uma estratégia de sucesso, aprimorada ao longo de milhões de anos. É uma vantagem evolutiva brilhante conseguir acessar a genialidade da evolução expressa no corpo de outras plantas. A boquila trata as outras plantas como uma biblioteca viva de patentes, em que todas são gratuitas — pelo menos para ela.

Esse tipo de mimetismo interespécies põe em dúvida a crença de que espécies distintas são fundamentalmente diferentes. Sim, em certos sentidos elas são. Mas e se uma delas puder se tornar funcionalmente a outra com alguns ajustes? As categorias começam a falhar. As fronteiras entre espécies se tornam menos absolutas. A taxonomia talvez comece a parecer mais uma invenção de categorias do que sua descoberta. Um organismo capaz de burlar as fronteiras entre espécies cria um problema para nossa ideia de uma forma fixa, de identidades predeterminadas e imutáveis.

Depois de parar em uma cachoeira para comer mais um pouco de chocolate, a equipe começou a subir uma trilha sinuosa. Fiquei um pouco para trás, interessada nas plantinhas que cresciam num afloramento rochoso à nossa esquerda. Fúcsias silvestres, com suas campânulas magenta e violeta, brotavam das pedras. Havia muitas espécies de samambaias, que eu mais curtia ver.

Algumas eram diáfanas e translúcidas, só tinham uma célula de grossura. Outras pareciam mais o robusto feto-pente que eu conhecia do noroeste do Pacífico. Então avistei uma série de delicadas avencas comuns, com suas folhinhas tão parecidas com as de ginkgo, todas verde-periquito, pendendo de caules pretos lustrosos. Me aproximei para inspecioná-las e vi uma fronde que parecia um tantinho deslocada. As folhas estavam normais, mas os caules eram verdes e não pretos. Era uma boquila. Chamei Gianoli. Ele ficou empolgado. "É o primeiro caso que eu vejo de uma boquila mimetizando uma samambaia", ele disse, sorridente. Por um instante, pensei que estava sendo paternalista, dando trela a uma repórter desse jeito. "Não, é sério, essa descoberta foi sua. Vamos citar você no artigo." Eu adorei. Se foi tão fácil para mim, na minha primeira expedição de caça às boquilas, colaborar com uma nova descoberta, eu nem fazia ideia de quantas outras revelações ainda seriam feitas sobre essa incrível trepadeira. Ao apagar as luzes da minha cabana para dormir, nessa noite, visões da boquila passavam pela minha cabeça, todas elas em formatos diferentes.

No dia seguinte, de volta ao parque nacional, paramos em um lugar na margem da floresta, onde o solo tinha sido ceifado em trechos, deixando para trás ilhas de vegetação. A boquila parecia vicejar nessas ilhas, se esparramando sobre as plantas e imitando-as com muita destreza. Ali a trepadeira estava no auge da exuberância, mais do que nas partes mais densas da floresta, a alguns metros de distância, onde ela ainda está por todos os lados, mas é menos ostensiva e opulenta, e, o mais importante, parece menos decidida a mimetizar as vizinhas.

O grupo fez um círculo na floresta e debateu por que isso acontecia. Talvez a abundância de luz na clareira ajudasse a boquila a enxergar?, Stotz brincou. "Visão", sabe, ela disse, levantando as mãos para indicar as aspas. Mas seu argumento era válido: a quantidade de sol que batia ali, ao contrário do que acontecia no resto da floresta, podia significar mais energia e mais recursos para a boquila fazer coisas dispendiosas como mudar o formato e a cor das folhas e seu padrão de veios. Essa é a opinião de Stotz. O grupo todo, e especificamente Stotz, trabalha com a plasticidade vegetal, ou seja, a capacidade da planta de exprimir uma gama maior de formas possíveis. Sabemos que as plantas com mais acesso a recursos são mais plásticas, abandonando suas travas comportamentais. Em certo sentido, a planta com mais sol e nutrientes pode ser uma versão mais plena de si. Já Salgado-Luarte estuda como as plantas que crescem à sombra se entrincheiram e se preparam, à espera de tempos melhores. Ele tem um interesse particular em como as folhas de algumas espécies da floresta se expandem, extravagantes, ao sol, aumentando sua superfície para sorver o máximo de luz. Afinal, na floresta tropical, nunca se sabe quando as copas vão se fechar de novo. Mas a mesma espécie, ao se ver em um lugar onde faz sombra, desenvolve folhas pequenas e resistentes — minimizando seu gasto energético, esperando simplesmente aguentar até que venham tempos melhores. Caso aguente firme por bastante tempo, talvez uma árvore alta, antiga, finalmente caia e abra um buraco na fronde, e assim a planta seja banhada pela luz antes que seja tarde demais. A disponibilidade de recursos determina coisas como a extravagância. É preciso ter energia para ser extravagante. Mas o truque da boquila não é o mais extravagante de todos?

Um tempo depois, perguntei a Gianoli o que, se não a visão vegetal, ele achava que estava acontecendo com a boquila. Ao refletir, ele fecha os olhos. "É claro que qualquer explicação parece esquisita, bizarra, estranha", disse ele, já se resguardando. "Mas ainda acho que a explicação mais plausível envolve microrganismos." Gianoli acreditava que microrganismos — provavelmente bactérias — pulavam da planta hospedeira para a boquila, orientando as folhas a mudarem de formato depois de sequestrar e reconduzir os genes responsáveis pelo formato da folha. Em vez de supor que a própria planta mudasse de formato, Gianoli via a situação mais como um contágio, como se algo externo à boquila agisse sobre ela feito uma doença sobre o corpo. E o que infecta as plantas? Micróbios de todos os tipos. Mas se *era* uma infecção, tinha que ser o tipo de infecção capaz de produzir uma reorganização biológica muito invasiva num nível básico. Forma, cor, tamanho e textura das folhas são resultados de programas evolutivos gravados na genética das plantas. Gianoli imaginou que alguma coisa devia estar alterando a expressão dos genes. Os micróbios, até onde sabemos hoje, são as únicas coisas conhecidas capazes de alterar a expressão genética nas plantas.

Na década de 1990, pesquisadores descobriram unidades de material genético chamadas de "RNA pequeno" e às vezes de "microRNA". Elas se originam em micróbios como bactérias e vírus, e por enquanto 2600 tipos diferentes foram descobertos no corpo humano.[17] Acredita-se que esses fragmentos de material genético regulam coletivamente até um terço dos genes do nosso genoma.[18] Mais recentemente, pesquisadores descobriram que o microRNA também exerce uma função na vida das plantas. Ele volta e meia é trocado entre plantas parasitárias e suas hospedeiras, e pode agir como molécula sinalizadora entre plantas. Também sabemos que o microRNA de uma planta pode interferir na expressão genética de outras plantas das redondezas.[19]

Vai ver que é isso o que está acontecendo com a boquila, pondera Gianoli. O material genético dos micróbios pode estar controlando a parte do genoma da planta responsável pelo formato das folhas, e a boquila que está ao lado pode estar captando essa mesma interferência; sendo banhada, por assim dizer, pelo material genético microbiano alheio.

"Não gosto de micróbios. Eles são muito difíceis de lidar, medir, controlar, evitar. Fico mais à vontade com coisas macroscópicas. Mas a força dos indícios em torno de vários sistemas me convenceu", disse Gianoli enquanto passávamos entre trepadeiras muito densas. Se a teoria dele fosse verdadeira, ficaria definido que a aparência geral de todas as plantas é controlada por micróbios, e que a esfera de influência desses seres vai além da planta e se transforma em uma espécie de nuvem. A boquila, na opinião dele, seria peculiar apenas por ser receptiva a nuvens microbiais de outras espécies. A cada etapa, a teoria de Gianoli reescreveria o que a ciência acredita saber a respeito das plantas de modo geral. É uma alegação arrasadora para a botânica, do começo ao fim. Assim como a teoria de Baluška sobre a visão vegetal. De certo modo, a teoria de Gianoli não é inverossímil: é uma extensão do mundo de influência microbiana que os cientistas estão em vias de desvendar agora.

Nos sentamos em uma tora coberta de mixomiceto rosa e laranja. Gianoli fala sobre a recente descoberta de que os cupins têm micróbios nos intestinos, que lhes permitem digerir as substâncias químicas da madeira.[20] Em outras palavras, o comportamento mais típico dos cupins — comer madeira — é viabilizado por outros organismos completamente diferentes que vivem dentro deles. Os micróbios no intestino do cupim, por sua vez, funcionam graças aos micróbios ainda menores que vivem dentro deles. A presença desses animais-dentro-de-animais é anterior à evolução do cupim — um ancestral do cupim deve tê-los adquirido ao comer alguma matéria vegetal morta que eles habitavam. A partir daí, ambos evoluíram juntos e se transformaram nas versões que existem hoje em dia. Uma espécie de cupim australiano tem no intestino um protista que por sua vez abriga quatro tipos de bactérias. Uma série de indivíduos torna possível a existência do cupim. "Eles são independentes. São de famílias diferentes. É uma loucura", disse Gianoli. Repetidas vezes, o ponto principal dessas novas descobertas aponta na mesma direção: um cupim nunca é apenas um cupim. Isso vale para qualquer organismo. "O que você achava que era conduzido por um organismo ou era resultado das ações dele, bem, parece que pelo menos metade foi feito por uma bactéria."

Essa série de elementos intriga Gianoli. Os cupins são organismos compostos, formados por várias classes de seres trabalhando em conjunto. Os seres humanos também são organismos compostos, ele lembra: nossos microbiomas parecem governar muitos aspectos da nossa saúde e talvez até da nossa psicologia. "Eles estão associados à digestão, a alergias e até a alguns transtornos psicológicos."

Um ano antes dessa viagem, Gianoli e seus colegas estavam na floresta para colher amostras de boquila e repararam na casualidade com que o mimetismo parecia se distribuir. "Você não vê o mimetismo 100% das vezes", afirma ele. Gianoli via o mimetismo cerca de 70% das vezes. "A intensidade, a magnitude do estímulo variam. E foi por isso que eu pensei: talvez um organismo esteja por trás dessas irregularidades." Depois de levarem as amostras para o laboratório e as triturarem, eles tiveram o primeiro vislumbre de comprovação dessa hipótese. A colônia bacteriana das folhas da boquila mais próximas aos arbustos imitados era bastante similar à colônia bacteriana dos próprios arbustos. As folhas da mesma boquila que não os mimetizavam, mais distantes dos arbustos, tinham uma colônia bacteriana totalmente diferente.[21] "Elas eram claramente distintas, apesar de fazerem parte do mesmo organismo e de serem separadas por apenas trinta centímetros", disse Gianoli. "Eu acho isso incrível. E são os micróbios." Isso nem de longe prova sua hipótese: ele ainda vai precisar trabalhar muito para desvendar o que realmente está acontecendo. "Mas é um forte indício de que os micróbios têm alguma coisa a ver com isso", disse.

Para ter certeza, Gianoli teria que cultivar plantas em laboratório, o que já se mostrou quase impossível: ele já tentou dezenas de vezes, mas as boquilas sempre crescem mal e morrem rápido. Além do mais, é quase impossível encontrar sementes da planta: ele só pegou uma boquila com sementes uma vez na vida. "Sei que às vezes os outros cientistas ficam achando que estou tentando esconder sementes quando digo isso a eles", afirmou Gianoli. Ele e os colegas tinham acabado de descobrir como produzir culturas de tecido de boquila, para contornar os dois problemas, e Gianoli esperava começar em breve os experimentos em laboratório. Estava irritado com os rompantes dos cientistas da Europa, que tinham declarado a trepadeira portadora de visão sem ter feito experimentos para ter certeza disso. Não é assim que se faz ciência, disse ele. Primeiro, você tem que demonstrar que funciona.

A chuva desabava sobre os milhões de folhas ao nosso redor. O resto da equipe estava ajoelhado ao lado de uma árvore, a uns metros dali, medindo os ângulos da trepadeira. Gianoli me perguntou se eu já tinha ouvido falar no conceito de "campo morfogenético" postulado pelo biólogo-filósofo Rupert Sheldrake.[22] Respondi que não. Ele explicou que Sheldrake concebera um hipotético campo biológico rodeando cada organismo, como uma nuvem de informações. "É uma espécie de campo de influência", ele disse, que é invisível mas potente, feito um campo gravitacional ou magnético. O campo morfogenético, segundo a definição de Sheldrake, guiava o desenvolvimento da forma física do organismo. Imaginei nuvens de informações rondando as plantas que nos cercam, plumas de instruções biológicas. A ideia de Sheldrake inclui coisas que Gianoli chama de "místicas". Por exemplo, ele acredita que os campos morfogenéticos podem ser a base da telepatia. Gianoli foi logo me dizendo que não tem interesse em nada disso. Mas a ideia de campos de influência biológica? Nessa ele pode embarcar, pois seria um mecanismo para pensar na possível influência de microrganismos sobre as plantas. "Não tenho certeza se isso existe. Mas gosto da ideia, da imagem", ele declarou.

Ainda me lembro de quando fiquei sabendo pela primeira vez que os seres humanos estão sempre rodeados por nuvens de micróbios. Fazia cinco horas que eu estava sentada à minha mesa, no quinto andar de um prédio comercial no sul de Manhattan, e o cientista James Meadow me disse que eu provavelmente tinha espalhado milhões de micróbios pelo meu cubículo naquele dia. "Sabe o menino sujinho de *Peanuts*? O Chiqueirinho? No final das contas, todo mundo é igual a ele", Meadow me disse ao telefone.[23] Na época, ele trabalhava em uma empresa de San Francisco que monitorava a saúde do microbioma de ambientes fechados, como escritórios e hospitais, e tinha publicado um artigo sobre o assunto fazia pouco tempo. "Enquanto se mexe, a gente se desfaz de milhões de partículas biológicas do corpo", ele continuou. "Eu tenho barba: quando coço, solto uma nuvenzinha no ar. Mas essa nuvem de partículas que a gente está sempre liberando é praticamente invisível." Olhei para o teclado e tentei imaginar os microrganismos, meus microrganismos, descendo da ponta dos meus dedos como passageiros desembarcando de navios. Então Meadow me disse que meus micróbios provavelmente voavam para o cubículo do meu vizinho. Larguei o aparelho sobre a mesa por um instante e, por cima da divisória modular cinza, dei uma olhadinha para o meu colega, que não desconfiava de nada enquanto digitava a menos de um metro de mim. Ele parecia estar bem. Mas será que eu estava soprando micróbios?

A torrente atual de pesquisas sobre o microbioma revolucionou nosso entendimento de como interagimos com o mundo, visto que os cientistas fazem conexões de tudo quanto é tipo de questão de saúde com as criaturas que habitam nosso intestino e pele. Nossos micróbios influenciam nosso sistema imunológico, nossos cheiros e a atração que exercemos sobre os mosquitos. Estão surgindo pesquisas que sugerem que talvez tenham um papel no autismo, na depressão, na ansiedade e talvez até na nossa atração por certas pessoas.

Em outras palavras, talvez nossos micróbios sejam mediadores de como pensamos e sentimos. É bem provável que nossas células sejam uma minoria em relação a nossos inquilinos microbianos.[24] Sob um exame mais minucioso, nossa individualidade — o que nos torna nós mesmos — talvez pareça mais uma democracia controlada do que uma ditadura autônoma.

Mas os microbiomas também se estendem, num sentido bem literal, ao ar que nos rodeia, numa espécie de nuvem microbial. O calor sobe. O calor do meu corpo, Meadow explicou, está sempre incitando meus fragmentos biológicos a saírem de mim. Meu hálito, que também faz parte do meu microbioma, é quente e faz a mesma coisa. Cada palavra que escolho pôr no mundo sai junto com um monte de bactérias que não escolhi. O tamanho da minha nuvem tem a ver, em parte, com o calor ou a frieza do meu corpo no momento, ele disse. (Creio que tendo ao calor. Provavelmente tenho uma nuvem larga.)

O resto cabe à "viscosidade do ar", significativa na escala com que estamos lidando aqui. "A gente só sente o ar quando ele bate na gente", Meadow explicou. Mas, para um micróbio, que é minúsculo, o ar é mais como a água. A mínima movimentação pode fazer com que ele boie num ambiente para sempre. "A bactéria mais pequenina pode ser atingida e passar horas voando no ar", ele disse.

"O espírito é a matéria reduzida a uma finura extrema. Tão pequenininha!", escreveu Ralph Waldo Emerson. Dei outra olhadinha no meu vizinho, que não desconfiava de nada. Eu estava literalmente por todos os lados.

À medida que vamos descobrindo mais sobre a integração entre nossa saúde e nossos micróbios, eles vão se tornando mais indistintos da ideia que fazemos de nós mesmos. Não somos nossos microbiomas, mas é claro que não somos nós mesmos sem eles. Assim como nossa vida, porém, nossos microbiomas não são estáticos: oscilam quando viajamos para cidades novas, tomamos um banho, tomamos antibióticos ou nos relacionamos com um novo parceiro. É uma identidade microbial mutável que faz jus à volatilidade do resto de nossa personalidade. Menos estática do que uma digital, menos definível, mas talvez mais fidedigna à realidade de nossa tumultuada situação biológica. Somos sempre nós mesmos, mas e se "nós mesmos" for uma combinação cambiante, impossível de separar das turbulentas massas microbianas que existem dentro de nós e ao nosso redor?

Pensei na meditação budista, em que a meta é a dissolução do eu. É claro que a pessoa precisa primeiro saber o que é o eu para que ele seja aniquilado. O "eu" é descrito na Vipassana, uma forma de meditação budista, como uma coleção de unidades minúsculas, vibrantes. Tem quem as chame de átomos. Na raiz, entretanto, a ideia é de que não somos nós mesmos — somos apenas a soma de um bando de partículas individuais que por acaso assobiam em forma de pessoa. O eu é dissolvido quando essa informação é entendida. Também é uma imagem potente, a meu ver, para o que significam os micróbios e suas nuvens.

A hipótese de Gianoli a respeito da boquila abalou meu conceito de planta genial. Será que na verdade trata-se de uma bactéria genial? Ou uma mistura genial de organismos, inclusive a planta? Afinal, a planta parece ficar melhor por conta do mimetismo: é menos provável que os animais se aproximem e a comam. No entanto, imagino que também seja do interesse da bactéria da planta não ser comida. Quem se beneficia do mimetismo, então? Ele pode ser considerado uma técnica engenhosa de sobrevivência bacteriana. Só depende da perspectiva que adotamos. Ou talvez escolher uma única perspectiva seja um erro neste caso. A planta e seus micróbios provavelmente são inseparáveis. São um organismo composto, uma colaboração muito bem ajustada. Pensei em outra colaboração famosa, em que uma bactéria fotossintética foi morar dentro da célula da alga, formando a predecessora da primeira planta.

Na década de 1990, a bióloga evolutiva pioneira Lynn Margulis popularizou o conceito de "holobionte",[25] que ela definiu como um organismo composto, feito de muitos organismos trabalhando em conjunto. Ele inclui o microbioma, mas também o macrobioma — os seres maiores nos quais e sobre os quais os microbiomas vivem. Entre as células com núcleos incluem-se todas as mitocôndrias e cloroplastos, fundamentais tanto para os animais como para as plantas. Margulis aventou a hipótese de que eles surgiram quando micróbios de habilidades diferentes se associaram, acabando por se fundir em uma única entidade. Ela achava que talvez esse tipo de simbiose entre organismos diferentes fosse mais importante para nossa história evolutiva do que as mutações lentas, aleatórias, que a ciência acredita ser a fonte de todas as mudanças evolutivas. Seu artigo sobre origens simbióticas foi rejeitado por quinze periódicos antes de enfim ser aceito pelo *Journal of Theoretical Biology* em 1967.[26] Sua tese foi comprovada uma década depois, quando a análise genética moderna passou a existir e os pesquisadores puderam ver, pela primeira vez, que realmente todas as mitocôndrias e cloroplastos contêm DNA de vários organismos.[27] No nível celular, somos todos holobiontes.*

No entanto, o conceito de holobiontes de Margulis se provou verdadeiro muito além da estrutura de nossas células.** Nos últimos anos, descobriu-se que características essenciais dos animais, inclusive velocidade de crescimento

* Por ironia do destino, o próprio Darwin parece ter compreendido esse fato quase um século antes da descoberta da simbiose genética. "A gente não consegue entender a maravilhosa complexidade de um ser orgânico; mas na hipótese que levanto aqui essa complexidade é muito elevada. Toda criatura viva deve ser considerada um microcosmo — um pequeno universo, formado por uma enxurrada de organismos que se propagam sozinhos, de uma miudeza inconcebível e tão abundantes quanto as estrelas no céu." Ver Darwin, *The Variation of Animals and Plants under Domestication*, 1868.

** Margulis ficou famosa por acreditar na primazia das bactérias. Elas estão no planeta muito antes de qualquer forma de vida maior surgir, e são muito bem-sucedidas, tendo se adaptado com perfeição à química do planeta em seus primórdios, sob muitos aspectos projetando-o para atender suas necessidades. Nosso corpo, segundo Margulis, preserva as condições dessa Terra dos primórdios. Os compostos químicos dentro de nós, e sobretudo nosso interior aquoso, podem ser vistos como uma reprodução do mundo primordial aconchegante onde as bactérias começaram sua evolução. De certo modo, somos receptáculos perfeitos para bactérias. "Coexistimos com os micróbios do presente e abrigamos resíduos de outros, incorporados simbioticamente às nossas células", ela e o filho, Dorion Sagan, escreveram em 1997. "Assim, o microcosmo vive dentro de nós e nós vivemos dentro dele."

e comportamento, são consequência de sinais microbianos.[28] Isso faz sentido quando consideramos que os animais evoluíram em um mundo governado há bilhões de anos por micróbios. Na verdade, Margaret McFall-Ngai, renomada especialista em simbiose, acredita que o sistema imunológico humano, que há muito tempo dizem ter "memória" própria, talvez seja um sistema de gestão holobionte. "Talvez o sistema imunológico baseado na memória tenha se desenvolvido em vertebrados devido à necessidade de reconhecer e administrar colônias complexas de micróbios benéficos", ela escreveu em 2007.[29]

Nós, criaturas maiores, só podemos transferir nosso material genético passando-o à nova geração — isto é, tendo bebês. Mas as bactérias não têm essas restrições. Elas podem transferir genes em tempo real com bactérias vizinhas, sendo ou não sendo da mesma espécie. Assim, uma bactéria pode adotar novas características de suas vizinhas, acrescentando-as às séries de coisas de que já são capazes. Se as características genéticas das bactérias fossem aplicadas a seres maiores, escreveu Margulis, viveríamos num mundo de ficção científica, em que as pessoas poderiam ganhar asas assimilando genes de um morcego, ou um cogumelo poderia ficar verde e fazer a fotossíntese assimilando os genes de uma planta vizinha. Isso me dá um caminho mais claro para entender como a teoria de Gianoli funcionaria: em vez de imaginar um conjunto estranho de bactérias sequestrando o senso inculcado que a boquila tem de seu formato, talvez as bactérias que vivem dentro da boquila e determinam sua manifestação evolutiva estejam simplesmente assimilando pistas genéticas errantes de bactérias que fazem a mesma coisa dentro de outras plantas. "Os seres humanos e outros eucariontes são como sólidos congelados em uma forma genética específica", escreveram Margulis e Sagan. "Já o conjunto móvel e intercambiável de genes bacterianos é semelhante às substâncias líquidas ou gasosas."[30] Passamos a enxergar o mundo em termos bacterianos — um mar microcósmico de identidades e formas mutáveis. Sob a superfície, nosso eu bacteriano está se transformando e mudando. Estamos todos em movimento. Quem há de dizer onde começa e termina cada um de nós?

Caminhando pela floresta, Gianoli me conta de outro caso esquisito de mimetismo vegetal. O Chile, ele disse, abriga uma segunda planta da família Lardizabalaceae, a mesma da boquila. Essa espécie do gênero *Lardizabala* é uma trepadeira raríssima, que só brota no Chile subtropical e em partes do Peru. Um amigo de um amigo contou a ele que o tio vivia em um vilarejo rural onde a planta crescia. Seus frutos roxos faziam parte da medicina tradicional do vilarejo. Gianoli ainda não tinha visitado o lugar, mas disse que, quando alguma coisa faz parte do conhecimento tradicional, é provável que tenha se desenvolvido ao longo de anos de experiência e observação. Segundo o folclore local, quando a lardizabala escala árvores diferentes, o fruto que ela dá tem propriedades medicinais similares às da árvore escalada. "Então, se ela tem propriedades digestivas, ou faz bem para o coração ou a pressão, ou se tem outros benefícios medicinais, eles estão presentes também na lardizabala." Isso sugere um tipo completamente diferente de mimetismo. "O fruto herdar as propriedades da árvore... seria sensacional", disse Gianoli.

Na manhã de nosso último dia em campo, fomos de carro até outra parte da floresta. O grupo logo achou uma árvore adequada ao projeto *Hydrangea serratifolia* e de novo começou a plantar bandeirinhas. Até então, eu tinha visto mais sucessos do que insucessos. Os dados eram preliminares, mas pareciam bons. Mais uma planta onipresente resgatada da montanha de lixo supostamente passiva criada pelo homem.

Perambulei enquanto eles tiravam medidas. Na clareira, vi uma área de *Ranunculus repens* brotando do chão, com uma boquila do lado. Fazia menos de uma década que esse tipo de ranúnculo tinha sido inserido ali e agora já era uma erva prolífica. A boquila que crescia ao lado tinha conseguido ser uma cópia perfeita em termos de tamanho e da silhueta de modo geral. Suas três folhas formavam exatamente os mesmos ângulos que as três folhas do ranúnculo. O rendado das folhas de ranúnculo parecia ser complicado demais para a boquila, mas ela estava se esforçando. As bordas eram recortadas, tinham uma série de ondinhas desajeitadas.

Porém, até esses erros são incríveis. Quando descobriu que a boquila tentava imitar o ranúnculo, Gianoli viu cair por terra quaisquer teorias sobre o truque ser resultado de uma longa coexistência evolutiva. "Essa erva não faz parte da história evolutiva da boquila", Gianoli me explicou depois. Não existe relação evolutiva que se forme em dez anos. O mimetismo só podia estar acontecendo em tempo real: era improvisado, não ensaiado.

A espontaneidade é um conceito difícil de engolir: exige um alvo muito alerta. E a evidência da espontaneidade não parava de surgir, de pouquinho em pouquinho: uma semana antes da nossa excursão, Gianoli tinha recebido um e-mail de uma pessoa que cultiva boquila em casa, em Londres. Ele mandou fotos dela mimetizando sua planta doméstica, uma espécie pequena de folhas minúsculas às vezes chamada de planta-arame, nativa da Nova Zelândia. Não restava dúvida: a boquila estava imitando uma planta totalmente estranha, e se saindo muito bem. É claro que a planta neozelandesa tinha folhas redondas muito simples, não era um grande desafio se comparada a outras formas que eu já tinha visto a boquila adotar. Mas o mais curioso era a procedência da Oceania, lugar extremamente distante da floresta tropical chilena. A boquila é nativa apenas do Chile, mas ao que consta é capaz de copiar plantas sem nenhuma ligação com essa parte do mundo. O fenômeno do mimetismo é intrínseco à espécie toda, e se expressa aonde quer que a planta vá. É uma baita espontaneidade.

É claro que a visão também é uma justificativa tentadora para esse tipo de mimetismo espontâneo. Nos animais, as reações rápidas a algo que esteja a certa distância geralmente se deve à visão. A ideia é muito simpática. No carro, voltando para nossas cabanas, Gianoli recebe um e-mail de um ex-aluno que acabou de ser contactado por um grupo russo que estava elaborando um "megaprojeto" voltado à visão vegetal e baseado na boquila. Em Bonn, Baluška e seus colegas estão começando a cultivar boquilas em estufa para testar a hipótese da visão. Se a equipe conseguir fazer uma boquila mimetizar uma planta artificial em ambiente controlado, a hipótese da visão sem dúvida se tornará mais plausível. E é claro que não existe a possibilidade de informações microbianas serem emanadas pela planta artificial.

Por enquanto, o mistério continua. Seja qual for a conclusão, a ideia que fazemos das plantas mudará completamente. Outra coisa deve estar acontecendo dentro delas — ou entre elas — para que esse tipo de mimetismo seja uma possibilidade sequer remota para uma planta. Até aqui, o desconhecimento é como um objeto invisível no centro da sala, a coisa que todo mundo sabe que deve estar lá, mas ninguém vê, pelo menos por enquanto. Seja o que for, vai mudar algo fundamental sobre o que pensamos a respeito do funcionamento das plantas. "Decifrar o segredo da boquila vai imediatamente nos levar a decifrar o segredo geral das plantas", diz Gianoli. "Eles andam de mãos dadas. Entender a boquila significa entender as plantas. É essa a sensação que eu tenho."

A teoria de Baluška é mais nitidamente uma visão da inteligência vegetal, que a princípio me atraiu. Quero acreditar que as plantas enxergam, e talvez enxerguem mesmo. Não me parece uma possibilidade totalmente absurda: afinal, elas têm muitos fotorreceptores. Mas a teoria de Gianoli, que concebe uma organização e influência bacterianas que acarretam uma interligação maior, também desperta meu interesse. Ela é centrada na natureza composta das plantas, em sua condição de holobiontes, inextrincáveis do microcosmo no qual mergulham e que mergulha neles.

Em todo caso, parece ter chegado a hora de abandonar a ideia de que as plantas são entidades individuais com limites bem definidos. Não entendemos direito onde a planta começa e termina. Talvez essa não seja nem uma dúvida proveitosa. Ignorar as muitas formas como as plantas e seus colaboradores interagem — e, em última análise, constituem a planta — nos dá uma perspectiva muito parcial da realidade. As plantas são combinações de formas de vida interpenetrantes que resistem a classificações do tipo e/ou. Talvez feito a gente. "O 'indivíduo' completamente autossuficiente é um mito que deve ser substituído por uma descrição mais maleável", escrevem Margulis e Sagan.[31] "Todos nós somos uma espécie de comitê flexível."

9. A vida social das plantas

Era uma vez certos insetos que se desenvolveram e viraram seres coletivistas de um jeito bem específico. Eles se desenvolveram de modo a estar sempre a cargo, todos eles, do bem-estar do grupo de que fazem parte. Suas identidades são totalmente subordinadas à defesa do coletivo. São habitantes de colônias. Todos os membros da colônia têm um papel, e para cumpri-lo alguns renunciam até mesmo à atividade vista como o maior indicador de sucesso biológico: eles jamais se reproduzem. Esses insetos passam a vida procurando comida para levar aos companheiros de ninho cuja função é ter filhotes. Isso vira a ideia da sobrevivência do mais apto de ponta-cabeça. Não importa se *você* não se reproduz: o importante é a colônia se reproduzir.

Uma entomologista da década de 1960 batizou esse estilo de vida de comportamento "eussocial",[1] e a princípio o aplicou às abelhas que vivem em colmeias, com várias gerações que cooperam para cuidar dos filhotes e têm papéis distintos, em que só alguns se reproduzem. *Eussocial* significa literalmente "genuinamente social".[2] É um estilo de vida social de alta complexidade, cheio de regras definidas de relacionamento e colaboração. Desde então, pesquisadores descobriram que isso se aplica a muitos insetos, não apenas às abelhas: cupins são eussociais, assim como formigas, besouros-de-ambrosia e pelo menos um tipo de pulgão. Um camarão que habita um recife de coral pode ser eussocial, se expandirmos o termo ao mundo dos crustáceos. E os ratos-toupeira-pelados têm a honra de ser as grandes estrelas da eussocialidade em mamíferos.

Insetos, crustáceos, mamíferos: o comportamento eussocial deve ter se desenvolvido separadamente inúmeras vezes.[3] Está claro que se trata de uma estratégia evolutiva em prol do sucesso, de outro modo não teria reaparecido de forma espontânea e persistido em diferentes ramos de vida. Se há algo que aprendi é que, se uma coisa funciona bem, a biologia tende a reproduzi-la em vários âmbitos de vida. Uma boa ideia costuma reaparecer sempre. Então agora, quando fico sabendo que uma característica se desenvolveu separadamente inúmeras vezes, é impossível não me perguntar se ela teria um equivalente vegetal. Até pouco tempo atrás, a eussocialidade nunca tinha sido vista em plantas, mas talvez não estivéssemos procurando.

Entra em cena a samambaia chifre-de-veado. Em 2021, Kevin Burns, biólogo da Universidade Victoria de Wellington, na Nova Zelândia, estava caminhando na floresta seca tropical da ilha de Lord Howe, na Austrália. Em sua maioria, as árvores da ilha eram atarracadas. As samambaias chifres-de-veado, que normalmente crescem no alto dos troncos das árvores, ali têm a conveniência de estar ao nível dos olhos. Ao olhar para esses grupos densos de samambaias, Burns teve um lampejo. E se na verdade fossem colônias? As samambaias chifre-de-veado são únicas pelo fato de crescerem em aglomerados redondos, em forma de colmeias, com alguns indivíduos em forma de discos esponjosos que aderem à árvore residente e uns aos outros, e alguns em forma de galhadas longas, verdes, desengonçadas. Essas frondes longas são revestidas de uma camada de cera, o que faz com que direcionem muito bem a água da chuva para sua base, onde as frondes redondas absorvem prontamente a umidade. E se algumas frondes forem como as abelhas-operárias estéreis numa colmeia, ponderou Burns, dedicando a vida a alimentar suas parentes reprodutoras? Ele de fato descobriu que as frondes redondas nunca se reproduzem, mas algumas frondes compridas, sim. O resto vive para manter o fluxo de água para as raízes da colônia inteira. Será que as plantas também são eussociais?[4]

A sociabilidade complexa, acredito eu, é um tipo de inteligência, uma inteligência coletiva. Vai além dos pendores de um indivíduo e é baseada na tomada de boas decisões como grupo. A inteligência, no sentido de capacidade de aprender com o ambiente em que se vive e tomar decisões que mais facilitem a própria vida, é criada em um contexto. Surge da necessidade, por meio da seleção natural. Nesse caso, a necessidade — reter a água no ambiente hostil da face vertical de um tronco de árvore sem contato com o solo — é de colaboração. De aptidão relacional. De disposição para se renegar em nome da prosperidade do coletivo. Essa, aliás, é a base do conceito de comunidade: a cooperação, aqui, é a prioridade máxima.

A inteligência coletiva é o alicerce de algumas das sociedades animais mais complexas. Todos os animais que evoluíram em grupo desenvolvem um comportamento específico para existir nesse grupo. Peixes, formigas, macacos, pessoas — todos coordenamos comportamentos de formas diferentes. Dizemos que isso é ser sociável. E se essa coordenação entre indivíduos fosse estendida a nossos sistemas neurais? A inteligência social é um novo campo de pesquisa em animais, mas os primeiros resultados revelam que a atividade elétrica no cérebro humano pode ser sincronizada entre as pessoas durante diversas interações sociais, como a comunicação, o aprendizado ou a colaboração em uma tarefa.[5] As ondas cerebrais, ou oscilações entre picos e quedas na atividade neural, parecem se alinhar. A sincronização de ondas cerebrais também foi constatada em morcegos e primatas, o que serve de pista de que ela deve acontecer com muitos outros animais.[6] Está claro que esse é um fenômeno útil. As pesquisas revelam que equipes de pessoas se saem melhor quando as ondas cerebrais estão sincronizadas,[7] que o cérebro de copilotos tende a sincronizar durante a decolagem e a aterrissagem, quando a colaboração é crucial,[8] e que as pessoas cujas cognições estão sincronizadas relatam uma sensação mais exacerbada de cooperação e afinidade.[9] Casais com uma sincronia cerebral mais alta se mostram mais satisfeitos com a relação,[10] e o cérebro dos responsáveis por uma criança parece entrar em sintonia quando os dois estão perto.[11] Nosso cérebro se desenvolveu em um contexto altamente social, e só agora estamos vendo até onde vai essa sociabilidade. Talvez essa inteligência social, coletiva, mereça mais atenção. Pode ser que estejamos ignorando uma grande parte da nossa existência sem ela.

As plantas também se desenvolveram em grupos. Campos, florestas, colônias, aglomerados: elas sempre fizeram parte da complexa estrutura social em que a interação com o vizinho faz parte do cotidiano. O sucesso com que lidam com essas trocas muitas vezes define o desenlace de suas vidas. A sobrevivência e a reprodução são sempre questões sociais. Assim, as plantas são sem dúvida seres sociais. E também abarcam todo o leque de temperamentos sociais: algumas vivem em coletivos onde há muita colaboração, como a samambaia chifre-de-veado, em que o sucesso do grupo é mais relevante do que o sucesso individual. Outras parecem preferir uma vida mais solitária. Outras ainda parecem ser totalmente avessas a conflitos e têm uma capacidade incrível de compartilhamento. Muitas vão logo se tornando inimigas dos estranhos, mas dão grande ênfase a laços familiares. Em um mundo de recursos inconstantes, é melhor saber com quem contar, e em geral a família é uma boa aposta.

Estamos falando aqui de questões óbvias de boa convivência entre pares, conceitos conhecidos para nós, criaturas sociais. As plantas, é claro, fazem isso a seu estilo vegetal. Basta um pouquinho de sintonia com essas versões vegetais para começarmos a ver a riqueza de suas vidas sociais. Só agora os botânicos estão fazendo isso. Um mundo de possibilidades sociais lentamente se revela.

As dunas que cercam as margens do lago Michigan são uma surpresa. As montanhas de areia ondulantes se estendem por vastas planícies, com elevações e vales como ondas do oceano em pausa. Percorra uns vinte quilômetros terra adentro e você chegará às fazendas do Meio-Oeste. Mas foi ali, à margem do lago imenso, que Susan Dudley descobriu que as plantas sabem exatamente quem são suas irmãs.[12]

Dudley, ecologista evolutiva vegetal da Universidade McMaster, no Canadá, era picada por borrachudos no verão de 2006, enquanto observava seu objeto de estudo. A eruca-marítima é uma planta rasteira que cresce em praias, mas se torna ainda mais impressionante quando consideramos que precisa sobreviver em condições muitíssimo hostis. Para um arbusto praiano, ser grande e majestoso está fora de cogitação. A vida na areia não é fácil. O vento é constante, a água é escassa, os animais estão famintos. As plantas que vivem em dunas de areia se esforçaram tanto para estar ali que sua existência já é impressionante.

Foi no final da década de 1990 e começo dos anos 2000 que começaram a se acumular os indícios de que as plantas sabem separar o "eu" do "não eu". Elas sabiam se um galho próximo ou uma raiz eram delas ou de outra planta. Pouco depois, Dudley passou a questionar se a individuação vegetal não estaria ainda mais avançada. Se elas se reconheciam, será que reconheciam suas parentes genéticas? Dudley queria descobrir se as plantas saberiam outras coisas além do fato de que as vizinhas existiam. Zoólogos sabem que o reconhecimento dos parentes é muito vantajoso para os animais, em termos evolutivos. Muitos animais já demonstraram essa capacidade. Por que, Dudley pensou, não testar as plantas?

Quando era aluna de graduação, Dudley descobriu que não gostava muito da tarefa repulsiva de cortar animais vivos. Dissecções de invertebrados vivos eram uma atividade padrão nos departamentos de biologia. Então, na pós-graduação na Universidade de Chicago, ela se concentrou na botânica. "Ninguém liga se você corta plantas", disse ela. "As pessoas chamam isso de preparar o jantar."

Dudley começou trabalhando nos projetos do orientador, testando como as plantas mudavam de estatura em resposta às vizinhas. "As plantas se enxergam pela cor da luz", ela explicou. A luz muda de cor quando atravessa uma planta, e a luz que atravessa diferentes plantas é alterada por cada uma delas de um jeito diferente, sutil demais para que notemos a qualidade da luz que cai sobre elas. E se essa luz atravessou uma planta antes de atingi-las, isso indica uma vizinha mais alta. Então seus caules crescem até a altura adequada — mais alto quando são muitas as vizinhas e mais baixo quando não. Faz muito sentido em termos adaptativos. Se você corre o risco de ser abafado por uma multidão, cresce mais para garantir seu lugar ao sol.

"Extensão de caule mediada por fitocromo" é o termo oficial para designar esse comportamento. Por volta da mesma época em que Dudley examinava essa questão, pesquisadores de outra parte descobriam que as plantas tinham uma consciência similar abaixo da terra: sabiam quais eram as raízes delas e quais eram as de outras plantas, e assim adequavam seu crescimento rizomático. Faz sentido não competir consigo mesmo. A fórmula do comportamento vegetal amistoso vinha à tona: "Se sabiam que tinham vizinhas acima da terra, elas cresciam mais, ficavam mais altas; se sabiam que tinham vizinhas abaixo da terra, cresciam mais raízes", disse Dudley.

Com isso em mente, ela começou a avaliar as erucas-marítimas das dunas à beira de um lago em Indiana. Era o condado do *Sand County Almanac* [Almanaque do condado arenoso], não muito distante de onde Aldo Leopold escreveu seu clássico sobre a natureza. Era um lugar lindo, mas ela precisava lidar com os borrachudos e com a areia. O trabalho de campo numa praia era uma luta. "Trabalhar na praia não é nada divertido quando a areia entra no seu equipamento."

Mas Dudley teve uma ideia. A eruca poderia ser a espécie perfeita para estudar se uma planta age de forma diferente quando tem parentes por perto.

As erucas-marítimas espalham suas sementes de duas formas: algumas são sopradas para longe pelo vento ou carregadas pela água, e outras grudam nas plantas-mãe e são levadas para dentro do solo quando a mãe se decompõe, o que é inevitável. "Quando a mãe morre, brotam mudas aos montes." Era fácil achar irmãs crescendo juntas.

Dudley tinha razão. Cercadas por plantas sem parentesco, as erucas davam raízes prolíficas, sendo agressivas em sua expansão pelo solo arenoso na tentativa de monopolizar os nutrientes dos arredores. Mas, quando cresciam ao lado de parentes, tinham a cortesia de conter suas raízes, deixando espaço para as irmãs ganharem a vida a seu lado.

Dudley atribui a descoberta à sua opção por deixar de lado, por um tempo, a questão habitual, sobre o benefício que algo traz à planta. Ela decidiu apenas observar sua conduta. "A minha inovação foi perguntar como as plantas se comportam", disse ela. Analisar o comportamento é diferente de analisar os benefícios para a planta. Às vezes, aliás, pode ser complicado saber o que seria benéfico para uma planta. Os seres humanos nem sempre têm conhecimento suficiente para fazer essas deduções. Mas podem observar e tomar notas sobre o que de fato está acontecendo diante de seus olhos.

Essa foi a primeira vez que uma planta demonstrou reconhecer uma parente, e ainda por cima lhe dar tratamento preferencial. Por um instante, Dudley ficou atônita: "Nós sempre ficamos surpresos quando achamos o resultado previsto. A natureza é muito complicada". A surpresa logo se transformou em apreensão. "Foi gratificante, mas também assustador. É um resultado controverso." Na ciência, resultados controversos são sujeitos a um intenso escrutínio. E outros acadêmicos têm medo de aderir aos resultados antes que estejam consagrados. Sem aliados, é difícil fazer muita coisa. Dudley publicou seus resultados em 2007, mas sabia que levaria um tempo para que alguém acreditasse nela.

Mais ou menos nessa época, outro de seus alunos estava trabalhando com populações de não-me-toques, uma flor de jardim comum, nativa de Rhode Island. Essas plantas também pareciam reconhecer suas parentes e tratá-las melhor do que desconhecidas. O tratamento preferencial transparecia em seu comportamento acima da terra. Quando as não-me-toques cresciam com estranhas, eram muito agressivas no desenvolvimento de suas frondes, abrindo-se com extravagância para ocupar o maior espaço possível junto ao sol. Quando plantadas ao lado de parentes, faziam a gentileza de evitar que a organização de suas folhas fizesse sombra às irmãs.[13]

Reconhecer um parente é muito lógico em termos evolutivos. Acima de tudo, evita a endogamia. Mas, além disso, é parte da seleção natural: a "sobrevivência do mais apto" de Darwin inclui a sobrevivência dos genes mais aptos, e não só dos indivíduos mais aptos. Se os indivíduos sobrevivessem às custas de parentes próximos, seu sucesso genético ficaria comprometido. Essa é uma regra com nome na ciência comportamental animal desde a década de 1960: a regra de Hamilton declara que se dá tratamento preferencial aos membros da família contanto que o custo para o próprio bem-estar não suplante o benefício à linha genética compartilhada.[14] O risco vale a pena, do ponto de vista darwiniano, se o número de parentes próximos que se pode salvar for maior do que os riscos à própria vida. Isso também significa que a disposição para ajudar familiares existe em uma escala móvel de acordo com o grau de parentesco. Ou, como se supõe que o biológico britânico J. B. S. Haldane tenha declarado: "Eu sacrificaria minha vida por dois irmãos ou oito primos".[15]

A regra de Hamilton depende também da capacidade do organismo de cooperar e se comportar com altruísmo em relação a um parente. Para fazê-lo, o organismo tem que saber quem são seus parentes. Nós já sabemos que as orcas vivem em bandos familiares complexos, em que volta e meia compartilham refeições e se comunicam usando o dialeto de família.[16] Também sabemos que as fêmeas dos babuínos passam a vida inteira a poucos metros da mãe, das tias e das irmãs, que umas cuidam da aparência das outras e que cochilam lado a lado.[17] Até o camarão-esponja colabora com os membros da família para defender seu ninho-esponja.[18] Mas estender isso às plantas, como fez o estudo de Dudley, fez a maré mudar. Seus colegas escreveram artigos acusando-a de adotar uma metodologia ruim. Como quase sempre acontece, na ciência as ideias radicalmente novas são recebidas com doses extras de desconfiança. O conservadorismo é ao mesmo tempo uma medida de segurança contra ideias fajutas e uma pedra no sapato dos grandes avanços. Pode ser doloroso para o cientista que é submetido a ele. "É esquisito, às vezes até mesmo perturbador", publicar estudos controversos, diz Dudley, mas ela entende: a primeira vez que ouviu falar que as raízes distinguem o eu do não eu, teve uma reação parecida. Mas acabou mudando de ideia. Agora, sabia que a metodologia de seu estudo estava correta. E não podia negar o que tinha visto. Imaginou que teria apenas de esperar que as críticas parassem.

Em uma década, indícios que corroboravam o trabalho de Dudley começaram a surgir. Em 2017, um pesquisador da Argentina descobriu que plantadores de girassol conseguiam aumentar a produção de óleo em 47% se cultivassem as flores em fileiras, com parentes bem juntinhas.[19] Eles cultivavam as flores em densidades inéditas, mas, em vez de se atacarem abaixo do solo, conforme se acreditava que os girassóis que cresciam muito próximos faziam, eles fizeram o contrário: acima da terra, alternavam os ângulos de seus caules para não fazer sombra às vizinhas-parentes. Tampouco havia sinal de que umas estivessem roubando os nutrientes das outras. Conseguindo crescer em ângulos esquisitos, em vez de serem forçadas a crescer para cima, todas as flores recebiam mais luz, e a produção de óleo disparava.

Desde o primeiro artigo de Dudley, pessoas como Rick Karban se depararam com o reconhecimento de parentes em seus objetos de estudo — ele viu que esse reconhecimento tinha uma função patente na defesa das artemísias da Califórnia contra ataques de insetos, pois os indivíduos alertavam primeiro as plantas com as quais tinham parentesco mais próximo.[20] A arabidopsis também reorganiza suas folhas para não fazer sombra às irmãs.[21] Pesquisadores de Buenos Aires monitoraram o movimento de uma única folha e descobriram que ela muda de posição em dois dias se perceber a folha de uma irmã abaixo dela.

É nítido que as plantas reconhecem parentes. Mas de que maneira fazem isso — por quais vias sensoriais — é uma linha de pesquisa contínua, em certa medida porque os meios parecem ser diversos. Em alguns casos, as irmãs são detectadas pelas substâncias químicas secretadas pelas raízes, abaixo do chão. No caso da arabidopsis, a planta percebe que a irmã está debaixo dela pelas propriedades da luz que é refletida. Em outras palavras, o sol atravessa sua própria folha, alcança a folha da irmã, abaixo dela, e volta, refletindo-se na face inferior da folha de cima. De alguma forma, a informação contida nessa refletância engloba tudo o que é necessário para que os fotorreceptores da planta decifrem o parentesco genético da outra planta.

Parecia que qualquer espécie que os botânicos pusessem à prova demonstrariam algum tipo de reconhecimento de parentes e assim mudariam de comportamento. "De exemplo em exemplo, estamos construindo um acervo de literatura", afirma Dudley. Ela não espera que os pesquisadores encontrem o reconhecimento de parentes em todas as plantas. Mas esse dado aparece em muitas das que foram testadas até agora.

A ilação do reconhecimento de parentes é que as plantas têm vida social. Sabem quem lhes faz companhia e decidem como se comportar de acordo com isso. Mas seu conjunto de dinâmicas sociais vai muito além do reconhecimento de parentes: há pouco tempo, foi revelado que as plantas carnívoras, por exemplo, se desenvolveram a ponto de caçar em grupos.[22] A colaboração para pegar insetos lhes permite atrair presas maiores.

Em 2017, o grupo de pesquisa de Chui-Hua Kong, da Universidade de Agricultura da China, provou a hipótese de "dois irmãos ou oito primos" ao mostrar que o tratamento preferencial aos parentes acontece em uma escala dependente do parentesco entre as plantas. A equipe cultivou mais de uma dúzia de fileiras diferentes de arroz, todas no solo retirado de um arrozal à margem sul do rio Yangtzé.[23] As fileiras eram de variações de dois cultivares de parentesco próximo, ou variedades selecionadas de uma única espécie: metade era de arroz asiático endogâmico e metade era de arroz asiático híbrido. Todas as fileiras eram progênies de cinco cruzamentos de seis pais. Em outras palavras, todas as fileiras de arroz asiático endogâmico tinham um ascendente em comum, ou seja, eram todos meios-irmãos, e o mesmo valia para o arroz híbrido. Isso significa que todos eram aparentados, mas tinham graus diversos de proximidade. A equipe os plantou em vários cultivos diferentes, ou em combinações de várias linhagens, para ver o que fariam. Se a cultura é o jeito idiossincrático com que seres de um grupo lidam uns com os outros, sem dúvida o que se via ali eram culturas vegetais.

Embora cada cultura tivesse um comportamento um pouquinho diferente das outras, estava claro que os cultivares de parentesco mais próximo se recusavam a competir debaixo da terra. Os pesquisadores não perceberam nenhuma diferença visível no tamanho das raízes. Nas experiências com culturas de linhagens mais próximas, no entanto, eles viam o antagonismo começar a se imiscuir nas relações abaixo do solo: o tamanho das raízes "sempre aumentava" segundo a distância no grau de parentesco entre os vizinhos. Era nítido que o reconhecimento de parentes estava em ação. Quando a equipe bloqueou o fluxo de sinais químicos entre as raízes com plástico-filme, o reconhecimento parou por completo. Era uma confirmação da natureza química da troca: as raízes das plantas exalam substâncias químicas que penetram o solo, emitindo alertas de sua identidade para as outras plantas, ainda que à distância.

Então a equipe inseriu um terceiro tipo de cultivo de arroz: o arroz japônica endogâmico. Em comparação com as linhagens que já faziam parte do estudo, o japônica era um parente distante. A diferença ficou clara num piscar de olhos. A presença de um cultivar de parentesco distante pareceu inflamar o senso de propriedade privada do arroz. A formação de raízes laterais entre as várias plantações de arroz asiático disparou: era nítido que expandiam as raízes em direção ao vizinho novo.

O arroz japônica, também considerando o vizinho um estranho, teve a mesma atitude. O resultado foi muito mais raízes e um número um pouco menor de frutos. Isto é, o arroz plantado com parentes distantes estava tão ocupado sendo agressivo em seu enraizamento abaixo da terra que havia gastado menos energia desenvolvendo partes do corpo acima do solo. Assim como a produção do girassol subiu quando parentes foram plantadas lado a lado, culturas de arroz de parentesco próximo tiveram mais energia para se concentrar na geração de arroz. No final das contas, a equipe descobriu que a produção de arroz subia quando ele era plantado em cultivos mistos de cultivares de parentesco bem próximo. Uma combinação diversificada de meios-irmãos se sai melhor do que uma monocultura de plantas idênticas; não se sabe direito o motivo. Mas a produção sem dúvida caía num cultivo misturado de arrozes de parentesco distante.

Nos animais, o acasalamento é outra dança complexa de escolhas sociais, muitas vezes associadas a obrigações familiares. Nas plantas, talvez também seja assim. Rubén Torices, pesquisador da Universidad Rey Juan Carlos, na Espanha, é especialista em estratégias sexuais das plantas. Ele vê esse tipo de interação como partes explicitamente intrínsecas ao âmbito dos comportamentos sociais. "A vida das plantas dentro da vizinhança é uma questão social", diz. "Devíamos usar a teoria social." Essa opinião cria problemas para ele — problemas sociais — com os colegas da botânica. "É um tabu", ele diz, aplicar a teoria social às plantas.

Mas ele a aplica mesmo assim. Em 2018, junto com sua equipe, ele descobriu que as flores investem mais em propaganda direcionada aos polinizadores quando crescem em meio a parentes.[24] Trata-se de uma interseção perfeita de estratégia sexual e laços familiares. Os polinizadores tendem a se sentir atraídos por grandes arranjos de flores: a isso, dá-se o nome de "efeito magnético". Um grupo de flores grandes e bem coloridas é como um outdoor gigantesco para um inseto à espreita de néctar. Mas a planta precisa de um bocado de energia para fabricar os pigmentos e construir o material da pétala, uma energia que talvez não possa usar para outras coisas, como produzir sementes num momento posterior de seu ciclo de vida. Existe uma troca reprodutiva: flores maiores, mais coloridas, podem até atrair mais polinizadores, mas também limitam o número de rebentos que vão acabar nascendo desses óvulos polinizados. Torices e sua equipe descobriram que, quando envasavam a erva espanhola *Moricandia moricandioides* junto com suas parentes genéticas, as plantas se uniam, investindo em vitrines grandiosas, chamativas, de seus brotos magenta. Mas quando ele plantava a moricandia em vasos junto com moricandias sem parentesco, elas produziam menos flores. Depois de tentar diferentes sistemas de parentesco com 770 mudas, eles descobriram que os vasos mais apinhados de parentes sempre criavam os arranjos de flores mais vistosos. A constatação foi importante primeiro por mostrar que os arranjos de flores estão ligados ao contexto social. Mas em segundo lugar porque apontam para a possibilidade de que a moricandia ceda de bom grado parte de suas possíveis chances reprodutivas a fim de chamar a atenção de polinizadores para o grupo, contanto que ele seja formado por sua família. Se não, a planta se resguarda e opta pelo egoísmo, isto é, por ter mais força para fabricar sementes. Torices diz que são necessárias mais pesquisas para se ter a certeza de que essas trocas são mesmo relevantes a ponto de se fazer tal alegação, mas, se forem, ele diz, elas podem ser indícios de altruísmo familiar.

Susan Dudley, que Torices diz ser "nossa líder" nesse setor, também se interessa pelo altruísmo, um fenômeno conhecido em animais. Não é porque uma espécie dá tratamento preferencial aos parentes que todos os seus indivíduos agirão assim: alguns podem tender mais ao altruísmo do que outros. Em 2017, Dudley sugeriu que os agricultores vinham cuidando dos negócios com um enorme ponto cego.[25] Era bem provável que estivessem escolhendo *não selecionar* plantas altruístas, em detrimento próprio. Um campo sem plantas altruístas é um campo em guerra. Como qualquer população em época de guerra, as plantas economizam energia, e é claro que não se dão a luxos como produzir frutas.

As plantações geralmente crescem em cultivares, ou variações de uma mesma espécie, criadas com alguma característica específica em mente. Dentro de um cultivar, as plantas tendem a ser similares em termos genéticos, mas não idênticas. Mas talvez a propensão individual ao altruísmo seja mais distinguível entre elas. Para desenvolver cultivares na agricultura de alimentos, os fazendeiros escolhem as plantas que parecem mais "vigorosas" em um campo. Mas na verdade esses são os indivíduos mais competitivos. As plantas com tendências mais altruístas são mais reservadas, ou seja, menos propensas a invadir o lugar ao sol da vizinha. Então parece que a história da agricultura na verdade ajudou a diminuir o altruísmo, colocando ela mesma em perigo, segundo escreve Dudley.

No entanto, ao selecionar plantas altruístas no começo do processo de cultivo, um agricultor poderia induzir as plantas a alocarem menos recursos à competição por espaço e destinarem mais energia para a reprodução — ou seja, para a produção do fruto que torna a plantação valiosa. Por outro lado, plantas agressivas são úteis quando sua agressividade é dirigida às plantas de fora do cultivar — plantas que não são parentes, inclusive ervas daninhas. Escolher plantas aptas a ajudar as vizinhas a enfrentarem intrusos pode acabar resultando em uma plantação muito resiliente. Assim, prestar atenção nas características sociais de cada planta — podemos dizer suas personalidades? — pode trazer benefícios verdadeiros para nosso cultivo de alimentos.

Uma semente que voa pelo chão se instala em um canto margoso. É úmido, é quente, as condições são boas; é natural que não seja a primeira a se acomodar ali. A semente já tem uma percepção sutil das pistas químicas que lhe dizem onde ela está e quem está ali perto. Isso é necessário: para a planta, consciência espacial é tudo. Ela prova os químicos dissolvidos na umidade do solo, observando o sabor das novas vizinhas. Algumas delas, a semente conclui, são suas irmãs, sementes que caíram da mesma planta-mãe. Outras são de uma espécie completamente diferente. Essa planta ainda é um mero embrião, mas já precisa tomar uma decisão importante.

A semente aposta na própria vida quando decide emergir. Às vezes passa meses ou anos esperando as condições certas. Essas condições não são apenas coisas como umidade e calor: as vizinhas também são variáveis que podem impactar a possível transformação da semente em planta adulta. É claro que a semente sabe disso.

Em 2017, Akira Yamawo, um ecologista vegetal do Japão, testou essa possibilidade na bananeira asiática, uma espécie de herbácea que cresce pouco, atingindo apenas alguns centímetros de estatura, com uma saia de folhas finas que nem papel em forma de orelhas de lebre (a espécie não tem parentesco com as bananeiras frutíferas, da família da banana).[26] Primeiro ele plantou as sementes dela com suas irmãs e não notou nenhuma diferença quanto ao momento em que decidiam brotar. Ele tornou a plantá-las, dessa vez ao lado de sementes de outra espécie — o trevo branco —, e continuou sem ver nenhuma mudança relevante. Mas quando ele plantou as sementes tanto com as sementes irmãs como com as sementes de trevo, percebeu uma mudança digna de nota. As sementes aparentadas sincronizavam sua germinação e a aceleravam, brotando mais cedo do que brotariam caso tivessem sido plantadas sozinhas. Se uma das sementes da bananeira já estava mais adiantada em sua germinação, a outra semente de bananeira acelerava seu crescimento para acompanhá-la. Em outras palavras, perto de uma espécie com que não tinham relação nenhuma, sementes irmãs apressam seu crescimento e coordenam sua germinação para brotar juntas. Isso lhes dá uma clara vantagem competitiva: brote primeiro, em grupo, e o trevo jamais conseguirá abafá-las.

Isso levou minha cabeça para novos caminhos. A sincronia sugeria que as sementes irmãs percebiam a etapa de desenvolvimento das vizinhas e alteravam a velocidade do próprio crescimento para se adequar. Yamawo deu a isso o nome de "comunicação embrionária". Isso também quer dizer que todas as partes que formam o corpo da planta plenamente desenvolvido — suas raízes, brotos e caules — são desnecessárias para a tarefa de medir o tempo das vizinhas à distância. Os mecanismos estão todos dentro do embrião. A semente tem tudo o que é necessário para fazer uma percepção complexa de suas parentes.

Com o experimento de Yamawo, entramos na zona ecológica conhecida como rizosfera, o mundo do solo e dos numerosos organismos que vivem abaixo de sua superfície, dentro das raízes das plantas e entre elas. Ainda há várias coisas que não sabemos sobre o solo e sua comunidade pulsante de vida. Talvez existam 1 bilhão de micróbios em uma colher de chá de terra. Os fungos tecem suas redes de fios finíssimos como o cabelo em praticamente todos os centímetros de chão. E as raízes das plantas, que desviam e mergulham em busca de alimento, interagem com tudo isso e entre si.

É hora de pensarmos a sério nas raízes, para não esquecermos que metade da vida da planta se dá na rizosfera. As raízes podem ser consideradas uma massa de milhares de bocas, todas autônomas na procura por nutrição, mas também muito coordenadas umas com as outras. As plantas desenvolvem sistemas de raízes muito complexos, todos espalhando raízes de vários tamanhos, da raiz mestra, que é grossa, às pequeníssimas raízes finas, para ocupar áreas do solo que muitas vezes são maiores do que a quantidade de espaço utilizado pelas partes da planta que ficam acima do chão. Por exemplo, um cientista que contou as raízes de um único centeio que brota no inverno descobriu que ele tinha 13 815 672 raízes individuais espalhadas por uma superfície de cerca de 130 vezes a calculada para seus brotos.[27] O que vemos da planta acima do chão geralmente não é nem metade da história.

A vida dessas raízes é cheia de relações com micróbios e fungos, cujos contornos e consequências só agora começamos a entender. Os fios fúngicos ficam presos às raízes de quase todas as plantas que crescem no mato, e talvez sejam cruciais para a forma como elas se comunicam abaixo do chão. Os aminoácidos glutamato e glicina, importantes neurotransmissores do nosso cérebro e espinha dorsal, que há pouco tempo entendemos serem relevantes para a sinalização das plantas, são trocados entre plantas e fungos nas junções onde eles se encontram.[28]

Em *A trama da vida*, o micólogo Merlin Sheldrake, filho de Rupert, detalha como essas associações também podem determinar aspectos importantes da identidade da planta.[29] Em um experimento, pesquisadores pegaram uma espécie de fungo que normalmente vivia dentro das raízes da grama costeira que ama sal e o transplantaram para a grama de terra seca que não tolerava o mar. A tolerância ao sal é considerada um atributo característico da espécie. Mas de repente a grama de terra seca se saiu bem na salmoura.[30] Já está demonstrado que a doçura dos tomates,[31] a qualidade aromática do manjericão[32] e as propriedades do óleo essencial de hortelã mudam de acordo com a espécie de fungo que cresce ao lado da planta. A concentração de compostos medicinais na equinácea,[33] a essência aromática do patchuli[34] e o poder antioxidante das cabeças de alcachofra[35] aumentam com a presença de certos fungos. A lista é longa. Fica difícil saber onde termina a planta e onde começa o fungo. Na verdade, não é nenhum exagero questionar se a planta é ela mesma sem os fungos.

Alguns fatos dão a entender que as plantas – que surgiram na evolução como bolhas esverdeadas e amorfas de algas – desenvolveram seus primeiros talos justamente para abrigar os fungos benéficos. "O que nós chamamos de 'plantas' na verdade são fungos que se desenvolveram para cultivar algas, e algas que se desenvolveram para cultivar fungos", argumenta Sheldrake. Quando as primeiras raízes de plantas apareceram, as plantas já se associavam aos fungos havia 50 milhões de anos. Segundo os cálculos de alguns acadêmicos, as raízes são literalmente o produto da influência dos fungos, feitas para costurar uma relação entre plantas e fungos.[36]

Além do mais, esses entrelaçamentos podem ser vantajosos para ambos. Os fungos, que existem no subsolo escuro, não fazem a fotossíntese. Portanto, obtêm sua dose vital de carbono das plantas com que se associam, que passam o dia produzindo gorduras e açúcares ricos em carbono a partir da luz do sol e do ar. Em troca, os fungos dão às plantas minerais do solo como fósforo, cobre e zinco, que extraem das pedras e de materiais em decomposição e que são necessários às plantas, que nem sempre conseguem obtê-los sozinhas.

Essas relações são simbióticas, o que não quer dizer que todos os envolvidos se beneficiem na mesma medida. Diversos tipos de fungos se entrelaçam com diversos tipos de plantas num sistema, e cada um tem seu próprio jeito de fazer as coisas. Em alguns casos, descobriu-se que fungos deram uma "carga" maior de carbono para a planta em troca da transferência de uma quantidade menor de fósforo quando o mineral está escasso, e que fizeram o contrário quando o fósforo estava abundante.* Os cientistas continuam sem saber como os fungos fazem essas interações, que dirá como coordenam suas negociações com vastos tapetes de micélio.**

* Na verdade, em um vasto tapete de micélios conectados a muitas plantas, Toby Kiers, professora da Universidade Livre de Amsterdam, e seus colegas descobriram que os fungos usam a estratégia de "comprar barato e vender caro", deslocando o fósforo de lugares onde existe em abundância para lugares onde é escasso e custará mais caro. Ver Matthew D. Whiteside et al., "Mycorrhizal Fungi Respond to Resource Inequality by Moving Phosphorus from Rich to Poor Patches across Networks", *Current Biology*, v. 29, n. 12, pp. R570-2, jun. 2019.

** Existe um grande debate sobre essas "forças de mercado" que talvez influenciem as trocas entre plantas e fungos. A reciprocidade nem sempre existe. A complexidade das associações no mundo real dificultam a generalização: algumas espécies de plantas parecem não entrar em relações de olho por olho, e não dão nenhum carbono aos fungos a que se associam. Ver F. Walder e M. van der Heijden, "Regulation of Resource Exchange in the Arbuscular Mycorrhizal Symbiosis", *Nature Plants*, v. 1, n. 11, p. 15159, nov. 2015.

No entanto, as plantas têm suas táticas para tirar máximo proveito dessas associações com fungos: pesquisadores descobriram que plantas encaminham carbono preferencialmente a cepas de fungos dispostas a lhes suprir as maiores quantidades de fósforo.[37] Essa informação sugere que nem a planta nem o fungo têm a supremacia nos acordos que fazem: há muitas trocas e concessões, e assim a longa relação evolutiva entre os dois reinos segue adiante.

Temos muito a aprender com a relação entre os fungos e as plantas, mas quais são as dinâmicas sociais que ocorrem quando raízes de plantas diferentes se encontram na rizosfera? Quando uma ou algumas raízes descobrem um trecho do solo cheio de nutrientes, outras raízes se reencaminham para o local em questão de horas ou dias. As raízes que cresceram em um trecho depois depauperado podem ser podadas, e raízes novas podem brotar com o surgimento de novas necessidades. A capacidade de aglomeração das raízes — todas elas autônomas, mas coordenadas com o todo — instigou alguns cientistas a compará-las a colônias de animais, como formigueiros, colmeias e cardumes, todas elas redes independentes de indivíduos.[38] Cada formiga existe por conta própria, procura seus alimentos, mas ao mesmo tempo está sempre a serviço da comunidade. Se uma formiga acha um lugar com boa comida, outras formigas são orientadas a se juntar a ela. A colônia está sempre em movimento, e adapta seu comportamento à medida que surgem novas condições no ambiente. Essa "inteligência coletiva" envolve a coordenação de muitos indivíduos, todos dotados do próprio cérebro, mas tão interligados a ponto de funcionarem como uma espécie de organismo coletivo, uma única entidade feita de muitas consciências. As raízes, em muitos sentidos, também podem ser descritas assim. Cada ponta de raiz age tanto como aglutinadora quanto como sensora, integrando informações sobre a rizosfera ao sistema da raiz e fazendo a arquitetura da rede de raízes da planta se transformar e mudar de forma, como aconteceria a uma revoada de estorninhos ou a um cardume de vairões.[39]

JC Cahill, da Universidade de Alberta, é famoso por seu estudo sobre a ideia de que as raízes coletam ativamente seus alimentos.[40] "Coletar" — uma palavra que ele escolheu depois de muita reflexão — indica um comportamento intencional, proposital. Na verdade, "comportamento" também é o termo que ele prefere usar sempre que possível, observando que é "veterano o bastante" para ficar à vontade para usá-lo sem se preocupar em manter o emprego ou a reputação.[41] "Os estudiosos do comportamento animal têm uma teoria ótima", ele disse, e os botânicos deveriam começar a olhar para eles para conseguir responder a questões acerca de como as plantas vivem. Afinal, as plantas parecem ecoar muitos dos princípios comportamentais típicos dos animais. Em 2019, por exemplo, Cahill escreveu um artigo com Yamawo revelando que, quando é estressada pela danificação dos veios de suas folhas, uma planta toma decisões ruins quanto à coleta.[42] Em vez de lançar mais raízes em trechos do solo com alta quantidade de nutrientes, ela distribui igualmente suas raízes por trechos pobres e ricos em nutrientes. É uma atitude ineficiente e atípica. Passado um tempo, talvez depois de se recuperar um pouco, a planta recobra o bom senso e volta a tomar decisões vantajosas sobre a disposição de suas raízes.* "É uma imitação da psicologia humana", ele diz. Existe um bocado de indícios de que as pessoas tomam decisões piores quando estão enfrentando algum estresse — por exemplo, quando estão com fome ou cansadas.[43]

Vale a pena observar que Cahill é casado com uma estudiosa do comportamento animal. Colleen Cassady St. Clair é uma professora de biologia que estuda pumas, coiotes e ursos. Eles escreveram vários artigos juntos, e é fácil imaginar uma espécie de polinização cruzada de ideias à mesa de jantar. "Hoje em dia eu acho que precisamos parar de ver as plantas, as pessoas, os animais não humanos como se a evolução de cada um tivesse motivações diferentes. São as mesmas", declara Cahill. "Não é que eu veja as plantas e os humanos como seres análogos, é que eles são o resultado da mesma coisa. A seleção natural não quer saber de que grupo taxonômico você é."

Cahill estuda a interface entre o comportamento vegetal e a ecologia comunitária: quem está onde, quantos são e por quê. Portanto, o que ele analisa é como as plantas se comportam umas com as outras, formando culturas sociais e influenciando a construção da comunidade. A maneira como as raízes coletam alimentos tem tudo a ver com o ambiente social. As raízes no solo se aproximam, se afastam, se evitam, se tocam. Talvez o caso em que isso fique mais claro seja o dos girassóis. Já sabemos que os girassóis têm uma ótima consciência espacial acima do chão, reorganizando o ângulo que seus caules formam para não fazer sombra às irmãs. Mas eles são ainda mais rigorosos em seus movimentos abaixo do chão. Em 2019, Cahill e a pesquisadora Megan

* O estudo também demonstrou que o estresse põe em risco a planta como um todo, e que os sinais da ferida percorrem o corpo da planta inteiro. O que acontece com a planta acima do solo causa um impacto em sua capacidade de atuar da forma mais conveniente abaixo do solo.

Ljubotina descobriram que os girassóis observam seu ambiente social para resolver onde lançar raízes.[44] Os girassóis têm uma raiz mestra central e várias raízes laterais ramificadas. Quando Cahill e Ljubotina cultivaram girassóis sozinhos, descobriram que as plantas não demoravam a localizar um pedaço de solo rico em nutrientes e fincar a maioria de suas raízes neste lugar. Mas, quando acrescentavam mais girassóis, surgia uma etiqueta social claramente estruturada. Quando um trecho de terra cheio de nutrientes ficava exatamente no meio do caminho entre um girassol e seu vizinho, o girassol lançava raízes em outro lugar, muitas vezes enfiando-as mais abaixo do solo para evitar competição. Mas quando um girassol estava minimamente mais próximo do solo cheio de nutrientes, não hesitava em lançar muitas raízes nele.

O compartilhamento de terra ocorreu, mas sempre com bastante educação, sobretudo se os girassóis tinham outros pedaços de terra onde fazer sua coleta. Nas situações em que dois girassóis dividiam uma só área de nutrientes, mas tinham outras áreas promissoras a seu alcance, ambos enfiavam suas raízes na área compartilhada, mas cada raiz ocupava sua própria zona. Nenhum tentava conquistar o monopólio. Em vez das raízes longas que os pesquisadores observaram quando um só girassol monopolizava seu trecho particular de nutrientes, os compartilhadores lançavam raízes curtas. Os girassóis não exibiam o que poderíamos chamar de comportamento ganancioso, mesmo quando poderiam do ponto de vista técnico. Nos girassóis, o desejo de coexistência parecia ser mais forte do que a competição.

Portanto, os girassóis parecem ter um alto grau de sensibilidade ao ambiente social. Nas situações em que os recursos são abundantes, fazem de tudo para evitar competir com os companheiros girassóis. Quando os recursos são escassos, a história é outra. Os girassóis são conhecidos pela alelopatia, ou seja, por secretar substâncias químicas no solo quando os recursos estão baixos para impedir a germinação de mudas de outras plantas. Assim, eles geralmente são bons em proteger jardins de ervas invasoras. Mas como é possível o girassol perceber diferenças tênues de distância entre ele e outros girassóis no solo e triangular essa consciência com a área de nutrientes é um mistério para Cahill. "Fico desnorteado com os dados espaciais", ele admite. "Não sei como é que eles fazem isso."

Nos pastos do Canadá, que Cahill estuda há décadas, ele sabe que existem espécies que preferem crescer juntas. Formam "vizinhanças" multiespécies, que ele me diz ser o termo técnico. Não parece se tratar de uma questão de tolerância: elas se procuram ativamente. Estão, diz Cahill, coexistindo. A coexistência é um conceito potente: não tem espaço no esquema darwiniano em que a competição implacável orienta todas as mudanças na vida. "Os ecologistas decidiram que os vizinhos devem ser antagonistas", diz Cahill. Mas não é isso o que ele percebe pelos dados.

Nos últimos vinte anos, Cahill e um elenco sempre renovado de estudantes têm manipulado uma série de dezessete variáveis nos mesmos duzentos hectares de prado na zona rural de Alberta, no Canadá. Eles penduram lonas para imitar diferentes tipos de sombras, acrescentam e tiram fertilizantes, regam demais e de menos, retiram certas espécies e agregam outras.

Todas essas mudanças de variáveis parecem causar uma mudança na estrutura das vizinhanças. Uma espécie que antes era minoria se torna a dominante, a espécie dominante de repente se torna rara. Nenhuma espécie vence por muito tempo, e nunca por tempo suficiente para se apoderar ou eliminar as vizinhas. Isso levou Cahill a uma conclusão bem diferente da ideia comum de que certas espécies simplesmente competem até que uma delas ganhe o trecho de terra. "Qualquer variação natural em um sistema deveria preservar a biodiversidade e evitar a dominância", diz Cahill. "Os sistemas naturais são muito complexos." Mas desde a aurora da ecologia comunitária teórica como área de estudos, na década de 1960, os ecologistas usam modelos simplificados para prever o que vai acontecer nos ecossistemas com base em dois ou três tipos de estilo de vida que a planta pode ter. Na estimativa de Cahill, essa é uma simplificação tão radical do sistema a ponto de ser inútil no mundo real. Ela não representa os montes de variáveis que estão em jogo. "Não vemos indícios de que são três os estilos de vida. São zilhões."

A coisa mais chocante que esse experimento de longo prazo lhe ensinou é que a competição não é tão importante assim. Sem dúvida é um acionador de mudanças, mas é só um em meio a inúmeros acionadores. As culturas vegetais são multifatoriais, assim como as culturas humanas. Recursos como alimento, água e luz têm uma função, mas não só como um provocador de egoísmo. Tudo o que Cahill muda nessa área, por sua vez, faz a comunidade do prado se transformar. Ele já viu que, se tira uma espécie, as que permanecem não necessariamente aumentam a quantidade de solo em que se esticam ou o sol que tentam monopolizar se expandindo. Se as plantas realmente estivessem numa competição constante, seria de esperar que as plantas restantes se jogassem no espaço recém-desocupado e se empanturrassem quando o concorrente saísse de cena. Mas não é o que acontece.

A estrutura das vizinhanças se rearruma, às vezes de um jeito que ninguém jamais imaginaria, e nunca seguindo os modelos ecológicos do que deveria acontecer. "A gente não precisa da competição para explicar isso", ele diz. "Isso não quer dizer que a competição não existe, mas dá para a gente explicar todos os nossos padrões sem jamais falar em competição." Por que dar tamanha importância à competição na ecologia das comunidades? "Não é porque as pessoas falavam nisso cinquenta anos atrás que é verdade", ele rebate.

Esse é um jeito muito diferente de se olhar para a história evolutiva. Não é a sobrevivência dos mais aptos no sentido tradicional. Ou melhor, *é* a sobrevivência do mais apto, mas "apto" aqui não tem o significado que pensávamos — não é quem consegue destruir os vizinhos. É mais como sobreviver por um tempo, até que algo mude. Essa, portanto, é uma oportunidade de mudar nossa perspectiva: enquanto as transformações causam um drama complexo de declínio e abundância no nível das espécies individuais de plantas, no final, a única coisa que sobrevive é o bioma, toda a comunidade de vida, mas em estados variados de composição. Isso me leva a pensar na "variação casual" que conduz a evolução darwiniana. Darwin fez uma clara provisão para a aleatoriedade em sua perspectiva de como uma espécie evolui: ela atravessa várias mutações aleatórias até alguma coisa se mostrar vantajosa para seus indivíduos. Então a mutação improvisada persiste, virando parte da espécie. É um processo contínuo: mutações aleatórias são testadas e abandonadas — ou mantidas — na linhagem da espécie o tempo inteiro. O foco não é a competição, embora às vezes ela seja o fator que determina se vale ou não a pena preservar um novo traço. Porém, a mudança é constante, aleatória e irrepreensível, e no final das contas é a força dominante condutora da evolução da espécie.

As mudanças, para uma espécie ou um campo de estudos, nunca se encerra. A complexidade — o casamento da idiossincrasia extrema das espécies com as flutuações constantes de um zilhão de variáveis no ambiente — talvez seja o ponto principal. Poucas coisas são totalmente previsíveis. Até o reconhecimento de parentes é um conceito escorregadio: sim, em geral as plantas realmente parecem estar ajudando seus familiares. Mas de vez em quando elas não ajudam. O próprio Cahill já orientou experimentos de alunos em que o efeito do parentesco estava ausente, ou uma planta antagonizava mais as parentes do que plantas desconhecidas. No instante em que surge uma regra, ela se mostra difícil de ser apontada como fato consumado. Os sistemas naturais são muito complexos, e nossas teorias não. É esse o problema. Talvez a complexidade em si seja a resposta.

Confesso a Cahill que me sinto assoberbada ao tentar entender isso. A mudança em si é o motor das mudanças no ecossistema? É uma ideia confusa, recursiva, que dá a volta em si mesma. É difícil imaginá-la em termos concretos. "Mentalmente, é uma luta entender", ele diz. "Mas, ao mesmo tempo, eu acho que nós nos fazemos mal na ecologia, não só vegetal, mas na ecologia comunitária de forma mais ampla, nos fiando demais em modelos muito simplificados que eram ótimos no começo, nas décadas de 1950 e 1960, quando eles foram apresentados para nos ajudar a construir um arcabouço para pensar uma nova disciplina. Mas as pessoas ainda os utilizam hoje em dia e os consideram representativos do que está acontecendo na realidade." As plantas nem sempre estão em guerra, e nem sempre reagem a dificuldades da mesma maneira.

Cada vez mais, os colegas da botânica demonstram a complexidade verdadeira das plantas. A mecânica surpreendentemente adaptativa de seus corpos, a capacidade de reagir com precisão ao ambiente e tomar decisões espontâneas indica que a velha forma de vermos as plantas, como organismos simples e previsíveis, deve ser jogada no lixo. Por conseguinte, a visão das plantas como membros simples e previsíveis de um ecossistema também deve ser descartada. "Eu acho que a complexidade é relevante", diz Cahill. "Esse não é o dogma atual na ecologia comunitária, mas acho que vai ser daqui a mais ou menos uma década. É difícil de entender, e simplificar as ideias é bom. Mas a natureza não é tão simples assim, entende?"

10. Herança

Na floresta atlântica da Bahia, no Brasil, no solo arenoso, musguento, ao lado da casa isolada do mundo de um botânico amador, cresce uma planta de dois centímetros com caules avermelhados que terminam em florzinhas em forma de dardos. São brancas com bordas rosa-choque, como uma caneta-tinteiro mergulhada em tinta. A planta toda só emerge na época de chuvas, brotando depois das semanas de umidade persistente que começam em março e murchando completamente quando elas terminam, em novembro. Em um mês, as florzinhas de dardo se abrem, são polinizadas e desaparecem depois de cumprir sua função. No lugar delas, aparecem cápsulas de fruta que contêm as sementes da geração seguinte. As coisas seguem o rumo normal. Mas então algo atípico acontece: os caules de onde surgem as frutas começam a se dobrar em direção à terra, flexionando os joelhos, se esticando como pescoços esguios em reverência. As frutas e a terra se encontram. Os caules continuam a se curvar. Fazem força para baixo até a cápsula se enterrar no musgo macio. A planta, *Spigelia genuflexa*, plantou suas próprias sementes.[1]

Um faz-tudo e colecionador de plantas chamado José Carlos Mendes Santos, mais conhecido pelo apelido de Louro, descobriu a nova espécie de planta em 2009, agachado atrás de uma moita para "uma atividade humana comum".[2] Ele estava perto da casa isolada do mundo que mencionei antes, de Alex Popovkin, um botânico amador para o qual Louro volta e meia trabalhava. O par descobriu mais alguns indivíduos nos arredores e observou seu ciclo de vida ao longo de duas temporadas. Depois que pesquisadores dos Estados Unidos confirmaram se tratar de uma espécie nova, a dupla escreveu sobre a descoberta em um periódico cujos artigos são revisados por pares. As plantas, eles diziam, ressurgia no mesmo lugar todo ano, em março, exatamente onde tinham sido plantadas pelos pais. Enquanto pássaros abrigam os filhotes em ninhos e mamíferos escavam tocas, as plantas *Spigelia genuflexa* semeiam os bebês em uma cama de musgo, o melhor lugar, o mais seguro, para se esconder da temporada de secas que dura meses.

Faz tempo que os botânicos sabem que os pais das plantas se esforçam muito para dar à prole um bom começo de vida. Nesse caso, a planta brasileira garante o sucesso da filha decidindo exatamente onde ela deve germinar. E, em uma paisagem hostil e inconstante, o melhor lugar é aquele que já se provou fértil: a mãe já conseguiu crescer nele. Até os botânicos que mais se melindram na hora de usar termos coloquiais para o comportamento das plantas (inclusive a palavra "comportamento") chamariam o que a planta brasileira faz de uma demonstração de "cuidado materno". Acho que esse é um exemplo engraçado de licença poética. A não ser que você viva em uma ilhota ou dentro de um bosque de ginkgos, a maioria das plantas que vê são bissexuais, ou seja, têm genitais masculinos e femininos, e conseguem produzir o equivalente vegetal tanto dos óvulos como do esperma. Aliás, a planta brasileira é capaz de "autorreprodução", isto é: como muitas plantas, ela às vezes mistura seu pólen e seus óvulos para produzir rebentos. "Cuidado parental" talvez seja um nome mais adequado, a menos que você esteja disposto a adotar uma perspectiva mais nuançada sobre a fluidez da sexualidade vegetal: quando a planta está lidando com o óvulo fertilizado por ela mesma, pode-se dizer que está se ocupando da parte materna dessa etapa de vida. Gosto de imaginar plantas bissexuais como os seres andrógenos do romance *A mão esquerda da escuridão*, de Ursula K. Le Guin, aptos a se revezar na hora de dar à luz e gestar os filhos, sendo mãe em alguns momentos e pai em outros. Eles morrem de pena do visitante humano que só consegue fazer uma coisa.

O cuidado materno nas plantas — para usar o termo vigente — é predominante, mas a maneira como a spigélia se curva para plantar a própria fruta é raríssima, embora também seja característica da amendoeira. As plantas têm muitas outras formas de zelar pela prole. Se os pequenos mamíferos se amontoam em volta dos filhotes e os pais lagartos e cobras se banham ao sol e depois se enrolam em volta dos ovos, as plantas também têm o cuidado de ajustar a temperatura de seus embriões em desenvolvimento. A língua-de-ovelha, uma erva comestível muito comum em praças, gramados e nas rachaduras das calçadas, germina suas sementes em uma espiga alta e exposta. Quando a temperatura do ar está elevada, a língua-de-ovelha abranda a cor da espiga, e a escurece quando o ar está frio, para refletir ou absorver os raios de sol conforme o necessário para que as sementes em desenvolvimento fiquem sempre na temperatura ideal.[3] Muitas plantas alteram a grossura da casca das frutas e da camada protetora das sementes – ambas são tecidos maternos – para ajustar o ritmo de emergência da muda. Se a planta se vê em um ambiente mais seco, é possível que crie sementes com uma superfície maior, para que mais água possa atravessar sua superfície porosa e o embrião fique bem hidratado.[4] Nas montanhas alpinas do Colorado, sabe-se que algumas plantas depositam sementes na base dos próprios caules, assim como a flor brasileira que vive no musgo.[5] Assim, a planta bebê pode começar a vida à sombra do responsável, em um ambiente exposto e ensolarado, onde a plantinha poderia mirrar e se tornar um floquinho botânico em questão de dias. Quando a planta genitora morre, a umidade de seu corpo decomposto também serve para nutrir a filha.

Mas os pais plantas também garantem o sucesso das filhas de uma outra forma. Eles passam adiante a sabedoria de suas experiências. Novas pesquisas estão ressuscitando uma ideia antiga: o ambiente em que a planta vive é inextrincável da planta em si. O ambiente dita que tipo de planta o rebento vai ser: o tipo que sobrevive e prospera em um meio desafiador ou não. Isso muda seu plano corporal e talvez até oriente seu desenvolvimento. E essas mudanças podem ser transmitidas aos rebentos, cujos corpos se desenvolvem de outro jeito desde o início e serão mais capazes de lidar com as condições complicadas que os pais vivenciaram.

Em outras palavras, as plantas genitoras podem passar adiante habilidades úteis para que sobrevivam em um mundo hostil. Em alguns casos, são partes novas do corpo e camadas de proteção. Por exemplo, se almíscares de macaco estão expostos a predadores, produzem bebês com um conjunto de espinhos defensivos nas folhas.[6] Rabanetes silvestres que sobrevivem ao flagelo das lagartas destrutivas fazem bebês rabanetes com folhas bastante eriçadas, além de enchê-las de substâncias químicas defensivas para que consigam repelir as ameaças.[7] Se essas plantas-filhas acabarem passando pelas mesmas dificuldades que os pais, estarão muito mais preparadas para enfrentá-las.

Essas transformações podem ser drásticas, do tipo que a ciência suporia ser do escopo da genética inata, que por sua vez é resultado da evolução. Mas tudo acontece rápido demais. Nenhuma planta evolui em uma geração. Os genes, ao que parece, não contam a história inteira. Talvez não contem nem metade. Em um capítulo anterior, falamos sobre a memória das plantas, sobre como as plantas se lembram de experiências passadas para tomar decisões mais esclarecidas e mudar de trajetória. Mas e a memória geracional, do tipo que é herdada? Agora que os pesquisadores estão começando a procurá-las, esses efeitos transgeracionais ameaçam transformar por completo a área da genética vegetal, ou "evo-devo", o estudo do desenvolvimento evolutivo. Por sua vez, o "eco-devo", ou desenvolvimento ecológico, surge como uma nova disciplina para estudar a influência maciça do ambiente. Os genes são o indicador atual do código da vida. É claro que eles são importantes para muitos aspectos da vida vegetal. Mas cada vez mais parece que são menos equivalentes a um código que o organismo interpreta do que um repertório flexível, um romance ao estilo escolha-sua-aventura, com diversos finais, todos influenciados por 1 milhão de mudanças sutis na narrativa.

Se os genes não contam a história toda do que a planta vai se tornar, uma nova teoria da vida precisa preencher as lacunas. As plantas têm uma gama extensa de possibilidades de se transformar no que o ambiente exige delas. Todos os aspectos do ambiente vivenciados pela planta — e do ambiente vivenciado por seus pais — pode exercer um papel maior na estruturação da planta do que se imaginava. Ou, em outras palavras, as plantas moldam o próprio futuro. Adaptam o corpo para se adequar melhor ao ambiente em transformação. O ambiente as altera e elas reagem se alterando, se talhando em novos tipos de plantas.* De acordo com Sonia Sultan, ecologista evolutiva vegetal

* Isso também é visto em animais: quando se desenvolve na presença de uma salamandra predatória, o girino do sapo-marrom cria um corpo estufado, grande demais para a boca da salamandra. O maçarico-de-papo-vermelho, um pássaro costeiro, desenvolve um músculo peitoral maior poucos dias depois do predador aparecer, fator que agiliza sua fuga. Esses são exemplos tirados de "Nature AND Nurture: An Interactive View of Genes and Environment", palestra apresentada por Sonia Sultan em 2013 no Wissenschaftskolleg em Berlim. Disponível em: <vimeo.com/67641223>.

da Universidade Wesleyan, em Connecticut, isso significa que as plantas têm agência. E, ao passar as adaptações a seus filhos, as plantas estão conduzindo a trajetória da espécie. Talvez elas tenham mais domínio sobre si mesmas do que qualquer um seria capaz de imaginar.

Quando me encontro com Sultan em sua sala na Wesleyan, em meados do verão, começamos falando de sua infância. Sultan foi criada por dois nova--iorquinos em Massachusetts. O pai era professor de língua inglesa, e a mãe psicóloga. A primeira palavra que disse foi "flor", ou pelo menos é o que os pais contam. Foi a primeira coisa que ela achou que precisava de um nome. Sultan passou a primeira infância na estufa da universidade, onde perambulava entre fileiras de plantas e brincava nos cantos climatizados. Ali, começou a tomar gosto pela companhia das plantas. Passou a considerá-las silenciosamente capazes, seres que faziam o que era necessário, e bem, sem alarde, sempre dos confins de seus vasinhos. Elas lhe davam a sensação de que tudo estava sendo bem conduzido. Para ela, nada mudou. "Gosto de estar perto delas", diz. "Elas têm uma competência serena."

A mãe de Sultan, psicóloga, não entendia por que a filha tinha escolhido estudar plantas e não pessoas. "Ela tomou como um insulto pessoal", diz Sultan. No entanto, em sua abordagem do estudo das plantas, pode ser que Sultan mude a forma como a ciência pensa a trajetória de todas as vidas, inclusive a dos seres humanos.* Suas conclusões podem ser aplicadas tanto a um jacinto quanto ao *Homo sapiens*. Nosso ambiente, ela vive escrevendo, nos inúmeros artigos científicos que publicou ao longo da carreira, é inextrincável de quem nos tornamos e de quem nossos filhos se tornam. E esse fato talvez prove que as plantas — e todos os outros seres vivos — têm agência sobre o próprio desenvolvimento. Eles levam em conta suas condições e a partir delas criam sua própria estrutura e funcionamento. Em um nível profundo, biológico, é claro. Ninguém está querendo dizer que as plantas se forçam a desenvolver uma nova série de espinhos nas folhas.

A situação deixa Sultan com medo de mal-entendidos. A princípio, ela não quis conversar comigo. Preferia não fazer parte deste livro se isso fosse colocá-la no grupo das pessoas que defendem a "inteligência das plantas". O jornalismo a respeito dessas ideias botânicas não tem um bom histórico no que

* As plantas se prestam mais a esse tipo de pesquisa porque sua clonagem é mais fácil.

diz respeito a captar nuances ou pensar além dos tropos humanos, e, para ela, essa era uma questão de vida ou morte acadêmica. Fazia vinte anos que não se dava ao trabalho de tentar uma subvenção da National Science Foundation, assim como vários dos pesquisadores de plantas com quem eu já tinha conversado, mas ela ainda precisava disputar espaço nos periódicos com revisão por pares. O conflito de sua área, ela me disse, estava "esquentando". Ela se sentia meio que sitiada. Eu lhe disse que estava interessada em nuances: entendia que ela não estava dizendo que as plantas têm cérebro ou que pensam como nós. Agência, aqui, significa outra coisa, mais básica a todas as vidas. Para mim, a ideia era igualmente fascinante.

Sultan tem cabelo preto curtinho e olhos azuis da cor da calcita. Ela interrompe a fala para procurar a melhor palavra. Tem uma seriedade tranquila, mas também um humor malicioso: diz achar que o maior problema da humanidade é sermos mais parecidos com os chimpanzés do que com os bonobos.* A porta de sua sala no departamento de biologia é coberta de piadas descaradas de laboratório e materiais de colecionador, alguns claramente concebidos por seus alunos. Há um retrato de uma muda com cara de desolada, com um balãozinho de fala onde se lê: "mergulhando na escuridão" — boa parte do trabalho que ela faz em estufa é para ver como as plantas que crescem à sombra produzem rebentos já preparados para se desenvolver melhor no escuro: milhares de plantas já foram submetidas a condições sombrias sob seu comando. Há um trecho impresso do romance *Belas maldições*, de Neil Gaiman e Terry Pratchett, sobre um homem que conclui que precisa censurar verbalmente as plantas que tem em casa para que cresçam mais. A legenda diz: "Novo Protocolo da Estufa de Sultan". Reparo em uma caneca de cerâmica feita para imitar os copos de café helenísticos que as pessoas compram em lanchonetes e carrocinhas em Nova York, do tipo que diz: "É um prazer servi-lo". Sultan me conta que as pessoas lhe dizem que ela parece ser de Nova York. Às vezes é impossível não assimilar as características da terra natal dos pais, eu penso.

No ensino médio, Sultan cursou uma disciplina sobre silvicultura que a conscientizou sobre as plantas como espécies individuais, com seus nomes e peculiaridades. Ela adiantou o término do ensino médio para fazer um estágio no Arnold Arboretum, na Universidade Harvard. Percebeu que gostava de estar

* As sociedades dos bonobos são matriarcais.

com as pessoas das plantas: eram o raro tipo de gente que sabia tudo sobre o aconchego da competência vegetal que ela havia absorvido quando era novinha. Durante a graduação, na Universidade de Princeton, estudou história e filosofia da ciência, o que solidificou dentro dela a noção de que a ciência não é objetiva e de que paradigmas científicos vão e vêm, cada um deles com seus pontos cegos e vieses. "A ciência não é o acúmulo objetivo de fatos", ela explica. "As linhas de pensamento que os cientistas usam são coisas que os cientistas inventam."

Quando um paradigma antigo cai por terra, dando lugar a um novo, todo mundo age como se soubesse desde o começo que o novo é que era válido. Essas mudanças causam grandes reverberações em praticamente todas as disciplinas, Sultan me diz, e são quase imediatas. Afinal de contas, a descoberta de Copérnico, de que a Terra e os planetas giram em torno do Sol, serviu de inspiração para a descoberta de William Harvey sobre o sistema circulatório: "Ele viu o coração como o sol no centro do corpo". O que teria acontecido sem isso? Nós herdamos o conhecimento das gerações anteriores. A ciência construída sobre premissas falsas pode levar a inúmeras suposições incorretas: as descobertas científicas se acumulam. Se existe uma rachadura no alicerce, a fissura se espalha por tudo o que é construído em cima dele. A estrutura cede.

Entra em cena a revolução genética. Sultan a considera tanto um alicerce como a rachadura agourenta que existe nele. Não que a descoberta do sequenciamento do genoma tenha sido ruim — foi um salto incrível para a ciência e trouxe várias revelações sensacionais que expandiram o conhecimento humano sobre o funcionamento da vida. Mas ela está mais preocupada com o forte domínio que ele exerce sobre a abordagem da ciência a questões que continuam sem resposta, e elas são muitas. E sobre o financiamento científico praticamente inteiro.

A observação de que a planta se desenvolve de formas bem diferentes a depender do ambiente é inescapável para todos os estudiosos das plantas. "Isso atormentou os cientistas do século XX", diz Sultan. Se eles prestassem atenção demais nisso, sem dúvida arruinariam os resultados de inúmeros experimentos. Qualquer variação, então, era considerada uma peculiaridade do indivíduo, uma discrepância nos dados. E o que não faltava era discrepância. Mas a ideia de que as plantas pudessem ser regidas por algo além dos genes mancharia o lustro de realização forjado pelas descobertas científicas de meados do século. Os cientistas haviam encontrado a base da vida. No pensamento do tipo oito-ou-oitenta a que a ciência ocidental tende a se devotar, o novo paradigma genético foi completamente assimilado, não deixando espaço para esse tipo de ambiguidade. Por isso, de modo geral, ele foi ignorado.

Os genes eram as peças do quebra-cabeça criador de todos os seres vivos, e, se pudéssemos entender a função de cada peça, saberíamos tudo a respeito dos organismos. Eles se tornariam totalmente previsíveis. Essa crença ia muito além das plantas, é claro. A genética humana adquiriu uma onipotência quase divina. O gene da inteligência, o gene da homossexualidade, os genes das doenças e de condições psicológicas, todos estavam à espera de serem achados. A corrida pela descoberta do gene da esquizofrenia, por exemplo, consumiu milhões de dólares e muitas carreiras profissionais nas primeiras décadas da genômica. A doença parecia ser hereditária, mas nem sempre, e não funcionava como a genética mendeliana tradicional sugeria. O gene da esquizofrenia nunca foi encontrado, mas sua caçada se arrasta até hoje.*

"O sequenciamento do DNA [...] explicita as instruções exatas necessárias para se criar um organismo específico, com seus traços característicos", diz um parágrafo do website do governo dos Estados Unidos sobre o genoma humano.[8] Para Sultan, esse é um bom resumo do problema. Os genes não são instruções exatas. Estão mais para deixas em uma peça teatral improvisada. Muitas outras coisas podem acontecer no meio do caminho.

Esta é a ironia: a genética mendeliana nunca foi universal. Na verdade, é um "subconjunto de butique" de como os genes são combinados e transmitidos de uma geração a outra. "O A grande e o a pequeno, o gene do alto e o gene do baixinho.[9] Não é assim que a grande maioria dos genes funciona", explicou Sultan certa vez. Na verdade, a herança genética explica apenas 36% da hereditariedade da altura de alguém, uma das características que parece depender mais dos traços físicos dos pais.[10] Os cientistas chamam esse fenômeno desconcertante de "hereditariedade perdida". Ninguém sabe ainda o que preenche as lacunas. "Quando é que pessoas como eu vão parar de ensinar o mendelismo como modelo de genética?", Sultan questionou.

* É claro que estou falando de "conjunto de marcadores genéticos", e não apenas de um gene. Os pesquisadores já descobriram os marcadores genéticos que aumentam o risco de uma pessoa ter esquizofrenia, mas ainda não existe nenhuma resposta genética que sirva de chave para explicar quem vai ou não desenvolver a doença. Para saber mais sobre o mistério da esquizofrenia, recomendo o magistral *Hidden Valley Road*, de Robert Kolker (Nova York: Doubleday, 2020).

Tudo isso meio que me lembra Descartes e sua opinião de que os animais eram máquinas passíveis de desmembramento e remembramento se conhecêssemos todas as suas partes. A ideia dos genes também sugere partezinhas de uma máquina: proteínas e receptores codificados de modo a obter resultados específicos. É uma visão mecanicista da vida.

Foi nesse ambiente científico que Sultan se formou. Era empolgante: novas descobertas pareciam estar dentro do genoma, ao alcance de qualquer um que fizesse uma boa pergunta. A genética era a chave da vida que ficara perdida por muito tempo e que agora todos os diplomados em sua profissão deveriam começar a usar no máximo possível de fechaduras. Quando começou a pós-graduação, em Harvard, na década de 1980, como uma bióloga populacional recém-formada, Sultan tentou demonstrar que plantas em ambientes ensolarados tinham genes de planta de sol e plantas de sombra tinham genes de sombra. Em outras palavras, tinham predisposição genética para estar onde estavam. Tudo o que ela havia aprendido servira de preparação para que visse o mundo desse jeito. Mas todo dia, de manhã, no caminho até o laboratório de biologia, ela olhava para as plantas em seus canteiros bem cuidados espalhados pelo campus. Elas pareciam contradizer seu trabalho em laboratório. No mundo real, a mesma espécie de planta ficava muito diferente crescendo em um lugar ensolarado ou à sombra, na rachadura da calçada ou em um pedaço de terra sem obstáculo nenhum. O formato e o tamanho de suas folhas, sua miudeza ou estatura, enfim, seu aspecto geral, deveriam ser determinados pela genética. Mas como era possível que tamanha variação dentro da mesma espécie fosse parte do código genético da planta? Os genes não conseguiam controlar onde a semente pousava, e a evolução não era tão veloz assim. O ambiente parecia estar alterando o formato das plantas.

Isso a levou a cogitar que, se essa ideia fosse verdadeira, o desenvolvimento poderia ser bem mais complicado — e mais interessante — do que imaginávamos. O que haviam lhe ensinado como princípios consagrados na verdade eram questões abertas. Nos últimos 35 anos, foi isso que ela estudou. Em um experimento, Sultan descobriu que o tamanho do corpo da planta pode duplicar ou triplicar se ela cresce à meia-luz — com mais superfície para captar fótons caídos.[11] Já as plantas que crescem com água em excesso transformam o corpo para evitar o afogamento, criando raízes fininhas na superfície do solo a fim de acessar o oxigênio mesmo com a terra encharcada. Pensei no peixinho-dourado, como aquele que as crianças ganham nas feirinhas, capazes de remodelar completamente as guelras para aumentar a superfície respiratória depois de uns dias dentro de um corpo de água pouco oxigenado.[12] Guelras maiores significam uma chance maior de obter oxigênio. Sultan havia descoberto o peixinho-dourado do mundo das plantas.

Quando uma planta é privada de água, porém, ela desenvolve menos tecidos. É bastante lógico: se uma pessoa não tem comida suficiente, também ganha menos massa muscular. Se a privação for muito dura, o crescimento é atrofiado. Mas as plantas privadas de água, na esperança de melhorar sua sorte, usam a pouca massa corporal que conseguem reunir para maximizar a superfície de suas raízes. Elas colocam o pouco tecido que têm em suas partes subterrâneas, fazendo-as crescer bastante à procura de água, mas se assegurando de que as raízes sejam fininhas, para que se espalhem bem apesar da dieta restrita.

As raízes, como já sabemos, são órgãos coletores. Em alguns de seus primeiros experimentos, Sultan deslocou a água para lugares diferentes do solo e observou as raízes das plantas irem atrás dela feito cães farejadores. Mas seu trabalho mais recente examina se plantas estressadas pela seca têm filhas diferentes das plantas que cresceram com toda a água necessária. Ela percebeu que, quando a planta cresce em solo seco e se reproduz, as bebês vão logo desenvolvendo um corpo bem adaptado à seca quando também se veem em terra árida. Elas não hesitam: a segunda geração se transforma em mudas com raízes profundas, longas.[13] Assim como a terceira geração.

Em uma sala de aula vazia ao lado de seu escritório, Sultan desenhou um gráfico para mim no quadro. É de um estudo de 2000 sobre fumo, genes, brócolis e câncer de pulmão.[14] As pessoas com o "gene do câncer de pulmão" são muito mais propensas a ter câncer de pulmão, sobretudo quando fumam. Devido a mutações genéticas, elas carecem de uma enzima que a maioria das pessoas tem, que normalmente tira dos pulmões as substâncias químicas de fatores de risco, como a fumaça de cigarro. Portanto, havia uma linha ascendente íngreme demonstrando essa tendência; quanto mais essas pessoas com o "gene do câncer de pulmão" fumavam, mais provável era que desenvolvessem câncer de pulmão. Mas então ela desenhou outro traço e o legendou "brócolis". Pessoas com o gene do câncer de pulmão que comiam uma quantidade significativa de vegetais crucíferos, entre eles o brócolis, pareciam diminuir o risco de ter câncer de pulmão na mesma proporção da quantidade de brócolis que comiam. Se ingerido em quantidades bastante altas, o brócolis quase anulava o impacto da mutação genética. (Em outro estudo, foi constatado que ajudava até as pessoas sem a anomalia genética a limpar as substâncias carcinogênicas do fumo.)[15] É provável que isso aconteça porque vegetais crucíferos como o brócolis produzem compostos que, quando destrinchados pelo corpo, se transformam nas enzimas que desintoxicam as substâncias químicas causadoras do câncer. Em outras palavras, esses vegetais fariam o que as pessoas com "gene do câncer de pulmão" não têm a capacidade genética de fazer. Aqui, os genes não são tudo. O ambiente vivenciado pela pessoa — nesse caso, sua alimentação — também tem seu papel na história. Talvez até um papel mais relevante do que os genes.

"E aí você se pergunta por que os pesquisadores da medicina não estão todos correndo atrás disso", afirma Sultan, em vez de empreendendo uma caçada interminável pelas causas genéticas. Alguns estão, é claro. Mas não tantos quanto ela acha que deveriam.

Ao lado do gráfico do brócolis, no quadro, ela desenhou um gráfico com o tamanho das folhas das plantas, mostrando que, quanto menos sol a planta toma, maiores são suas folhas, que se esforçam para captar mais luz. É a mesma coisa, ela disse. O ambiente gera uma mudança drástica na criatura, seja ela humana ou planta. "Biologia é biologia."

Isso significa que tudo que a planta vivencia altera seu desenvolvimento. Não existe ambiente neutro. Até a forma supostamente "padrão" de uma planta deve ter sofrido o impacto do ambiente. É claro que isso atrapalha muitos trabalhos laboratoriais.* Sultan diz adorar a centelha de compreensão que sempre surge no rosto dos alunos em algum momento da disciplina que fazem com ela. *Espera aí*, eles dizem. *Isso significa que não existe ambiente controlado*.**

* Quando começaram a estudar o desenvolvimento, os biólogos achavam que estudar os organismos no contexto de seus ambientes era por óbvio o único jeito de estudar como se desenvolviam. Foi só em meados do século XX que os cientistas passaram a retirar os organismos de seu ambiente natural para analisá-los no contexto artificial, "neutro", dos laboratórios.

** Por isso mesmo, Sultan tenta deixar sua estufa o mais perto possível do ar livre. Ela só faz experimentos no verão, com o sol de verdade do verão, e usa uma mistura de terras com uma textura mais "naturalista", "porque quero ver as raízes crescendo como elas cresceriam". A estufa é a zona intermediária entre um laboratório completamente artificial e o mundo real. "Devo ser a única pessoa no mundo que tem uma estufa e utiliza vasos de barro", ela diz. "Não é por romantismo, é porque o barro respira. Então é mais naturalista do que o plástico."

O ambiente parece atravessar os organismos, transformando-os na camada mais profunda. Em um livro publicado em 2015, Sultan escreveu que fica até difícil considerá-los entidades diferentes: "Examinando com mais afinco, no entanto, o ambiente penetra o organismo e o organismo penetra o ambiente de tal forma que a fronteira entre os dois torna-se vaga".[16] A influência é uma via dupla, ela escreveu — o organismo muda o ambiente e é alterado por ele. A membrana figurativa que separa os organismos do resto do mundo não só vaza: ela deixa a chuva entrar.

Pense na lesma-do-mar verde.[17] A primeira vez que li sobre esse animal, falava dele sem parar sempre que alguém me perguntava o que andava acontecendo na minha vida. A lesma-do-mar verde, essa coisinha esquisita que parecia desafiar todos os limites entre planta e animal, era o que andava acontecendo na minha vida. Eu só conseguia pensar nela.

A lesma-do-mar, que vive em lugares aquosos na costa atlântica dos Estados Unidos, no começo da vida é amarronzada com pintinhas vermelhas. Tem uma única meta nesses primórdios: achar os fiozinhos da alga verde *Vaucheria litorea*. Ao achá-los, ela fura a parede da alga e bebe suas células como se usasse um canudo, deixando para trás um tubo de alga oco. As células da alga são verdes, já que tomadas por cloroplastos repletos de clorofila responsáveis pela fotossíntese. Sob o microscópio, tem-se a bizarra impressão de que a lesma-do-mar está tomando chá borbulhante e de que as bolhas verdes vão entrando em sua boca uma a uma. A lesma-do-mar digere as células, mas mantém os cloroplastos intactos, espalhando-os por suas ramificadas entranhas. A essa altura, a lesma já não é mais marrom, mas verde. Depois de alguns chás de alga, ela nunca mais precisa se alimentar. Ela passa a fazer fotossíntese. Obtém toda a energia de que precisa do sol, após também ter adquirido a capacidade genética de gerenciar os cloroplastos, comendo luz, exatamente como a planta. Ainda não se sabe como isso é possível. Por incrível que pareça, a lesma-do-mar agora verde tem o formato exato de uma folha, a não ser pela cabeça de lesma. O corpo é achatado, largo e em forma de coração, e seu rabo é pontudo como a extremidade de uma folha. Uma trama de veios como a das folhas se desenha em sua superfície. A lesma-do-mar orienta seu corpo assim como a folha, deslocando sua superfície lisa para maximizar o sol que cai sobre ela.[18]

A lesma-do-mar borra os limites entre animal e planta. Mas também é um exemplo sensacional da facilidade com que os limites entre organismo e ambiente podem ser burlados. A essência da lesma é adquirida por meio da interação com o ambiente. A alga faz parte do ambiente, e a lesma é literalmente transformada ao sugá-la. Seria impossível existir criatura mais vazada. Esse é um exemplo extremo, é claro, mas uma versão disso acontece conosco e com nosso corpo o tempo inteiro. Estamos sempre absorvendo nosso ambiente, e ele está sempre nos transformando. Não seríamos nós mesmos sem ele.

Nesse ponto nos tornamos mais parecidos com as plantas. Nosso desenvolvimento está muito atrelado ao ambiente. O que comemos, o ar que respiramos e as várias substâncias a que somos expostos têm o poder de mudar o rumo de nossas vidas e corpos. Acreditamos que nosso desenvolvimento foi roteirizado pelos genes que herdamos. Mas nosso eu inato também inclui a mensagem do ambiente de nossos pais, e em muitos casos até de ambientes mais distantes na nossa árvore genealógica, afirma Sultan.

A biologia toda, começo a entender, na verdade é ecologia. As dinâmicas do ecossistema estudadas pelos ecologistas são facilmente aplicáveis a cada uma das plantas. Recursos como alimento e água oscilam dentro do ecossistema, o que leva diferentes indivíduos a assentarem residência em diferentes aglomerações em momentos diferentes. As características da comunidade mudam com base no ambiente em mutação. Mas, ao observar uma única planta, percebemos que isso também é verdade. O ambiente também influencia o indivíduo. As várias características que um indivíduo pode ter estão em fluxo constante, em reação às mudanças do ambiente, assim como os vários participantes de um ecossistema sofrem variações sempre que alguma coisa no ambiente onde vivem muda.

O filósofo italiano Emanuele Coccia escreveu que as plantas existem num estado de "imersão" total.[19] Imersão é um ato de "compenetração", ele declara, uma palavra que significa mistura generalizada, mútua. A palavra parecia perfeita para tudo o que eu tinha aprendido até então, e eu volta e meia pensava nela enquanto ia descobrindo mais informações sobre o mundo do desenvolvimento vegetal. Nas plantas, "*agir* e *ser alvo de ações* são coisas formalmente indistinguíveis", escreveu Coccia. "Se o ambiente não começa além da pele do ser vivo é porque o mundo já está dentro dele." Existir, para as plantas, é construir o mundo com reciprocidade. O mundo está dentro delas. Não há outro jeito.

As plantas são exemplos peculiares desse tipo de imersão, em certa medida porque não podem se levantar e se deslocar para se adaptar às mudanças do ambiente. Não podem fugir. Então sua porosidade é extrema, exagerada. Nós podemos fugir de ameaças. Podemos movimentar o corpo em busca de condições mais convenientes. Mas nossa imersão no ambiente também é total, embora mais sutil. O que as plantas mostram bem é que nenhum de nós pode realmente escapar do impacto do ambiente em que vive e do ambiente em que viveram os pais. Eles já estão dentro de nós. De repente eu enxergava um mundo de elementos oscilantes, interpenetrantes, nosso corpo aberto a todos eles. A mera vida no mundo já nos expõe a muitas coisas; tudo, cumulativamente, nos torna quem somos. A ideia de que tudo é interligado me veio como um carrilhão. Tudo está literalmente interligado. Somos a prova.

Achei exemplos claros disso na minha vida como repórter de meio ambiente. Alguns anos atrás, fui a Detroit para entrevistar moradores de um bairro rodeado por refinarias de petróleo, usinas termelétricas a carvão e centros de incineração de lixo.[20] A incidência de asma e outras doenças respiratórias era espantosa. Fazia sentido: estava claro que não era seguro respirar aquele ar. Ouvi logo que os bebês da região normalmente nasciam com asma e os médicos às vezes davam nebulizadores para os pais dos recém-nascidos levarem para casa. Descobri que as partículas de poluição no ar inalado por uma grávida podem chegar à corrente sanguínea, entrando nas células do sangue que vão para o feto em desenvolvimento, retardando e danificando seu desenvolvimento pulmonar. Os bebês já nascem pré-poluídos. Mas então fiquei sabendo de algo ainda mais surpreendente ao falar por telefone com Kari Nadeau, médica e pesquisadora da Universidade Stanford que estudou como a exposição à poluição do ar reverbera por várias gerações. Ela me disse que essas mesmas moléculas de poluição que atravessam a placenta podem transformar pessoas que não estão grávidas, entrando no sangue que abastece ovários e testículos e alterando a expressão genética. Se esses órgãos forem alterados, também haverá alterações nos óvulos e espermatozoides que produzirem. A bem da verdade, Nadeau conseguiu inferir que os genes de seus pacientes — moradores de Fresno, no Central Valley da Califórnia, a cidade mais poluída do estado devido à combinação letal de exaustão de diesel e pesticidas agrícolas — estavam tão fundamentalmente alterados que os tornavam mais propensos a desenvolver asma e alergias. E essas mudanças genéticas podiam ser passadas aos filhos, e aos filhos dos filhos, mesmo se as gerações seguintes se mudassem dali e não mais se expusessem à poluição.

Esse é um exemplo bastante soturno da epigenética humana — as formas como o ambiente alteram o funcionamento de nossos genes, e a forma como essas alterações podem ser transmitidas a nossos filhos, aos filhos deles e assim por diante. Mas provavelmente existem muitos outros exemplos que ajudam a preencher as lacunas de nossa compreensão sobre os fundamentos da vida. Talvez um dia fechemos a "lacuna da herança" sobre o porquê de nossos filhos terem uma altura similar à dos pais, por exemplo. Enquanto isso, dezenas de doenças que parecem se propagar fortemente dentro de algumas famílias também caem no problema da hereditariedade perdida, como o diabetes tipo 2 (apenas 6% são explicados pela herança genética), infartes precoces (menos de 3%), lúpus (15%) e doença de Crohn (20%).[21] Talvez isso tudo tenha a ver com o ambiente, e o ambiente dos pais, e assim por diante.

Pensei também na teoria de Ernesto Gianoli sobre as infecções microbianas para explicar como a trepadeira boquila, do Chile, conseguiu mimetizar um número tão grande de espécies. Uma mudança em seu mundo microbiano, segundo ele, pode ter causado a alteração do formato da planta, característica que consideramos fundamental à espécie, sua essência. Talvez nossa "essência" seja mais flexível do que imaginávamos. Talvez seja contígua ao ambiente, e não algo à parte dele. A teoria de Gianoli, seja verdadeira ou não, apenas pegou carona em uma revelação muito mais consagrada, mas ainda recente: todos os seres vivos, sejam plantas, peixes ou humanos, são completamente infiltrados por legiões de micróbios. Via de regra, esses micróbios são habitados por micróbios ainda menores. Todos eles também são alvos de mudanças ambientais. Eles não formam uma espécie de colônia, e o corpo que habitam não é um ecossistema? Faz sentido, então, quando extrapolamos a ideia para imaginar uma planta inteira, ou uma pessoa, não perdermos de vista sua arquitetura fundamental, que na verdade é a de uma colônia de criaturas reagindo às mudanças de seu universo. Tudo, em todos os níveis de vida, do micróbio à floresta tropical, portanto, é um ecossistema. Somos mais um sistema do que uma unidade. A biologia inteira é ecologia.

As plantas nos lembram que somos contíguos ao nosso ambiente, impactados pelas oscilações que ele sofre, e que esses impactos reverberam na nossa linhagem. O ambiente molda nossa vida e a vida de nossos descendentes. Habitamos o ambiente deles na forma física. Poderíamos dizer que herdamos a terra.

* * *

É claro que existem limites para o grau de plasticidade de um ser vivo. Nem todas as mudanças são superáveis. Consideremos os incêndios florestais, por exemplo. Nenhuma planta que já não esteja evolutivamente adaptada ao fogo vai se pôr em ação e de repente se tornar resistente ao fogo. E é provável que a plasticidade varie drasticamente entre as espécies; às vezes ela depende de onde as espécies evoluíram. Algumas, como várias plantas "ingênuas" nativas do Havaí, têm pouca capacidade de se adaptar a mudanças, pois evoluíram em um lugar sem predadores naturais e são facilmente vencidas por invasores. Elas não são tão plásticas assim.

Mas outras plantas têm uma plasticidade fantástica, sem limites. Ambientes novos lhes servem de incentivo para que tomem novos formatos. Entram em cena as espécies invasoras, as estrelas invictas da agência vegetal.

Elas são muito plásticas e muito aptas a transmitir essa plasticidade aos filhos. "Admiro a habilidade delas, do ponto de vista biológico", diz Sultan. Existe uma suposição na biologia que diz que a seleção natural, via de regra, cria espécies altamente especializadas. Elas são excelentes no que fazem — digamos, crescer em um habitat específico — e péssimas em tudo o mais. Outras espécies podem ser generalistas, capazes de sobreviver em mais lugares, mesmo não sendo excelentes em nada — elas sobrevivem, mas não exatamente prosperam. "Quem é faz-tudo não é mestre em nada", diz Sultan. A vida é feita de escolhas, ou pelo menos é o que diz a sabedoria popular. Mas algumas espécies invasoras zombam dessa ideia. "Elas são boas em tudo", ela explicou. São faz-tudo, e fazem tudo muito bem. "Isso não devia ser possível."

Sultan estuda a *Polygonum cespitosum*, mais conhecida em inglês como *smartweed*, ou erva inteligente, se é que dá para acreditar nisso (eu não acreditei). Sultan me contou que na verdade o nome vem do fato de ela produzir um ácido que causa uma dor aguda caso entre em contato com o olho, já que *smart* também significa "dor aguda". Ainda assim, um nome fantástico.

A planta foi importada primeiro da Ásia, e se tornou horrivelmente invasiva no noroeste da América do Norte. Ela parece ser uma erva normal. Não é chamativa, não tem nada de incrível. Gosta do fato de ser uma erva totalmente comum. Além do mais, sua clonagem é fácil. É muito útil ter um monte de plantas geneticamente idênticas quando a ideia é ver o que acontece quando tudo muda, menos a genética.

No website do laboratório de Sultan, lê-se que a equipe estuda "monstros" vegetais.[22] Eles são monstros, eu começo a entender, da própria lavra. "É um termo de admiração", explica Sultan. A *Polygonum cespitosum* conseguiu evoluir muito rápido para se adaptar ao novo ambiente, tornando-se capaz de colonizar todos os tipos de habitats de sua nova terra na América do Norte. A erva desenvolveu ciclos de vida rápidos, durante os quais se reproduz com muito sucesso. As que fizerem isso de maneira mais eficiente sem dúvida serão o futuro da espécie, fomentando gerações que serão mais rápidas e mais bem--sucedidas em sua reprodução. O resultado? A planta está se desenvolvendo a largos passos rumo a uma capacidade de invasão cada vez maior.

Apenas uma em cada cem plantas inseridas em um novo ambiente se torna invasiva, e são as espécies quase sempre definidas como não nativas que se espalham rapidamente e têm potencial para causar estragos, sejam ecológicos ou econômicos. Plantas e animais são constantemente inseridos em novos lugares. A maioria desaparece. Não têm nesse lugar novo alguma coisa que lhes é imprescindível, como um polinizador específico ou certa gama de temperaturas. Elas não aguentam. Mas um subconjunto da espécie persevera. Talvez o leque de temperaturas desse novo lugar seja similar ao do lugar que evoluíram para habitar. Talvez elas não sejam muito exigentes quanto a que tipo de criatura deve polinizá-las. Elas aguentam firme.

Dessas espécies que sobrevivem no novo habitat, só uma pequena parte se sai melhor ainda do que as espécies nativas. Elas se tornam mais numerosas do que as moradoras anteriores e expandem seu raio de alcance. Em geral, existe um longo período, de cerca de cinquenta ou cem anos, entre o momento em que a planta chega e aquele em que ela vira uma estrela. De repente, as pessoas começam a vê-la por todos os lados. A *Polygonum cespitosum*, por exemplo, foi declarada invasiva no começo dos anos 2000. Ela provavelmente foi transplantada no começo dos anos 1900. Por que essa demora toda? Para Sultan, trata-se de um indício de que a planta não necessariamente chegou já com as habilidades necessárias. Não apareceu e foi logo dominando. O que aconteceu durante essas décadas? Talvez ela estivesse evoluindo depressa – graças a certos indivíduos de plasticidade extraordinária que se saíram muito bem ao transmitir aos filhos habilidades ambientais importantíssimas aprendidas às pressas, adaptando seu corpo. Esse é um jeito diferente de se olhar para a biologia da invasão. A espécie como um todo não é necessariamente muito invasiva. Mas certos indivíduos são tão flexíveis que conseguem ajustar o corpo para torná-lo conveniente ao novo lar, e também são bons em transmitir essa flexibilidade aos rebentos a ponto de a espécie como um todo se transformar na planta perfeita para aproveitar as novas condições. Leva-se tempo para aprender a lidar com um novo lugar, em termos biológicos.

É claro que nem todas as *Polygonum cespitosum* são estrelas nesse espetáculo. Por meio de meticulosos estudos em estufa, Sultan descobriu que, como era de esperar, cada erva reage a seu próprio modo às mudanças ambientais. Mas algumas são prodígios da adaptação, atletas de elite da plasticidade. Talvez prefiram ambientes úmidos, mas se saem igualmente bem na aridez, demonstrando facilidade para deixar de desenvolver folhas e passar a desenvolver raízes mais longas, mais finas, para buscar qualquer resquício de água. Talvez gostem do sol a pino, mas se contentam com a sombra, desenvolvendo folhas maiores. O mais incrível é que elas passam essas adaptações aos filhos. Os rebentos de uma dessas plantas adaptáveis que crescem em solo seco se adaptam ainda mais depressa do que o genitor quando se deparam com solos secos, e rapidamente tomam a decisão de desenvolver raízes longas e finas. Já sabem o que fazer. Ao mesmo tempo, ela constatou que as plantas cujos pais precisaram competir por luz com os vizinhos desenvolvem folhas maiores, preparadas para vencer as vizinhas na luta por espaço ao sol.[23] Além do mais, se a planta é cultivada à sombra e se reproduz, seus filhos vão logo desenvolvendo um corpo talhado para crescer bem à sombra, que cresce além dos pais para alcançar mais luz e produz folhas maiores para captá-la melhor. Essas plantas também florescem mais rápido, fato que indica mais saúde reprodutiva. Além disso, quando são obrigados a competir com vizinhos cujos pais cresceram ao sol, os filhos das plantas desenvolvidas à sombra mostram destreza para tirar as rivais do caminho. Essas mudas abrigam uma espécie de riqueza geracional: herdaram uma habilidade útil, e terão uma vantagem sobre os pares quando a mesma provação enfrentada pelos pais se abater sobre elas.[24]

Esses indivíduos são o futuro da espécie. Vão sobreviver melhor e se reproduzir mais. Os rebentos também vão sobreviver melhor, provavelmente ainda melhor do que eles, aparelhados com essa plasticidade herdada, como se fosse um superpoder que lhes permitisse florescer mesmo em momentos difíceis. Espécies invasoras já foram muito caluniadas, chamadas de agressivas, de competidoras cruéis. São conceitos estranhamente moralistas para se aplicar a uma planta, se pararmos para pensar. As palavras que usamos para espécies invasoras geralmente são poucos sutis em sua xenofobia, se equiparando ao linguajar nativista. Nós as chamamos de "estrangeiras" e dizemos que têm capacidades anormais, que são agressivas por natureza, como doenças da terra. Mas e se forem apenas mais criativas, mais plásticas, melhores ao lidar com mudanças e ao transmitir seu conhecimento aos filhos? Elas sem dúvida perturbam a paisagem e suplantam espécies que acabamos amando, no nosso breve período neste planeta até aqui. Mas somos os irmãos mais novos dessa nossa família. Não faz tanto tempo assim que estamos aqui. Mudanças acontecem, colônias de plantas oscilam. É claro que existe uma reviravolta. Nossa época é única porque *nós* estamos deslocando plantas mundo afora. Nós causamos — e ainda estamos causando! — o aparecimento das espécies invasoras em lugares novos, sua adaptação a novos ambientes e locais. Nós literalmente as transportamos. Levando isso em conta, é ainda mais esquisito botar a culpa na planta por seus sucessos.

Vejamos o knotweed japonês, por exemplo. Talvez não exista planta mais bem-sucedida nem mais odiada no planeta. Ela é parente próxima da erva que Sultan estuda. A erva daninha japonesa foi levada à América do Norte na década de 1860 por colecionadores de plantas que desejavam ter uma espécie exótica em seus viveiros particulares.[25] Já tinha sido importada para a Europa alguns anos antes. A planta se popularizou por causa das flores brancas e da extensão que cobria: ela crescia numa velocidade descomunal e era densa como uma sebe, perfeita para proteger a privacidade de quem vivia à beira da estrada. Parece que nos Estados Unidos ainda tem quem as plante no jardim. É óbvio que essas pessoas não têm noção do que vão enfrentar. Depois que se conhece a erva daninha japonesa, o fato de as plantas serem capazes de transformar o corpo à vontade adquire uma gravidade dolorosa. O poder dela é quase palpável. Qualquer ilusão de controle humano cai por terra. Eu a conheci no final de abril.

Fui à minha varandinha depois de um aguaceiro e me deparei com novos cachos polpudos de plantas verde-avermelhadas surgindo dos cantos do quintal, escoradas na cerca de madeira. Tínhamos acabado de sublocar o apartamento de um amigo e eu estava exultante com a possibilidade de ter um quintal na época de germinação, um luxo incomensurável em Nova York. Dentro de casa, no peitoril da janela, plantamos mudas de pimenta, rabanete e folhas de mostarda em caixas de papelão rasas, à espera de que o clima gélido esquentasse o bastante para transplantá-las para um canteiro erguido no quintal. Nós as regamos às gotinhas, apertando uma garrafa de água com a tampa furada. As mudas de vegetais exalavam fragilidade. Enquanto isso, no quintal, os brotos avermelhados exalavam o oposto. Eram robustos, autoritários, claramente não se deixavam intimidar pelo frio, pelos torós e principalmente pela lona preta colocada debaixo das aparas de madeira, justamente para reprimi-las. Isso não é problema, eu imaginava a erva daninha dizendo à lona.

Comecei a arrancá-las. Os caules ocos se quebravam na base com um estalo gostoso. Eu já tinha lido que os brotos eram comestíveis e nutritivos àquela época do ano, que o gosto era uma mistura de ruibarbo com azedinha, mas dei uma olhada na montanha de restos de obra no quintal vizinho — repleto de brotos da erva daninha ainda mais altos do que os meus — e concluí que havia muitas substâncias químicas desconhecidas ali para correr esse risco.

Dois dias depois, voltei ao quintal e me deparei com brotos novos, já com vários centímetros de altura, ao lado dos pontos de onde eu arrancara seus irmãos 48 horas antes. Eles não estavam ali na minha primeira incursão. Enquanto meus vegetais cresciam aos trancos e barrancos no peitoril da janela, mais lentos do que me parecia lógico com o tanto de paparicos que recebiam de mim, a erva japonesa se erguia na velocidade de uma piscina inflável.

Li que a erva japonesa cresce de forma rizomática, com caules subterrâneos chamados de rizomas que crescem continuamente. Depois de estabelecidos, eles constroem uma rede complexa de rizomas abaixo do solo, um sistema metroviário de brotos e rebentos, uma rede constante sem um centro evidente. É quase impossível desenraizá-la e extirpar as vastas redes de rizomas, e sem isso, a planta jamais é erradicada. Uma raiz do tamanho de uma unha deixada para trás pode regenerar a planta inteira. E áreas invadidas do tamanho de meio campo de futebol já foram tomadas por uma única erva daninha, um monstro rizomático gigantesco. Minha poda era inútil. Olhei por cima da cerca. Nossos brotos provavelmente eram sentinelas das plantas que estavam atrás delas, ameaçando as fugitivas sob os paralelepípedos gastos de um lado e a lona preta do outro, surgindo de todas as frestas, rachaduras ou rasgos, ou talvez até mesmo os produzindo.

Em maio, a erva japonesa já tinha se infiltrado na minha plantação e escalado metade da cerca de um metro e meio de altura. Logo depois da barreira, no terreno abandonado de um prédio em obras, a erva já tinha dominado tudo. Em junho, o quintal vizinho era uma floresta de erva daninha japonesa, os arbustos densos e da mesma altura que eu, balançando com a brisa sobre a beirada da cerca compartilhada. Sentada no quintal, eu tinha a impressão de estar na clareira de um matagal. Tinha que admitir que a erva japonesa era linda. Suas folhas verdes eram redondas e largas como a palma da minha mão. Os talos grossos, suculentos, salpicados de vermelho, davam a sensação de boa saúde. Durante aquele mês inteiro, nas caminhadas que fazia pelo bairro, eu via terrenos baldios entre edifícios transformados em utopias de ervas japonesas de cerca de arame em cerca de arame. Ponderei, com uma dose de medo, que o que eu estava vendo era só metade da ação. Que arquitetura vegetal invisível se desenrolava abaixo da superfície? Quanto tempo levaria para que os rizomas esgotassem o espaço dos terrenos aconchegantes e começassem a se enfiar nos alicerces das casas geminadas de ambos os lados das ruas?

Não há dúvidas de que a erva japonesa pode brotar na calçada depois de procurar e explorar as rachaduras nas fundações, infiltrando-se nas fissuras e alargando-as para adaptá-las às suas necessidades. Se um nicho é inacessível, ela literalmente cria um novo. O nicho por acaso vai ser aquele que acreditávamos ser impenetrável: o nicho que criamos para nós mesmos.

Mesmo um único cacho verde rompendo o concreto já aumenta nosso entendimento de que as plantas são sésseis, pisáveis, inertes. Uma coisa macia sem olhos ou boca que faz uma pressão constante contra nossos limites rígidos, a única coisa existente entre nós e a terra, e ela ainda vence a guerra? Essa ideia é incômoda para a sensação de ordem baseada na supremacia da engenhosidade humana. A possibilidade de não estarmos no comando nos passa pela cabeça. O poder é uma questão de perspectiva.

Está sob disputa quanto mal a erva japonesa é capaz de fazer, mas sabemos que suas gavinhas já atravessaram paredes, invadindo casas. No Reino Unido, a mera presença dessa erva faz com que um imóvel não possa ser hipotecado. O país tornou a declaração sobre a erva japonesa obrigatória em todos os contratos de venda, e os bancos não concedem financiamento imobiliário quando há knotweed nas terras ou a três metros da propriedade, a não ser que os donos tenham um plano de contenção, o que, levando-se em conta a quantidade de terra que precisaria ser revirada para extirpar a rede de rizomas da erva japonesa, é financeiramente inviável para a maioria das pessoas.[26]

Nos Estados Unidos, os administradores do Serviço Nacional de Parques observam, ansiosos, a erva japonesa crescer três metros em uma única estação, brotando tão rápido que herbívoros como cervos não têm a menor chance de matá-las com suas mordidas ou pisoteá-las antes que cheguem à maturidade, como fazem com inúmeras espécies nativas.[27] No Parque Nacional de Acadia, no Maine, tropas de voluntários se espalham pela floresta, cortam os caules e aplicam herbicidas nos cotos, na esperança de que eles levem essas substâncias ao rizoma, matando a planta sistematicamente.

O knotweed japonês é uma das plantas mais invasivas do mundo – ou uma das mais bem-sucedidas, do ponto de vista da planta. Ela parece vicejar em todos os continentes, exceto a Antártida. Em Nova York, o *New York Times* noticiou que atualmente existem quilômetros e mais quilômetros ininterruptos de plantas crescendo à margem do rio Bronx, do rio Hudson e de todos os cinco distritos da cidade.[28] Ela chegou para ficar e não existe incerteza quanto a isso. Seu futuro é garantido, graças à sua incrível plasticidade, à agência que exala por todas as suas pontas novas. Ela chegou pelas nossas mãos. Está apenas se saindo muito bem na tarefa de ser planta no lugar onde a colocamos.

A pesquisa de Sultan pode se provar útil para o mundo em diversos aspectos. Se entendermos como uma espécie se torna invasiva, talvez sejamos mais aptos a prever quais vão prosperar por meio da análise de sua possível plasticidade. Além do mais, sabemos que as transformações que estamos fazendo no planeta estão tão aceleradas que o desenvolvimento de muitas plantas não as acompanha. Mas, se entendermos melhor o que torna certas plantas mais plásticas do que outras, talvez possamos ajudar organismos a sobreviverem apesar das mudanças climáticas, "e de todas as outras merdas que estamos impondo a eles", diz Sultan. Já sabemos como muitas dessas mudanças vão acontecer: que alguns lugares vão ficar mais quentes e mais secos e outros mais quentes e mais úmidos. Podemos imaginar um futuro em que identificamos o genótipo mais plástico de uma espécie, por exemplo, e plantá-lo, dando uma mãozinha a uma população vulnerável.

A ideia de que as plantas têm agência está fervilhando na literatura, e é Sultan quem pilota esse barco (Simon Gilroy e Tony Trewavas também estão no leme).[29] "Agência" é uma palavra carregada de emoção. Sultan faz uma grande aposta ao usá-la. O termo evoca de imediato a existência de uma mente, de intenção e desejo. Mas ela diz que precisamos ir além. "Não se trata de intencionalidade, nem de inteligência no sentido em que a maioria das pessoas usa essa palavra. Mas é agência", ela afirma, numa clara tentativa de se afastar de qualquer um que retrate as plantas como pequenos humanos. A agência é a capacidade de um organismo de avaliar as condições em que se vê e de alterá-las para que lhe sejam mais convenientes. Sim, nós fazemos isso o tempo todo. As plantas também.

A visão mecanicista segundo a qual somos controlados apenas pelos nossos genes pré-programados não satisfaz o entendimento inato que temos sobre nós mesmos como seres que transbordam complexidades e sutilezas irredutíveis. Também somos como as plantas, absorvendo informações externas à nossa pele, à membrana que mal nos separa do mundo que habitamos. Sob a superfície de todos os organismos existe uma vitalidade que ainda não sabemos como dissecar ou reproduzir completamente. A complexidade está aumentando, não diminuindo. E não há nenhum problema. Esse deve ser o caminho mais verdadeiro. Talvez nos traga novas revelações sobre todas as vidas.

A conversa é desviada para o jardim da casa de Sultan, que fica ali perto. Ela cultiva alho, ervas e alguns vegetais, mas seus canteiros são um fiasco porque ela não consegue usar herbicidas ou arrancar muitas ervas. "Meu quintal é cheio de ervas daninhas, porque minha sensação é de que qualquer coisa que prosperar nele deve ter o direito de permanecer nele", ela explica. "Elas querem crescer. É isso o que elas fazem. Quem sou eu para viver pisoteando, batendo, arrancando todas elas do chão? Eu acho que a gente devia dar um espacinho para elas." O resultado disso é que ela diz ter vários tipos de flores silvestres não muito comuns em Connecticut hoje em dia. "Quando revira a terra e espera para ver o que vai brotar, você vê coisas que eram mais comuns antigamente."

Pergunto se alguma erva de seu jardim é invasiva. Ela para e sorri. "Tem um pedacinho de terra que é de *Polygonum cespitosum*. Acho que fui eu que pus ela ali. Ou melhor, acho que devo tê-la levado para casa na minha roupa. Então não considero muito justo me livrar dela", diz. "Mas eu não a deixo se espalhar muito. Mantenho o equilíbrio artificialmente, é verdade. É o método humano, né? A gente não consegue não mexer nas coisas."

11. Futuros vegetais

Existem limites para se dizer, com a linguagem, o que a árvore fez.
Robert Hass, "The Problem of Describing Trees", 2015

Do ponto de vista da biologia evolutiva, é lógico supor que os atos sensíveis, corporais, das plantas e das bactérias são partes do mesmo espectro de percepção e ação que culmina nos atributos mentais que mais veneramos. A "mente" talvez seja consequência da interação celular. Mente e corpo, percepção e vida são processos igualmente autorreferentes, autorreflexivos, já presentes na primeira bactéria.
Lynn Margulis e Dorion Sagan, "What Is Life?", 1995

Tony Trewavas está perto do fim de sua carreira, e o futuro, segundo sua avaliação, não é radiante. Fui à sua fazenda dos anos 1800 nos arredores de Edimburgo porque queria falar com o cientista que vinha contemplando a natureza das plantas há mais tempo do que qualquer outro, e que talvez pudesse responder a uma pergunta que não saía da minha cabeça, sobre como deveríamos pensar sobre elas. É final de setembro e o táxi que pego na cidade passa por montes secos, estéreis a não ser pela grama verde-clara rente ao chão, como se tivesse sido cortada. A entrada da casa de Trewavas, em comparação, é um oásis, com arbustos ainda florindo apesar da chegada do friozinho de outono, e que quase batem no telhado de ardósia da casa rebaixada de pedras. A visibilidade de pelo menos uma das janelas foi inteiramente entregue aos arbustos.

A essa altura já conheci muitos pesquisadores de partes específicas das plantas ou de coisas muito específicas que elas fazem. Foram fechaduras pequenas, mas cruciais, através das quais pude observar a vida vegetal. Trewavas, pelo que li, prefere uma visão mais ampla. Passa mais tempo pensando nas plantas como seres integrais, maiores que a soma de suas partes. Talvez, refleti, ele já tenha compreendido que lugar as plantas devem ocupar na nossa cabeça e que mudanças isso acarretaria na nossa forma de habitar o mundo. Trewavas tem 83 anos e trabalha como biólogo vegetal há 64, sem dúvida um dos períodos mais longos entre os pesquisadores vivos. Aposentou-se há vinte anos, mas ainda publica livros e artigos. Fez grandes descobertas no mundo da sinalização e dos hormônios vegetais, e agora é um dos maiores defensores de que se trate com rigor o conceito de inteligência vegetal.

Mas o que eu escuto quando começamos nossa conversa é que ele se tornou um pessimista inveterado em relação às pessoas. Trewavas já se desculpou com o filho adulto pelo mundo que lhe foi deixado por sua geração e as anteriores. A humanidade já mostrou seu fracasso como projeto evolutivo e escolheu o caminho da destruição generalizada. As plantas são inteligentes, ele escreveu inúmeras vezes em livros e artigos. Mas demoramos demais para reparar. Já deve ser tarde demais para que essa informação mude alguma coisa na cultura.

Ouvir isso na sala de estar dele, em um dia lúgubre de setembro, me provoca o desejo de encerrar nossa conversa. Me recuso a acreditar que seja tarde demais para alguma coisa, que dirá para o mundo ser despertado para o esplendor das plantas. Eu despertei, e não levei tanto tempo assim, no contexto geral. Mas, como acabei de chegar, não vou embora: fico e tomo o café que a esposa dele, Valerie, nos serve numa bandeja cheia de biscoitos e docinhos. Trewavas e Valerie usam roupas em tons de azul. Falam das papoulas azuis que Trewavas ama e planta junto à garagem todo ano. Elas são de um azul incrível, diz Valerie. "Como um pedacinho do céu." Começo a perceber que Trewavas não é um pessimista convicto, pelo menos não em relação a todos os grupos taxonômicos. As plantas e sua beleza ainda lhe provocam uma tremenda paixão. Ele fala em tom admirado de uma viagem que fez à Califórnia, onde viu as sequoias gigantes. "Assombro, incredulidade, um respeito incrível. Você para e olha, incapaz de assimilar", diz ele. "Assim como muitos, achei a sensação de tocar naquele monstro extraordinária."

Trewavas virou botânico porque achava insuportável matar ratos para as pesquisas em bioquímica. Quando estava começando, esperava-se que os cientistas matassem os animais a serem usados em laboratório, e muitas vezes com a força de uma régua de metal. Foi assim que Valerie e Trewavas se conheceram: ela era sua aluna, e ele se ofereceu para matar o rato dela depois de o espécime anterior morder sua mão. "Meu príncipe no cavalo branco", diz Valerie. Mas ele sempre detestou. "Tem quem não se importe, mas eu não entendo como isso é possível. É por isso que estudo as plantas", afirma Trewavas. Já ouvi essa história de vários botânicos: eles foram estudar plantas por não aguentarem a parte mais sórdida de trabalhar com animais: na maioria das vezes, o pesquisador precisava matar seus objetos de estudo.

Mas é claro que agora ele foi tomado por outra coisa: o respeito pelas plantas. Trewavas vem publicando defesas da inteligência vegetal há décadas, apesar das críticas de colegas mais conservadores. Mas, após décadas analisando plantas com um nível angustiante de detalhismo – os hormônios das plantas são de uma incrível complexidade –, ele está convicto de que nenhum grau de atenção a um único aspecto da fisiologia vegetal é capaz de contar a história inteira do que é a planta. Na década de 1970, Trewavas se deparou com *General System Theory* [Teoria do sistema geral], um livrinho fino escrito por Ludwig von Bertalanffy que resume a ideia de que a biologia na verdade é um aglomerado de sistemas ou redes, todos interligados. Ele me mostra seu exemplar surrado, que continua na prateleira mais próxima de sua mesa. Foi o nascimento da teoria das redes. As características dos organismos e populações emergiram dessas conexões, escreveu Von Bertalanffy – de inúmeras partes interagindo como uma espécie de todo. A planta é um sistema emergente, Trewavas concluiu na época. As plantas são redes. Era uma heresia pensar dessa forma naquela época, quando os biólogos se concentravam nas descobertas mecanicistas sobre partes das plantas. Pensar nelas como organismos inteiros o levou a concluir que as plantas provavelmente são inteligentes, e que a inteligência provavelmente é uma característica de todos os seres vivos.* E um cérebro, afinal, é apenas uma maneira de se construir uma rede.

* Tony: "Tudo é inteligente. Quando as pessoas dizem que não entendem, estão falando de inteligência acadêmica. Pensam que se trata do que ouviram na escola, de QI e inteligência humana. Faz muito tempo que se baseiam nisso. Conquista acadêmica não é sobrevivência. Eu não estou falando de inteligência acadêmica. Estou falando de inteligência biológica. As pessoas

Eu lhe pergunto sobre o que ele disse antes, que é tarde demais para alterarmos o rumo da humanidade, pois a ideia que as pessoas fazem das plantas teria que mudar tanto que seria impossível. Mas e se fosse possível?, sinto-me obrigada a questionar. O que mudaria? "Não sei o que aconteceria se conseguíssemos mudar o conceito das pessoas sobre as plantas", ele diz, pensativo. Fico surpresa que ele nunca tenha pensado nas implicações éticas dessa mudança, depois de tantos anos. Imagino que essa seja a essência do pessimismo: impedir a imaginação da esperança.

"Bem, a minha torcida seria para que parassem de derrubar as florestas tropicais. É uma baita falta de visão", diz Valerie.

"É, os pulmões do mundo, como dizem", afirma Trewavas, em tom sofrido. "Eu não entendo por que as pessoas são assim. É uma questão de respeito. Se a gente tivesse mais respeito pelas plantas..." Tony se cala. "A gente percebe que não é fácil ter sensibilidade no sistema em que vivemos", ele diz, por fim.

Ou talvez tenhamos um pouco de sensibilidade, embora não a coloquemos em palavras. Pode ser uma ideia simples, como a sensação de que é um sacrilégio derrubar uma árvore de quatrocentos anos para fazer um terraço — ou mesmo um pinheiro de trinta anos para fazer papel higiênico. O que foi preciso para que a árvore vivesse tantos anos, desenvolvesse milhares de folhas a cada primavera, armazenasse açúcares ao longo do inverno, transformasse luz e água em camadas e mais camadas de madeira? É difícil exagerar o drama de ser árvore ou qualquer outra planta. Todas elas são um feito inimaginável em termos de sorte e engenhosidade. Depois que entendemos isso, é impossível esquecer. Um novo bolsão moral se abre na mente.

A conversa se volta para as razões por que certos cientistas rejeitam firmemente a ideia de inteligência vegetal. É uma bobagem, diz Tony. "Na verdade, os cientistas ainda não sabem tanto assim sobre as plantas para fazer alguma declaração dogmática sobre elas." Achamos que elas sempre fazem a fotossíntese,

---

parecem não entender, por mais que eu repita. É uma bobagem porque ela não existe só nas plantas. Todo organismo da Terra age com inteligência. Quando a zebra corre do leão, seu comportamento não é inteligente? É claro que sim, é sobrevivência! E as pessoas têm dificuldade de entender isso. Mas quando um inseto morde uma folha e a planta produz um pesticida natural para espantá-lo, não é inteligência? Não tem nada de diferente. Ela não está correndo da ameaça, mas está achando um jeito de sobreviver. As pessoas não conseguem conectar as duas coisas".

ele prossegue, mas então descobrimos plantas parasitárias que agem como cogumelos e são incapazes de fazer a fotossíntese. Até as declarações mais básicas são uma areia movediça. Não existem conclusões predeterminadas. A não ser, talvez, a de que a evolução vai sempre achar um jeito de ridicularizar qualquer uma que resolvermos inventar.

Seja como for, embora conheça o tema e tenha publicado tantos textos sobre a inteligência das plantas, me espanta que Trewavas não tenha refletido muito sobre o que aconteceria na sociedade de modo geral se elas fossem aceitas como inteligentes. Imagino então que os botânicos talvez não sejam as pessoas mais indicadas para falar de ética vegetal. Faz tempo demais que a filosofia e a ciência exigem talentos muito diferentes.

No final das contas, saber se as plantas são ou não inteligentes é uma questão social, não científica. A ciência vai continuar revelando que as plantas estão fazendo mais do que imaginávamos. Mas então as pessoas vão precisar olhar os dados e tirar suas próprias conclusões. Como vamos interpretar essas novas informações? Como vamos encaixá-las nas nossas crenças sobre a vida na Terra? Essa é a parte mais empolgante. Talvez a decisão seja de que já não faz mais sentido nos apegarmos tanto a velhas crenças sobre o que as plantas são diante de tantas informações novas sobre sua natureza. Talvez passemos a vê-las como as criaturas animadas que são.

Mas o que acontece em seguida? Latente a tudo isso existe uma questão mais profunda, a mais importante delas: o que vamos fazer a partir dessas novas informações? Dois caminhos são possíveis: não fazer nada e continuar como antes ou mudar nossa relação com as plantas. Em que momento as plantas atravessarão as portas de nossa consideração? Quando tiverem uma linguagem? Quando tiverem estruturas familiares? Quando criarem amigos e inimigos, tiverem preferências, planejarem o futuro? Quando descobrirmos que têm memória? Ao que parece, elas têm todas essas características. Agora, cabe a nós decidir se vamos deixar a realidade entrar. Deixar as plantas entrarem.

Depois de anos visitando botânicos e lendo sobre botânica, meus pensamentos mais saborosos ficaram verdes. As plantas me absorveram completamente — mas é claro que a verdade é que eu sempre estive na mão delas. As plantas me criaram, afinal. Todos os músculos do meu corpo foram tecidos com os açúcares produzidos por elas a partir da umidade e do ar. As células do meu sangue, que percorrem minhas veias como a água que percorre as radículas, mantêm seu tom rubi com o oxigênio que as plantas fizeram. A estrutura ramificada de meus pulmões também está cheia delas. Todas as vezes que inspiro o ar, trata-se do ar antes expirado pelas plantas. Nesse sentido material, em termos da contribuição que deram para a minha existência física, elas são tão parentes minhas quanto qualquer familiar que eu conheça.

Agora, sempre que avisto uma gavinha atravessando uma fresta na calçada, cumprimento-a mentalmente por seu jogo de cintura. Minha sensação é de que entendo mais ou menos tudo o que a planta precisou fazer para isso — o pequeno milagre de sua germinação, o esforço de seu estiramento, a articulação das centenas, talvez milhares de raízes fininhas que neste exato momento cavoucam o mundo subterrâneo em busca de sustento. Penso nas células em cada uma de suas extremidades crescentes, prontas e preparadas para virar qualquer membro que a planta precise que sejam. O ser inteiro é uma rede sensível, decisora, que se espalha por centenas de membros, milhares de raízes. Um corpo em movimento, se adaptando em tempo real a qualquer mudança sutil, fluindo que nem água por seus arredores e observando as formas, os cheiros e as texturas de tudo.

É um gesto mínimo, esse meu reconhecimento silencioso, mas o vejo como um sinal de que alguma coisa mudou na minha vida. Passei a enxergar as plantas como criaturas. Na minha cabeça, levei-as ao âmbito da vivacidade.

Não é difícil encontrar as provas concretas da primazia das plantas, no sentido prático. O mais difícil é senti-la. Começar a incluir as plantas na nossa visão do mundo em mutação, vivo, e vê-las como indivíduos vivazes exige empenho mental. Talvez a gente consiga ter essa impressão, mas muitos de nós não têm nem um modo de ver nem as palavras para transformar a impressão em fato.

Uma linha filosófica argumenta que as plantas e outros organismos deveriam ser considerados seres conscientes, e que nossa incapacidade de reconhecer isso é uma falta de imaginação deliberada. Como seria, eles se perguntam, se todos os organismos tivessem espaço na nossa sociedade? O filósofo Bruno Latour escreveu que "a fim de alistar animais, plantas e proteínas no coletivo emergente, é preciso primeiro conceder-lhes as características sociais necessárias para sua integração".[1] Mas talvez não precisemos conceder essas "características sociais". As plantas reconhecem parentes, cooperam e brigam, mediam relações entre si e com as demais criaturas que constroem suas vidas. Talvez não se trate apenas de um exercício filosófico. Talvez as características sociais já estejam presentes. Hoje, a minha impressão é de que estão.

Outros conceberam um território que existiria além dessa divisa mental. No mundo do conto de 1974 escrito por Ursula K. Le Guin, "A autora das sementes de acácia", talvez o ano seja 2200, talvez 2300. Ocorreu um grande salto no conhecimento humano: descobriu-se que animais de todos os tipos têm linguagem, e não só linguagem, mas literatura — arte. Um novo campo da linguística surgiu para fazer sua tradução. Por meio de estudos meticulosos, therolinguistas desvendaram as sagas-túnel das minhocas, os suspenses escritos em doninha e os "textos cinéticos grupais" elaborados por bandos de cetáceos à medida que se deslocam com sua coreografia subaquática. Alguns dialetos, como o da formiga, baseado na organização de sementes, podem ganhar tradução direta para a linguagem humana. Encenar um balé coletivo parece ser a melhor forma de traduzir os significados inefáveis de Adélie Pinguim. Milhares de obras literárias de peixes se tornaram conhecidas para a humanidade, e os sapos parecem gostar bastante de escrever textos eróticos. As linguagens sempre existiram, é claro, mas uma mudança crucial ocorreu. Os seres humanos aprenderam a vê-las.

Mas o presidente da associação de terolinguística quer chamar a atenção para uma enorme omissão. Por que nenhum terolinguista tentou traduzir plantas? O que será que o pau-brasil e a abobrinha estão falando? Novas ferramentas terão de ser criadas, pois é provável que as plantas tenham orientações totalmente diferentes para o mundo. "Mas não devemos nos desesperar", escreve o presidente, em um editorial dirigido à profissão. "Lembrem-se de que até meados do século XX a maioria dos cientistas e dos artistas não acreditava que o golfinho seria um dia compreensível para o cérebro humano — ou que sua compreensão valeria a pena!" O presidente imagina um grupo de linguistas futuros rindo do atual desinteresse pela linguagem da berinjela, "enquanto pegam suas mochilas e sobem uma montanha para ler os versos recém-decifrados do líquen da face norte do pico Pikes."

Acho curioso que o conto de Le Guin tenha sido lançado quase uma década antes de David Rhoades publicar a descoberta da conversa química entre amieiros vermelhos e salgueiros sitka em Washington.* Agora sabemos que as plantas realmente falam através de substâncias químicas. Por meio da amostragem dos químicos voláteis que exalam, podemos decifrar sua condição de saúde, sua avaliação de risco em tempo real e até a qualidade do néctar que produzem. Elas se comunicam entre si e com membros de outras espécies quando necessário. Em que momento decidimos que a comunicação das plantas é uma linguagem? O que a decisão de encará-la assim faria com o nosso cérebro?

Talvez as plantas também estejam falando por movimentos, por eletricidade, ou até pelo fluxo de fluidos em seus corpos, que claramente produz cliques audíveis, embora ainda nos falte compreender isso tudo. Penso em Lilach Hadany colocando microfones em videiras e trigos. Sabemos que animais se comunicam por meio de alterações na pele, movimentos corporais, sacudidas na pelagem, gestos. Quando nos afastamos dos modos de expressão humanos, nos abrimos para outros mundos. A cada ano que passa, aprendemos mais. Talvez a linguagem da planta já exista. Talvez ainda não saibamos ouvi-la.

Pode ser que a ciência nunca chegue à conclusão absoluta de que as plantas são inteligentes, pelo menos não no sentido que a palavra adquire mais rapidamente quando chega aos nossos ouvidos. Estou começando a me perguntar quando é que isso deixa de ter relevância, dado o que sabemos sobre elas hoje em dia. "Inteligência" é uma palavra forte, talvez vinculada demais à ideia de desempenho acadêmico. Faz milênios que é usada como arma contra nossos companheiros humanos, para dividir as pessoas em hierarquias de valor e poder. Eu não gostaria de aplicar esse conceito a toda uma nova categoria de vida. Porém, ela ainda é, por definição, uma palavra que contém o embrião do que queremos dizer ao declarar alguém ágil, atento ao mundo, espontâneo, reativo, capaz de tomar decisões. Do latim *interlegere*: discernir, fazer escolhas.

Então a ciência pode se dignar ou não usá-la para falar das plantas justamente por conta das implicações sociais: os seres humanos contaminaram a

* Meio século depois de Le Guin escrever essa história, os cientistas agora parecem estar prestes a traduzir a linguagem das baleias. Ficções científicas como as de Le Guin sempre foram instrumentos para investigar a alteridade, inverter hierarquias de poder e questionar o que acreditamos saber. As plantas são o cúmulo da alteridade. Portanto, faz muito tempo que ocupam um lugar especial na ficção científica. Para saber mais sobre o tema, ver Katherine E. Bishop, David Higgins e Jerry Määttä (Orgs.), *Plants in Science Fiction: Speculative Vegetation* (Cardiff: University of Wales Press, 2020).

palavra com sua humanidade. Mas palavras são apenas símbolos. Traçam um círculo em torno de um sentimento para o qual não existe linguagem. Nesse sentido, *inteligente* talvez seja o círculo-palavra mais fechado que temos para descrever o que estamos vendo as plantas fazerem. Podemos optar por empurrá-la de volta para seu sentido mais universal, seu sentido em latim. Mas se não usar uma palavra é uma decisão social, tomada principalmente por cientistas medrosos que esperam não causar mal a ninguém, então usá-la também pode ser. Podemos correr o risco e torcer para que a compreensão venha. Podemos nos esforçar para tornar o significado claro, livre da confusão de categorias pretensamente humanas. Dar um verniz excessivamente humano à inteligência vegetal é afinal um fiasco imaginativo. As plantas são exuberantes, desconcertantes, inteligentemente elas mesmas.

A questão de quais palavras usar é tão constante que estou quase cansada dela.* No centro do debate existe a questão do antropomorfismo: o uso de termos humanos para descrever a vida vegetal. Alguns, como o ecologista Carl Safina, argumentam que esse é "o nosso melhor palpite" quanto ao que um não humano experimenta.[2] Ele atrai os sentidos a ocuparem outras perspectivas, uma espécie de ponte para a compreensão de vidas não humanas. É o que o filósofo grego Teofrasto, que cunhou o termo "cerne" para descrever a parte

* A consciência é um problema análogo. Ela não pode ser descrita ou observada em laboratório. No fim das contas, tudo se resume às definições que escolhemos usar, todas elas invenções da linguagem que, apesar de suas admiráveis tentativas, são incapazes de abranger todo o significado de se saber vivo, seres subjetivos que somos. Portanto, se a consciência é se saber vivo, as plantas a têm. Assim como as células. Se a consciência é a capacidade de ficar inconsciente, parece que as plantas também a têm. Existe inteligência sem alguma forma de consciência? Meu instinto diz que não. Talvez possamos dividir a consciência em frações e graus, que alguns seres têm mais ou menos. Um espectro de consciência. Mas então a palavra se torna insuficiente, requer outras palavras. Palavras, em última análise, não dão conta da criatividade biológica.

Estamos em um momento estranho da história do entendimento da consciência. Os robôs estão começando a soar um bocado humanos. Estamos construindo máquinas inteligentes com que podemos interagir como se fossem dotadas de consciência. A questão da consciência desses programas inanimados está em todos os noticiários. Se decidirmos que a IA de certo modo é consciente, teremos animado uma coisa inanimada. Isso indica que podemos codificar a mente. Acho essa ideia desoladora. Ela sugere um mundo mental predeterminado, acidental, e nada faz para explicar a subjetividade que sentimos existir dentro de nós, seja ela passível ou não de medição ou explicação.

interna das árvores, defendia objetivamente: "É por meio da ajuda do que é mais conhecido que devemos investigar o que é desconhecido".[3]

Fazer qualquer outra coisa rapidamente se torna ridículo. Em um artigo de 2015, a antropóloga Natasha Myers observou que os botânicos tinham tanto medo de evitar o mínimo sinal de linguagem antropomórfica que lançavam mão de formulações incríveis para descrever a vida das plantas.[4] Em vez de dizer que as plantas "estocam" amido e "mobilizam açúcares" durante a noite, eles falam sobre o "momento do dia em que ocorre a degradação do amido". A planta não "reage", "é afetada". O pecado gramatical capital da voz passiva se espalha pelos artigos de botânica. E soa horrível. Explicar os processos sem atribuir agência é muito difícil, desajeitado, impreciso.* Quando Myers perguntou a uma pesquisadora se ela achava possível fazer uma analogia entre as estruturas vegetais e o sistema nervoso humano, a pesquisadora disse que não. Ela afirmou que tentar usar a linguagem humana para plantas "rebaixa as plantas", porque "supõe que nós somos os seres supremos". Na verdade, as plantas são muito mais avançadas do que os seres humanos em uma série de aspectos. Pensemos, por exemplo, no fato incrível de produzirem substâncias químicas complexas, como a cafeína. "São habilidades que nós não temos", diz a pesquisadora. Comparar as plantas com os seres humanos é um apagamento dessas habilidades.

Mas então eu questiono: em vez de humanizar as plantas, não poderíamos vegetalizar nossa linguagem? Podemos chamar suas características de memória vegetal, linguagem vegetal, sentimento vegetal. A essência específica às plantas estaria por trás de cada palavra como um fantasma. Se as plantas são inteligentes à sua própria maneira, à maneira vegetal, talvez possamos chamá-la de inteligência vegetal. A expressão sai fácil.

Quando penso na história bem recente, em que a realização de cirurgias demonstrativas em cães vivos, sem anestesia, era a norma, fica muito claro para

* Também reparei nisso. Os artigos vivem usando uma linguagem passiva ao falar do que as plantas fazem. Mas, quando visitei cientistas em seus laboratórios ou campos, eles tinham a coragem de antropomorfizar as plantas, comentando com seus pares que tal planta "odeia isso" ou declarando que certo tratamento "as deixa felizes". Sei que esses cientistas não viam as plantas como pequenos seres humanos ao dizer isso. Mais do que ninguém, eles sabem que as plantas são algo à parte. Mentalmente, porém, eles já tinham resolvido as discrepâncias e ampliado a linguagem de forma a se adequar a essa outra categoria de seres vivos.

mim que a inclusão de plantas na nossa imaginação ética vai ter que ser uma escolha social. Médicos e cientistas achavam a vivissecção justificável porque os animais, segundo eles, não sentiam dor. Essa ideia nos soa completamente ridícula e abjetamente cruel, mas, naquela época, a ciência afirmava o contrário. A rejeição definitiva da vivissecção começou não porque os cirurgiões mudaram de ideia, mas porque a maré social, encabeçada pelas primeiras associações humanistas, se voltou contra a prática.*

Para alguns, pular para a questão ética das plantas enquanto os direitos dos animais mal são garantidos é uma distração afrontosa. Depois de ser pessoalmente repreendido por amigos e colegas dos estudos sobre animais por sugerir que talvez as plantas também sejam eticamente interessantes, Jeffrey T. Nealon se pergunta se isso não "parece funcionar como um subconjunto de uma prática antiga: tentar fechar a porta das considerações éticas logo depois de seu grupo de escolha escapar da frieza da omissão histórica".[5] É uma história sempre repetida. Mas a atenção moral não é um recurso finito.

Esse negócio de traçar uma linha entre o que merece e o que não merece nosso respeito e atenção pode parecer um exercício de absurdismo. Hoje em dia, me causa bastante dissonância cognitiva. Então o que aconteceria, eu me pergunto, se as plantas tivessem espaço na nossa sociedade? Como seria uma ética que incluísse as plantas?

Um bom lugar para começarmos a pensar nisso é a legislação. Em 1969, o Sierra Club abriu um processo para impedir a Walt Disney Company de levar adiante o plano de construir um resort de esqui em um vale glacial subalpino adjacente ao Parque Nacional da Sequoia. O resort custaria o dobro do que a Disneylândia original tinha custado, e exigiria a construção de uma estrada de trinta quilômetros que levaria 14 mil visitantes por dia ao vale. O processo chegou à Suprema Corte, que o rejeitou em 1972, alegando que o Sierra Club não era uma das partes interessadas: ele não seria prejudicado pelo resort.[6] Em

* Organizações majoritariamente femininas fundaram as primeiras associações humanistas, que defendiam os direitos dos animais. Essas mulheres apelaram ao coração e à mente de tantas pessoas que a vivissecção se tornou socialmente inaceitável. Muitas se tornaram sufragistas, defendendo o direito das mulheres ao voto, outra ideia considerada institucionalmente ridícula até as sufragistas forçarem uma mudança social no que deveria ser visto como aceitável. Aliás, existe uma relação entre o fim da vivissecção e o começo do voto feminino: à medida que o círculo de direitos é ampliado, fica difícil entender por que não deveria se ampliar cada vez mais.

seu memorável voto divergente, o ministro William O. Douglas escreve que plantas e entidades ecológicas precisam ter a possibilidade de abrir processos em sua defesa:

> Objetos inanimados às vezes são parte de um litígio. Um navio tem personalidade legal, uma ficção que se mostrou útil para fins marítimos [...]. O mesmo princípio deve valer para vales, alpes, rios, lagos, estuários, praias, cadeias montanhosas, bosques, pântanos e até para o ar que sente a pressão destrutiva da tecnologia e da vida modernas [...]. A voz do objeto inanimado, portanto, não deve ser calada.

No mesmo ano, em um ensaio intitulado "Should Trees Have Standing?" [As árvores deveriam ter direitos?], o jurista Christopher Stone reflete que talvez a ideia de direitos para plantas pareça, no momento, "impensável".[7] Mas a humanidade, ele continua, amplia direitos legais a novos grupos desde sempre. Geralmente, isso acontece depois de longos períodos excluindo esses grupos da legislação, sob a justificativa de que a exclusão é "natural". Nos Estados Unidos, direitos legais para grupos de pessoas como negros, chineses, judeus e mulheres eram considerados por muitas pessoas "impensáveis" na época em que foram concedidos. Entidades como empresas, fundações, Estados e até embarcações — "a que os tribunais ainda se referem usando o gênero feminino" — têm direitos em certos casos muito mais vastos do que esses grupos de pessoas. No entanto, juristas que testemunharam a conquista de direitos pelas empresas nos tribunais disseram que isso também era "impensável". E se empresas podem ter direitos, argumenta Stone, as árvores também precisam tê-los. O fato de algo ser impensável não é um bom pretexto.

"Estou fazendo a proposta bastante séria de concedermos direitos legais a florestas, oceanos, rios e outros assim chamados 'objetos naturais' do meio ambiente — aliás, ao ambiente natural como um todo", escreve Stone; em diferentes momentos da história, nossos "fatos" sociais, nos quais a legislação geralmente se baseia, sofreram mudanças. Criamos um "mito" coletivo sobre nós mesmos e o mundo, ele diz, que reflete as normas presentes e é santificado nas leis. Mas nossa tendência é esquecer que essas normas são invenções. "Somos propensos a imaginar que a falta de direitos das 'coisas' sem direitos é um decreto da natureza, não uma convenção jurídica que atua pela manutenção do status quo", diz o jurista. À medida que nosso conhecimento "da geofísica, da biologia e do cosmos" cresce, nosso "mito" coletivo e nossas leis também se expandem. O status quo se torna obsoleto. É hora de algo novo. De repente me pego pensando no que Stone acharia dos últimos avanços da botânica, reveladores de tantas coisas sobre as plantas que eram impensáveis duas décadas atrás. Tenho certeza de que ele concordaria ainda mais energicamente que as plantas merecem ter personalidade jurídica. Na verdade, já passou da hora.

Foi com isso em mente que observei de longe o processo movido pelo arroz-selvagem contra o estado de Minnesota.[8] O processo, de 2021, foi apresentado por um advogado do povo ojibwe da nação White Earth, representante do arroz-selvagem cultivado na costa dos pântanos do norte do Minnesota, ameaçado por um oleoduto que atravessaria seu habitat. O estado tinha dado à empresa canadense Enbridge uma licença para construir seu oleoduto sem consultar a nação indígena, que tinha o direito firmado em um tratado de cultivar arroz-selvagem na região. O grão é essencial para a vida da tribo, e todo setembro os rizicultores atravessam o baixio de canoa para fazer sua colheita.

O arroz-selvagem precisa de água cristalina em abundância para crescer. O oleoduto levaria a areia betuminosa em estado bruto do Canadá direto para o habitat do arroz e, com isso, uma grande ameaça de vazamento. Assim, o povo ojibwe da nação White Earth conferiu ao arroz personalidade jurídica, reconhecendo seu "direito inerente de existir, florescer, regenerar e se desenvolver".[9] O direito de se desenvolver! Eu nunca tinha visto uma linguagem tão biologicamente efusiva em um processo. Achei que era um momento histórico para as plantas como pessoas jurídicas. Mas o tribunal da própria tribo indeferiu o processo em 2022, por falta de jurisprudência.

Talvez a personalidade jurídica para plantas ainda esteja por vir.* Mas a personalidade vegetal é um conceito tão antigo quanto a cultura humana. Como já vimos, as filosofias originárias de todos os cantos do mundo costumam enxergar as plantas como parentes, ancestrais ou pessoas dotadas de direitos. Não é que as plantas sejam humanas, a ideia aqui é de que os humanos são apenas um tipo de pessoa, assim como os animais. Ser uma pessoa significa ter agência e vontade, além do direito de existir por conta própria. Ferir uma pessoa animal (ou vegetal) pode ser crucial para a sobrevivência de alguém,

* Enquanto isso, o povo quíchua de Sarayaku, um grupo indígena do Equador, defende que a Organização das Nações Unidas reconheça seu território na floresta amazônica como um ser consciente dotado de direitos universais.

mas é um ato que não pode ser negligenciado. Sim, é preciso se alimentar. É preciso fabricar roupas e construir casas. É preciso matar pessoas vegetais e animais para isso. É um fato da vida. Mas isso não é desculpa para a matança indiscriminada ou a destruição imprudente.

Na filosofia e na cosmologia indígenas, via de regra as plantas são literalmente parentes e ancestrais. Os maias do México atual acreditam que as primeiras pessoas foram feitas de milho. Em praticamente todas as cosmologias, plantas e pessoas descendem da mesma extensa ancestralidade ecológica. É claro que hoje entendemos essa ideia como um fato evolutivo. Sem dúvida temos um ancestral em comum com as plantas, embora ele tenha existido há muito tempo. Como seriam as coisas se esse fato nos parecesse menos distante e mais presente em nossas vidas? Todo mundo é vinculado por uma certa racionalidade, um parentesco ampliado. Se a planta é uma pessoa, tem direito à própria autonomia. O encontro com uma planta é o encontro entre dois seres. Deborah Bird Rose o chamou de um "encontro intersubjetivo".[10] Ao pensar em uma planta nesses termos, uma profunda força moral surge entre o ser humano e a planta, grudando no todo como uma teia de aranha. Não dá para ignorar, não dá para sair. Podemos chamar isso de respeito.

O respeito vem com certa responsabilidade de cuidar, de manter uma boa relação. Talvez tenhamos que aprender a enxergar a personalidade vegetal, e talvez no início isso seja difícil. Mas, depois de vê-la, a parte do cuidado dessa nova consciência vem de forma natural. Talvez você se dê conta de que respeita a autonomia das plantas não porque sabe que "deveria", mas porque sabe que deve. Porque o contrário seria violar sua própria moralidade. É uma ponte a se cruzar, a da omissão das plantas para a atenção a elas. A distância entre as duas é orientada pelo que o seu coração diz sobre o assunto.

É claro que já caminhamos demais para chegar basicamente ao mesmo lugar onde muitos já chegaram. Mas as novas revelações da botânica nos dão a oportunidade de reformular nossa visão do mundo não humano e nosso lugar nele. De repente, me ocorre que todas as lamúrias dos cientistas quanto a como denominar as plantas não passam de uma falta de fé na imaginação do público. Eles parecem achar que a coisa toda iria longe demais, que a mensagem entendida seria simplista demais, que as pessoas começariam a ver as plantas como personagens de desenhos animados ou o equivalente a semideusas minúsculas e oniscientes. Não é um medo absurdo: entendo que às vezes a mensagem compreendida é a mais simplista. Mas, como jornalista, tenho uma atenção afiada aos perigos de se eliminar nuances e complexidades devido ao medo de que o recado não seja digerível.

É essa falta de fé nos leitores que sempre causa a erosão do nível do discurso público. A falta de fé no público é uma profecia sempre fadada a se cumprir. Elimine a complexidade e então a capacidade de entender complexidades diminui cada vez mais. A meu ver, podemos confiar que as pessoas serão capazes de lidar com verdades complicadas. As plantas não são criaturas transcendentais, onipotentes. Tampouco são iguais a nós. Mas tampouco deixam de ser uma coisa ou outra. Existem elementos de realidade em ambas as imagens, e falácias também. É complicado: é preciso acolher a ambiguidade e o encanto da falta de figuras retóricas fáceis. A complexidade é a regra da natureza, afinal. Para que possamos pensar apesar disso, é necessário ocupar um espaço mental intermediário que raramente é tolerado no mundo contemporâneo, tão preocupado com narrativas lineares e entidades conhecidas.

Báyò Akómoláfé, um poeta e filósofo iorubá, escreveu sobre esse entrelugar ao contemplar o fato de que todas as criaturas na verdade são organismos compostos.[11] O estado da natureza é de uma interpenetração e mistura que desafiam categorizações simplistas. Ele ocupa o espaço do meio, tanto na realidade material do mundo como no entendimento que temos sobre ele. "O meio de que eu falo não é a metade do caminho entre dois polos: é a porosidade que zomba da ideia de divisão", escreve ele. Akómoláfé esboça nossa realidade biológica coletiva como um estado de "entrelugar brilhante" que "derrota tudo, corrói todos os limites, invade territórios demarcados e risca todas as linhas seguras". Quando leio isso, me lembro de Trewavas me contando, na sala de sua casa nos arredores de Edimburgo, que os cientistas não têm tanto conhecimento assim a respeito das plantas para fazer qualquer declaração dogmática sobre elas. Os cientistas têm um conhecimento colossal sobre as plantas. Mas talvez ainda não saibam o que é uma planta.

A descrição de Akómoláfé de um entrelugar brilhante se aplica a tudo o que aprendi sobre as plantas e sobre nós. A ideia que temos a respeito delas precisa existir em um espaço cintilante, poroso, da nossa mente. É um espaço difícil de acessar. Talvez você não o use desde a infância. É complicado existir no espaço do meio. Mas não impossível. Eu já cruzei esse portão. Tenho fé de que outras pessoas também consigam atravessá-lo.

Para alguns, trata-se de uma questão de filosofia e fé, que sempre implica um distanciamento da ciência. Mas a ciência não está se afastando de si. Na verdade, o espaço entre a ciência e o sentido ético está sendo costurado por meio de entrelaçamentos. Gavinhas finas estão formando uma ponte frágil.

O milagre de tudo isso é que o mundo inteiro poderia ser diferente. Ver as plantas como seres merecedores de direitos tornaria diferente o ato de estarmos com elas. Revolucionaria nosso sistema moral, nosso sistema jurídico e nosso modo de viver no planeta.

Um tempo depois de minha viagem à Escócia, me vi nas profundezas de uma caverna em Porto Rico. O interior da ilha é montanhoso, coberto por um matagal tão denso que só a luz verde toca o chão da floresta. Mas a selva tem muitas bocas, como estômatos na face inferior de uma folha, se você souber onde procurá-las. As bocas rochosas se abrem para o breu: são entradas de um vasto sistema de grutas debaixo da ilha, numa vasculatura de rios e ambientes subterrâneos.

Por sorte, meus amigos sabiam para onde olhar. Ramón e Omar acharam a boca que queriam e começamos a descer rumo à escuridão gélida, deixando o calor do meio-dia para trás. Passamos pelos petróglifos antigos dos tainos, entalhados nas estalactites — montes de caras redondas, lagartos e espirais —, no ponto onde ainda havia o último resquício de luz verde, e de repente estávamos no breu. Acendemos as lanternas dos capacetes. À medida que nos embrenhávamos, as raízes de cima nos seguiam. Em um ambiente cavernoso, raízes mestras da grossura do meu antebraço, lançadas pelas árvores da superfície, tinham perfurado centímetros de rochas maciças acima de nossa cabeça e emergiam naquela catedral preta, se desenrolando mais uns dez metros no ar para atingir o alvo: o rio subterrâneo que corria devagarinho e que nós margeávamos. Tanto esforço por causa de água. Aquilo me pareceu um exagero. Mas tive certeza de que havia alguma lógica nessa infiltração substancial, incompreensível aos meus olhos humanos.

Começamos a nos afastar do rio. Já fazia três ou quatro horas que estávamos andando pela caverna, às vezes rastejando para passar por frestas nos rochedos da largura de nossos quadris. Mas a penúria da escuridão total faz o tempo se expandir de uma forma estranha, e minha sensação era de que eu estava ali havia séculos, de que nunca mais veria a luz do dia. Aquele não era um lugar feito para pessoas, embora eu soubesse que as pessoas eram visitantes ocasionais ali há milênios, sua história moderna rabiscada com grafite nas paredes das grutas, assinaturas de 1914, 1939 e 1974. Insetos esquisitos também pousavam nas paredes. Um deles tem enormes patas pretas e, segundo Ramón, transporta seus ovos em bolsinhos nas costas. Quando os filhotes nascem, estouram as costas do pai, despedaçando-as. Em certo momento, vislumbrei um escorpião com a luz da lanterna. Preferi não pensar nisso.

Entramos no ambiente vizinho rastejando e nos levantamos. Na mesma hora, meu tênis mergulhou em uma musse argilosa. O cheiro do ar era bolorento e meio adocicado. Alguma coisa soltou um guincho. Centenas de morcegos frugívoros estavam dependurados de ponta-cabeça nos buracos do teto, tremendo espremidos feito os espinhos de um ouriço agitado, mas redondo, macio e fofinho. Um deles abriu as asas e as recolheu. Sua pele era tão fina que a luz da minha lanterna a atravessou. Finalmente entendi a musse. Estávamos pisando em guano de morcego.

Olhei para o mar de fezes. Centenas de pauzinhos brancos pareciam brotar dali, bem no meio da gruta, num trecho do chão logo abaixo do aglomerado trêmulo de morcegos. Os caules finos, de uns trinta centímetros e de uma brancura absoluta, eram encimados por uma única folha branca, às vezes duas, como a bandeirinha de um veleiro de brinquedo. Entendi que aquilo era obra dos morcegos: os devoradores de frutas tinham voltado para a gruta depois de uma noite de banquete na floresta e excretado sementes, provavelmente milhares delas. Morcegos frugívoros são os espalhadores de sementes mais importantes desse ecossistema. Mas as coisas só funcionam como as plantas pretendiam quando os morcegos soltam as sementes em cima da terra. Ali embaixo, elas estavam condenadas. Como não havia luz, não haveria fotossíntese. Não haveria chances de verdes revigorantes. Havia apenas a fertilidade cativante do fertilizante mais potente da terra: um leito de trinta centímetros de guano de morcego.

Aquela era uma floresta fantasma, assombrada em sua futilidade inevitável. O combustível das sementes se esgotaria, elas morreriam em breve. Por que tinham sequer se dado ao trabalho de germinar? Fiquei encasquetada. Depois de aprender tanto sobre o bom senso extremo das plantas, eu tinha a impressão de estar diante de um exemplo de burrice vegetal.

Ao mesmo tempo, eu me identificava. Olhei de novo. Estava claro que elas tinham se esforçado muito. Haviam crescido, tinham o máximo de altura e finura que seria estruturalmente possível, estavam usando toda a sua energia finita para buscar alguma réstia de luz. Só tinham dado uma ou duas folhas — flâmulas de esperança de que um fóton caísse sobre elas. A estratégia era de uma sensatez inacreditável. Eu não sabia se todas as sementes do grupo eram da mesma espécie de planta: como os morcegos tendem a comer várias frutas diferentes, era improvável que fossem. Mas todas as mudas brancas pareciam iguais. Talvez todas tivessem convergido em uma mesma forma porque era a melhor para sua sobrevivência. Elas tinham se adaptado ao máximo à situação e se empenhado em adquirir o formato mais prudente.

Isso não bastaria, mas não era essa a questão. Talvez a inteligência de qualquer tipo não seja medida pelo sucesso, mas pela abordagem. O que nós, no lugar da planta nessa situação, faríamos de diferente? Elas haviam feito o máximo para tentar sobreviver em um lugar inóspito. Fiquei comovida. Elas tentavam esticar o pescoço em direção à vida, mesmo diante de condições impossíveis.

Nossa própria humanidade está tanto nas nossas façanhas em um mundo duro e complexo quanto nas nossas limitações, fragilidades e defeitos. Não somos menos humanos por tê-los. Talvez essa característica amorfa da "inteligência vegetal" que estou tentando entender — essa vivacidade e presença que as plantas sem dúvida possuem — tenha muito a ver com as tentativas vegetais, as testagens vegetais, os fracassos vegetais. Afinal, mostramos quem somos não só nos resultados de nossas metas, mas nos caminhos que tomamos para alcançá-las. As tentativas dizem mais sobre o que há dentro de nós do que os sucessos.

Mais uma vez, não existem conclusões predeterminadas. Se há algo que aprendi, é que a criatividade biótica é nossa herança. Em vez de enxergá-la como uma marcha rumo ao fim, como eu fazia quando era uma repórter insatisfeita, agora vejo um mar infinito de mudanças. A vida acha um caminho, se tiver chance.

Mas o que acontece quando a chance é dada, ou tirada, por nós? O bem-estar de colônias vegetais mundo afora depende da atitude de seres humanos em relação a elas. Agora que percebemos plantas como indivíduos, aprendemos a vê-las segundo seus próprios termos. Talvez agora possamos desdobrar nossa admiração especial para o todo. Biologicamente, o valor delas está na função que têm como membros de uma comunidade interligada, nas interações abundantes, interespecíficas, que mantêm vivo o mundo, aquele do qual todos fazemos parte.

Uma única planta já é um prodígio. Uma colônia de plantas é a vida. É o passado e o futuro evolutivos entrelaçados em um presente turbulento em que também estamos emaranhados. É um desafio para a mente. As plantas nos dão a oportunidade de enxergar o sistema no qual vivemos.

Agradecimentos

Em uma tarde de inverno de 2018, eu estava entocada em uma mesa de canto em um pub na costa oeste da Irlanda com Sarah Grose, minha amiga mais antiga. Eram quatro e meia da tarde e já estava escuro lá fora. Eu tinha a sensação de que estava às raias de algo novo. Contei a ela que achava que queria escrever um livro. Que tivesse a ver com plantas. Foi a primeira vez que disse isso em voz alta. Sarah me falou para anotar a ideia, bem ali naquele pub, porque, segundo ela, eu iria mesmo escrevê-lo. Obrigada por sempre saber das coisas antes que eu mesma saiba.

Nos anos seguintes, muitas pessoas entraram na minha vida para dar forma a esta obra. Livros são empreitadas solitárias, no sentido puramente mecânico. Dezenas de cientistas me cederam seu tempo, alguns ao longo de anos, e vários me receberam em seus laboratórios e campos. Durante essas conversas, sempre tive a consciência de que tudo o que um cientista sabe é produto de incontáveis horas passadas no laboratório e de décadas no fogo cruzado do mundo acadêmico. E os que aparecem neste livro fizeram tudo em nome das plantas. Imagine só. Meu mais profundo agradecimento a cada um de vocês pela generosidade que tiveram comigo. Em especial, quero agradecer a Rick Karban, Liz Van Volkenburgh, Ernesto Gianoli e JC Cahill. A importância de nossa longa correspondência foi sem dúvida inestimável.

A Adam Eaglin, meu agente, que desde o início teve este livro em alta conta: como autora estreante, nunca imaginei que esse grau de apoio profissional fosse possível, que dirá que me fosse dado com uma elegância tão absoluta. Você é o herói dos escritores. Eu e todos os seus clientes temos muita sorte. Agradeço também a toda a equipe da Cheney Agency, inclusive a grandiosa Elyse Cheney, pelo apoio integral e inabalável.

Sou profundamente grata a Sarah Haugen, minha editora na Harper Books, cujos questionamentos e críticas elevaram este livro de maneira que nem consigo medir. Suas palavras de incentivo me sustentaram ao longo de todos os rascunhos. Obrigada por entender de verdade. E a Gail Winston, a primeira a acreditar neste projeto: seus conselhos iniciais e seu profundo entendimento do ofício me deram a sensação de que eu não poderia estar em melhores mãos. Obrigada por fazer com que eu me sentisse uma escritora. Obrigada a Milan Bozic pela capa perfeitamente esquisita, a Maya Baran por seus poderes publicitários, e a todos os outros membros da grande equipe da Harper, que me apoiaram desde o primeiro dia. A Emily Krieger, minha excelente verificadora de fatos: que sorte a minha ser verificada por outra pessoa do mundo das plantas.

Minha gratidão eterna às residências artísticas, que me deram a possibilidade de escrever em lugares gloriosos, vários dos quais aparecem neste livro. Todas elas me ensinaram a ouvir a paisagem e a mim mesma com mais atenção, e a levar a sério o que vem à tona. Obrigada ao Mesa Refuge em Point Reyes, na Califórnia, ao Bloedel Reserve na ilha Bainbridge, em Washington, à Strange Foundation em West Shokan, Nova York, ao Marble House Project em Dorset, Vermont, ao Folly Tree Arboretum, em Easthampton, Nova York, à Oak Spring Garden Foundation, na Virgínia, e à National Parks Arts Foundation pelo mês que passei no Parque Nacional dos Vulcões do Havaí. Agradeço sobretudo aos botânicos e ecologistas do Serviço Nacional de Parques que conheci lá: aprendi muito com vocês. Obrigada também ao Jardim Botânico Tropical Nacional na ilha de Kauai, que me concedeu uma bolsa de jornalismo ambiental através da qual pude conhecer Steve Perlman e tomar um novo caminho. A Lincoln, Cody, Laura e Farmer Bill Hill: os meses que passei na fazenda de vocês foram alguns dos mais felizes da minha vida.

A Lucy McKeon, Julia Simpson, Nadja Spiegelman e Carina del Valle Schorske, vocês todas são brilhantes tanto na criatividade como na amizade, e é uma sorte eu ser beneficiária de ambas. Obrigada pelas leituras atentas, pela orientação literária, pelas críticas afiadas e por tudo o que aprendo quando estou na companhia de vocês.

Obrigada aos meus amigos Lily Consuelo Saporta Tagiuri, Jaffer Kolb, Ryan Moritz, Nikhil Sonnad, Althea SullyCole, Suzanne Pierre, Rose Eveleth, Olivia Gerber, Annabelle Maroney, Joseph Chugg, Olaya Barr e muitos outros amigos novos e antigos pelas conversas que fertilizaram meus pensamentos nos anos em que levei adiante este projeto e muito antes dele. Sou produto do tempo que passei com todos vocês.

Obrigada à minha mãe, D, a pessoa que mais me apoia no mundo. Você sabe ver magia em tudo o que o mundo tem a oferecer. Puxei toda a minha curiosidade de mente aberta de você. Ao meu pai, Rafe, obrigada por me mostrar, quando eu era novinha, que a física e a biologia podem ser espantosas: seu encantamento com a mecânica do mundo claramente deixou uma marca em mim. Ao meu irmão, Mikolo, sua franqueza gentil e criatividade me inspiram. Eu te amo.

Obrigada a Marleen DeGrande, minha professora no ensino fundamental, que me ensinou poesia e persistência, e a transformar o pensamento em ação. Uma vez, você me disse que eu devia ser artista. Espero que isto conte.

A Anne Humanfeld e Jeff Schlanger, a quem dedico este livro: obrigada por uma vida inteira de aprendizado sobre como amar mais o mundo por meio do apreço reverente de sua beleza. Sua perspectiva sobre todas as coisas moldou a minha.

Acima de tudo, agradeço a Sarah Sax. Todo autor conhece a acidentada topografia emocional de um projeto literário. Teimo em acreditar que ninguém teve tanta sorte quanto eu ao poder voltar para o otimismo curativo e o cuidado absoluto de Sarah. Ela viveu este projeto junto comigo do começo ao fim, e o fertilizou com sua curiosidade e intelecto. Nosso interesse em comum pelo mundo natural é um prazer que sempre se renova, uma fonte alimentada por uma nascente. Muitas das ideias contidas aqui surgiram primeiro em conversas com ela. Muitas das leituras que ela me sugeriu expandiram minha mente e vieram parar nestas páginas. Sarah, você é minha primeira leitora e minha editora predileta. Nossa vida juntas é a conversa mais longa e interessante de que já tive o privilégio de participar. Com você, tudo parece possível, e há sempre algo novo virando a esquina.

Notas

1. A QUESTÃO DA CONSCIÊNCIA DAS PLANTAS [pp. 17-34]

1. Lena van Giesen et al., "Molecular Basis of Chemotactile Sensation in Octopus". *Cell*, v. 183, n. 3, pp. 594-604, 2020.

2. Jennifer Mather, "Cephalopod Tool Use", em Todd Shackelford e Vivian Weekes-Shackelford (Orgs.), *Encyclopedia of Evolutionary Psychological Science*. Nova York: Springer, 2021, pp. 948-51.

3. Roland C. Anderson et al., "Octopuses (*Enteroctopus dofleini*) Recognize Individual Humans". *Journal of Applied Animal Welfare Science*, v. 13, n. 3, pp. 261-72, 2010.

4. Fay-Wei Li et al., "Fern Genomes Elucidate Land Plant Evolution and Cyanobacterial Symbioses". *Nature Plants*, v. 4, n. 7, pp. 460-72, 2018.

5. D. Blaine Marchant et al., "Dynamic Genome Evolution in a Model Fern". *Nature Plants*, v. 8, n. 9, pp. 1038-51, 2022.

6. Thomas A. Lumpkin e Donald L. Plucknett, "Azolla: Botany, Physiology, and Use as a Green Manure". *Economic Botany*, v. 34, pp. 111-53, 1980.

7. Oliver Sacks, *Diário de Oaxaca*. Trad. de Laura Teixeira Motta. São Paulo: Companhia das Letras, 2012. pp. 95-6.

8. Arthur W. Galston e Clifford L. Slayman, "The Not-So-Secret Life of Plants: In Which the Historical and Experimental Myths about Emotional Communication between Animal and Vegetable Are Put to Rest". *American Scientist*, v. 67, n. 3, pp. 337-44, 1979.

9. María A. Crepy e Jorge J. Casal, "Photoreceptor Mediated Kin Recognition in Plants". *New Phytologist*, v. 205, n. 1, pp. 329-38, 2015.

10. Monica Gagliano et al., "Tuned In: Plant Roots Use Sound to Locate Water". *Oecologia*, v. 184, n. 1, pp. 151-60, 2017.

11. Junji Takabayashi, Marcel Dicke e Maarten A. Posthumus, "Induction of Indirect Defence against Spider-Mites in Uninfested Lima Bean Leaves". *Phytochemistry*, v. 30, n. 5, pp. 1459-62, 1991.

12. Silke Allmann e Ian T. Baldwin, "Insects Betray Themselves in Nature to Predators by Rapid Isomerization of Green Leaf Volatiles". *Science*, v. 329, n. 5995, pp. 1075-8, 2010.

13. John Orrock, Brian Connolly e Anthony Kitchen, "Induced Defences in Plants Reduce Herbivory by Increasing Cannibalism". *Nature Ecology and Evolution*, v. 1, n. 8, pp. 1205-7, 2017.

14. Bernard Berenson, *Sketch for a Self-Portrait*. Nova York: Pantheon, 1949, p. 27.

15. Lincoln Taiz et al., "Plants Neither Possess nor Require Consciousness". *Trends in Plant Science*, v. 24, n. 8, pp. 677-87, 2019.

16. Paco Calvo e Anthony Trewavas, "Physiology and the (Neuro) Biology of Plant Behavior: A Farewell to Arms". *Trends in Plant Science*, v. 25, n. 3, pp. 214-6, 2020.

17. Joseph Priestley, "To Benjamin Franklin from Joseph Priestley, 1 July 1772". Founders Online, National Archives. Disponível em: <founders.archives.gov/documents/Franklin/01-19-02-0136>.

2. COMO A CIÊNCIA MUDA DE IDEIA [pp. 35-60]

1. Donna J. Haraway, "In the Beginning Was the Word: The Genesis of Biological Theory". *Signs*, v. 6, n. 3, pp. 469-81, 1981. Disponível em: <www.jstor.org/stable/3173758>.

2. Emanuele Coccia, *The Life of Plants: A Metaphysics of Mixture*. Hoboken, NJ: John Wiley, 2019.

3. Frederick W. Spiegel, "Contemplating the First Plantae". *Science*, v. 335, n. 6070, pp. 809-10, 2012.

4. G. M. Cooper. *The Cell: A Molecular Approach*. 2. ed. Sunderland, MA: Sinauer; 2000.

5. Yinon M. Bar-On, Rob Phillips e Ron Milo. "The Biomass Distribution on Earth". *Proceedings of the National Academy of Sciences*, v. 115, n. 25, pp. 6506-11, 2018.

6. Timothy M. Lenton et al., "Earliest Land Plants Created Modern Levels of Atmospheric Oxygen". *Proceedings of the National Academy of Sciences*, v. 113, n. 35, pp. 9704-9, 2016.

7. Theresa L. Miller, *Plant Kin: A Multispecies Ethnography in Indigenous Brazil*. Austin: University of Texas Press, 2019.

8. Mary Siisip Geniusz, *Plants Have So Much to Give Us, All We Have to Do Is Ask: Anishinaabe Botanical Teachings*. Minneapolis: University of Minnesota Press, 2015, p. 21.

9. Michael Marder, *Plant-Thinking: A Philosophy of Vegetal Life*. Nova York: Columbia University Press, 2013.

10. Jane Bennett. *Vibrant Matter: A Political Ecology of Things*. Durham, NC: Duke University Press, 2010.

11. Amber D. Carpenter, "Embodied Intelligent (?) Souls: Plants in Plato's Timaeus". *Phronesis*, v. 55, n. 4, pp. 281-303, 2010.

12. Mulheres, crianças e escravos tinham almas desejantes, mas não racionais, conforme elaborou a acadêmica feminista Val Plumwood em *Feminism and the Mastery of Nature* (Nova York: Routledge, 1993), pp. 84-5, citado em Matthew Hall, *Plants as Persons: A Philosophical Botany* (Albany: Suny Press, 2011).

13. Matthew Hall, "The Roots of Disregard: Exclusion and Inclusion in Classical Greek Philosophy", em id., *Plants as Persons*, op. cit., pp. 17-36.

14. Teofrasto, *Historia plantarum*, c. 350-c. 287 a.C.

15. Teofrasto, *De causis plantarum*, 1.16.12.

16. Id., *Historia plantarum*, 1.2.7-1.2.8.

17. Ibid., 1.2.5.

18. Gary Hatfield, "Animal", em Lawrence Nolan (Org.), *The Cambridge Descartes Lexicon*. Cambridge: Cambridge University Press, 2015, pp. 19-26. Disponível em: ‹doi.org/10.1017/CBO9780511894695.010›.

19. Thomas Huxley, "On the Hypothesis that Animals are Automata, and Its History". *Nature*, v. 10, pp. 362-3=66, 1874.

20. Mohd Akmal, M. Zulkifle e A. H. Ansari, "Ibn Nafis-A Forgotten Genius in the Discovery of Pulmonary Blood Circulation". *Heart Views: The Official Journal of the Gulf Heart Association*, v. 11, n. 1, p. 26, 2010.

21. Carol Kaesuk Yoon, "Donald R. Griffin, 88, Dies; Argued Animals Can Think". *New York Times*, 14 nov. 2003.

22. Kristyn R. Vitale, Alexandra C. Behnke e Monique A. R. Udell. "Attachment Bonds between Domestic Cats and Humans". *Current Biology*, v. 29, n. 18, pp. R864-5, 2019.

23. Philip Low et al., "The Cambridge Declaration on Consciousness". Artigo apresentado na Francis Crick Memorial Conference, Cambridge, Inglaterra, 2012.

24. Lara D. LaDage et al., "Spatial Memory: Are Lizards Really Deficient?". *Biology Letters*, v. 8, n. 6, pp. 939-41, 2012.

25. Wen Wu et al., "Honeybees Can Discriminate between Monet and Picasso Paintings". *Journal of Comparative Physiology A*, v. 199, pp. 45-55, 2013.

26. Shihao Dong et al., "Social Signal Learning of the Waggle Dance in Honey Bees". *Science*, v. 379, pp. 1015-8, mar. 2023.

27. James Gorman, "Do Honeybees Feel? Scientists Are Entertaining the Idea". *New York Times*, 18 abr. 2016.

28. Bernard Barber, "Resistance by Scientists to Scientific Discovery". *American Journal of Clinical Hypnosis*, v. 5, n. 4, pp. 326-35, 1963.

29. Eric D. Brenner et al., "Plant Neurobiology: An Integrated View of Plant Signaling". *Trends in Plant Science*, v. 11, n. 8, pp. 413-9, 2006.

30. František Baluska e Stefano Mancuso, "Plants and Animals: Convergent Evolution in Action?, em František Baluska (Org.), *Plant-Environment Interactions: From Sensory Plant Biology to Active Plant Behavior*. Berlim: Springer, 2009, pp. 285-301.

31. Lincoln Taiz et al., "Plants Neither Possess nor Require Consciousness". *Trends in Plant Science*, v. 24, n. 8, pp. 677-87, 2019.

32. Michael Pollan, "The Intelligent Plant". *New Yorker*, 15 dez. 2013.

3. A PLANTA COMUNICATIVA [pp. 61-82]

1. David F. Rhoades, "Responses of Alder and Willow to Attack by Tent Caterpillars and Webworms: Evidence for Pheromonal Sensitivity of Willows", em Paul A. Hedin (Org.), *Plant Resistance to Insects*. Washington, DC: American Chemical Society, 1983, pp. 55-68.

2. Ibid., p. 3.

3. Anthony Trewavas, *Plant Behaviour and Intelligence*. Oxford: Oxford University Press, 2014, p. 48.

4. As células demonstram uma gama tão "desconcertante" de reações a uma "estupenda" variedade de estímulos que ultimamente há quem defenda que elas também devem ser capazes de aprender. Ver Sindy K. Y. Tang e Wallace F. Marshall, "Cell Learning". *Current Biology*, v. 28, n. 20, pp. R1180-4, 2018.

5. Do discurso de McClintock ao receber o Nobel: "A meta para o futuro deve ser a de determinar o nível de conhecimento que a célula tem a respeito de si mesma e como ela usa esse conhecimento de forma 'refletida' quando desafiada". Barbara McClintock, "The Significance of Responses of the Genome to Challenge". *Cell Science*, v. 226, n. 4676, pp. 792-801, 1984.

6. Alexander T. Topham et al., "Temperature Variability Is Integrated by a Spatially Embedded Decision-Making Center to Break Dormancy in *Arabidopsis* Seeds". *Proceedings of the National Academy of Sciences*, v. 114, n. 25, pp. 6629-34, 2017.

7. Richard Karban, *Plant Sensing and Communication*. Chicago: University of Chicago Press, 2015.

8. Simon V. Fowler e John H. Lawton, "Rapidly Induced Defenses and Talking Trees: The Devil's Advocate Position". *American Naturalist*, v. 126, n. 2, pp. 181-95, 1985.

9. J. White, "Flagging: Hosts Defences versus Oviposition Strategies in Periodical Cicadas (Magicicada spp., Cicadidae, Homoptera)". *Canadian Entomologist*, v. 113, n. 8, pp. 727-38, 1981.

10. Ian T. Baldwin e Jack C. Schultz, "Rapid Changes in Tree Leaf Chemistry Induced by Damage: Evidence for Communication between Plants". *Science*, v. 221, n. 4607, pp. 277-9, 1983.

11. Peter Frick-Wright, "Early Bloom". Entrevista com Jack Schultz, podcast, Public Radio Exchange, 8 ago. 2014.

12. Gian A. Nogler. "The Lesser-Known Mendel: His Experiments on *Hieracium*". *Genetics*, v. 172, n. 1, pp. 1-6, 2006.

13. Aino Kalske et al., "Insect Herbivory Selects for Volatile-Mediated Plant-Plant Communication". *Current Biology*, v. 29, n. 18, pp. 3128-33, 2019.

14. Patrick Grof-Tisza et al., "Risk of Herbivory Negatively Correlates with the Diversity of Volatile Emissions Involved in Plant Communication". *Proceedings of the Royal Society B*, v. 288, n. 1961, p. 20211790, 2021.

15. Pamela M. Fallow e Robert D. Magrath, "Eavesdropping on Other Species: Mutual Interspecific Understanding of Urgency Information in Avian Alarm Calls". *Animal Behaviour*, v. 79, n. 2, pp. 411-7, 2010. Mylene Dutour, Jean-Paul Léna e Thierry Lengagne, "Mobbing Calls: A Signal Transcending Species Boundaries". *Animal Behaviour*, v. 131, pp. 3-11, 2017.

16. Jonas Stiegler et al., "Personality Drives Activity and Space Use in a Mammalian Herbivore". *Movement Ecology*, v. 10, n. 1, pp. 1-12, 2022.

17. Xoaquín Moreira et al., "Specificity of Plant-Plant Communication for *Baccharis salicifolia* Sexes but Not Genotypes". *Ecology*, v. 99, n. 12, pp. 2731-9, 2018.

18. Richard Karban et al., "Kin Recognition Affects Plant Communication and Defence". *Proceedings of the Royal Society B*, v. 280, n. 1756, p. 20123062, 2013.

19. Justus von Liebig e Lyon Playfair, *Organic Chemistry in Its Applications to Agriculture and Physiology*. Londres: Taylor and Walton, 1840.

20. Greta Marchesi. "Justus von Liebig Makes the World: Soil Properties and Social Change in the Nineteenth Century". *Environmental Humanities*, v. 12, n. 1, pp. 205-26, 2020.

4. ATENTAS AOS SENTIMENTOS [pp. 83-107]

1. André M. Bastos et al., "Neural Effects of Propofol-Induced Unconsciousness and Its Reversal Using Thalamic Stimulation". *Elife*, v. 10, e60824, 2021.

2. A. Taylor e G. McLeod, "Basic Pharmacology of Local Anaesthetics". *BJA Education*, v. 20, n. 2, p. 34, 2020.

3. Ken Yokawa et al., "Anaesthetics Stop Diverse Plant Organ Movements, Affect Endocytic Vesicle Recycling and ROS Homeostasis, and Block Action Potentials in Venus Flytraps". *Annals of Botany*, v. 122, n. 5, pp. 747-56, 2018.

4. Thiago Paes de Barros De Luccia, "*Mimosa pudica*, *Dionaea muscipula* and anesthetics". *Plant Signaling and Behavior*, v. 7, n. 9, pp. 1163-7, 2012.

5. S. Hagihira, "Changes in the Electroencephalogram during Anaesthesia and Their Physiological Basis". *British Journal of Anaesthesia*, v. 115, supl. 1, pp. i27-i31, 2015.

6. Giulio Tononi, "An Information Integration Theory of Consciousness". *BMC Neuroscience*, v. 5, pp. 1-22, 2004.

7. Carl Zimmer, "Sizing Up Consciousness by Its Bits". *New York Times*, 20 set. 2010.

8. Gabriela Quirós, "This Pulsating Slime Mold Comes in Peace". *KQED*, 19 abr. 2016.

9. Elizabeth Gamillo, "Mushrooms May Communicate with Each Other Using Electrical Impulses". *Smithsonian Magazine*, abr. 2022.

10. Mirna Kramar e Karen Alim, "Encoding Memory in Tube Diameter Hierarchy of Living Flow Network". *Proceedings of the National Academy of Sciences*, v. 118, n. 10, e2007815118, 2021.

11. Mordecai J. Jaffe, "Thigmomorphogenesis: The Response of Plant Growth and Development to Mechanical Stimulation: With Special Reference to *Bryonia dioica*". *Planta*, v. 114, pp. 143-57, 1973.

12. Mordecai J. Jaffe, Frank W. Telewski e Paul W. Cooke, "Thigmomorphogenesis: On the Mechanical Properties of Mechanically Perturbed Bean Plants". *Physiologia Plantarum*, v. 62, n. 1, pp. 73-8, 1984.

13. Frank W. Telewski e Mordecai J. Jaffe, "Thigmomorphogenesis: Field and Laboratory Studies of *Abies fraseri* in Response to Wind or Mechanical Perturbation". *Physiologia Plantarum*, v. 66, n. 2, pp. 211-8, 1986.

14. Id., "Thigmomorphogenesis: Anatomical, Morphological and Mechanical Analysis of Genetically Different Sibs of *Pinus taeda* in Response to Mechanical Perturbation". *Physiologia Plantarum*, v. 66, n. 2, pp. 219-26, 1986.

15. Yue Xu et al., "Mitochondrial Function Modulates Touch Signalling in *Arabidopsis thaliana*". *Plant Journal*, v. 97, n. 4, pp. 623-45, 2019.

16. Lehcen Benikhlef et al., "Perception of Soft Mechanical Stress in *Arabidopsis* Leaves Activates Disease Resistance". *BMC Plant Biology*, v. 13, n. 1, pp. 1-12, 2013.

17. Patrick Geddes, *The Life and Work of Sir Jagadis C. Bose*. Londres: Longmans, Green, 1920, p. 146.

18. John Scott Burdon-Sanderson e F. J. M. Page, "I. On the Mechanical Effects and on the Electrical Disturbance Consequent on Excitation of the Leaf of *Dionaa muscipula*". *Proceedings of the Royal Society of London*, v. 25, n. 171-8, pp. 411-34, 1877.

19. J. C. Bose, *The Nervous Mechanisms of Plants*. Londres: Longmans, Green, 1926, p. 184.

20. Prakash Narain Tandon, "Jagdish Chandra Bose and Plant Neurobiology". *The Indian Journal of Medical Research*, v. 149, n. 5, pp. 593-9, 2019.

21. Jagadis Chunder Bose e Guru Prasanna Das, "Physiological and Anatomical Investigations on *Mimosa pudica*". *Proceedings of the Royal Society of London B*, v. 98, n. 690, pp. 290-312, 1925.

22. J. C. Bose, *The Nervous Mechanism of Plants*. Calcutá: Longmans, Green, 1926, p. ix.

23. Peter V. Minorsky, "American Racism and the Lost Legacy of Sir Jagadis Chandra Bose, the Father of Plant Neurobiology". *Plant Signaling and Behavior*, v. 16, n. 1, p. 1818030, 2021.

24. D. C. Wildon et al., "Electrical Signalling and Systemic Proteinase Inhibitor Induction in the Wounded Plant". *Nature*, v. 360, n. 6399, pp. 62-5, 1992.

25. Jiu Ping Ding e Barbara G. Pickard, "Mechanosensory Calcium Selective Cation Channels in Epidermal Cells". *Plant Journal*, v. 3, n. 1, pp. 83-110, 1993.

26. Bill Clinton, "Remarks by the President in State of the Union Address". Washington, DC, 1995.

27. Jennifer Böhm et al., "The Venus Flytrap *Dionaea muscipula* Counts Prey-Induced Action Potentials to Induce Sodium Uptake". *Current Biology*, v. 26, n. 3, pp. 286-95, 2016.

28. Masatsugu Toyota et al., "Glutamate Triggers Long-Distance, Calcium-Based Plant Defense Signaling". *Science*, v. 361, n. 6407, pp. 1112-5, 2018.

29. Seyed A. R. Mousavi et al., "Glutamate Receptor-Like Genes Mediate Leaf-to-Leaf Wound Signalling". *Nature*, v. 500, n. 7463, pp. 422-6, 2013.

30. Elizabeth Haswell e Ivan Baxter, "Simon Says: Captivate the Public with Snazzy Videos of Plant Defense, Send Plants to Space, and Embrace Curiosity-Driven Science". Podcast *Taproot*, temporada 3, episódio 5, 19 mar. 2019.

31. Gloria K. Muday e Heather Brown-Harding, "Nervous System-Like Signaling in Plant Defense". *Science*, v. 361, n. 6407, pp. 1068-9, 2018.

32. Sergio Miguel-Tomé e Rodolfo R. Llinás, "Broadening the Definition of a Nervous System to Better Understand the Evolution of Plants and Animals". *Plant Signaling and Behavior*, v. 16, n. 10, p. 1927562, 2021.

33. Amber Dance, "The Quest to Decipher How the Body's Cells Sense Touch". *Nature*, v. 577, n. 7789, pp. 158-61, 2020.

5. DE OUVIDO COLADO NO CHÃO [pp. 108-24]

1. Ralph Simon et al., "Floral Acoustics: Conspicuous Echoes of a Dish-Shaped Leaf Attract Bat Pollinators". *Science*, v. 333, n. 6042, pp. 631-3, 2011.

2. Dagmar von Helversen e Otto von Helversen, "Acoustic Guide in Bat-Pollinated Flower". *Nature*, v. 398, n. 6730, pp. 759-60, 1999.

3. Heidi M. Appel e Reginald B. Cocroft, "Plants Respond to Leaf Vibrations Caused by Insect Herbivore Chewing". *Oecologia*, v. 175, n. 4, pp. 1257-66, 2014.

4. Bosung Choi et al., "Positive Regulatory Role of Sound Vibration Treatment in *Arabidopsis thaliana* against *Botrytis cinerea* Infection". *Scientific Reports*, v. 7, n. 1, pp. 1-14, 2017.

5. Mi-Jeong Jeong et al., "Sound Frequencies Induce Drought Tolerance in Rice Plant". *Pakistan Journal of Botany*, v. 46, pp. 2015-20, 2014.

6. Joo Yeol Kim et al., "Sound Waves Increases the ascorbic Acid Content of Alfalfa Sprouts by Affecting the Expression of Ascorbic Acid Biosynthesis-Related Genes". *Plant Biotechnology Reports*, v. 11, pp. 355-64, 2017.

7. Id., "Sound Waves Affect the Total Flavonoid Contents in *Medicago sativa*, *Brassica oleracea* and *Raphanus sativus* Sprouts". *Journal of the Science of Food and Agriculture*, v. 100, n. 1, pp. 431-40, 2020.

8. Shaobao Liu et al., "Arabidopsis Leaf Trichomes as Acoustic Antennae". *Biophysical Journal*, v. 113, n. 9, pp. 2068-76, 2017.

9. Michelle Peiffer et al., "Plants on Early Alert: Glandular Trichomes as Sensors for Insect Herbivores". *New Phytologist*, v. 184, n. 3, pp. 644-56, 2009.

10. Marine Veits et al., "Flowers Respond to Pollinator Sound within Minutes by Increasing Nectar Sugar Concentration". *Ecology Letters*, v. 22, n. 9, pp. 1483-92, 2019.

11. Monica Gagliano et al., "Tuned In: Plant Roots Use Sound to Locate Water". *Oecologia*, v. 184, n. 1, pp. 151-60, 2017.

12. C. Bennerscheidt et al., "Unterirdische Infrastruktur — Bauteile, Bauverfahren and Schäden durch Wurzeln", em D. Dujesiefken (Org.), *Deutsche Baumpflegetage*. Augsburg, Alemanha: Haymarket, 2009, pp. 23-32. Custo ajustado aos índices de 2023.

13. Thomas B. Randrup, E. Gregory McPherson e Laurence R. Costello, "Tree Root Intrusion in Sewer Systems: Review of Extent and Costs". *Journal of Infrastructure Systems*, v. 7, n. 1, pp. 26-31, 2001.

14. Monica Gagliano, "Green Symphonies: A Call for Studies on Acoustic Communication in Plants". *Behavioral Ecology*, v. 24, n. 4, pp. 789-96, 2013.

15. Melvin T. Tyree e John S. Sperry, "Vulnerability of Xylem to Cavitation and Embolism". *Annual Review of Plant Biology*, v. 40, n. 1, pp. 19-36, 1989.

16. Itzhak Khait et al., "Sounds Emitted by Plants under Stress Are Airborne and Informative". *Cell*, v. 186, n. 7, pp. 1328-36, 2023.

17. Monica Gagliano, "Green Symphonies: A Call for Studies on Acoustic Communication in Plants", op. cit.

18. Michael Pollan, "The Intelligent Plant". *New Yorker*, 15 dez. 2013. Ver tambem: Monica Gagliano, Michael Renton, Nili Duvdevani, Matthew Timmins e Stefano Mancuso, "Acoustic and Magnetic Communication In Plants: Is It Possible?". *Plant Signaling & Behavior*, v. 7, n. 10, pp. 1346-8, 2012.

19. Leo Banks, "Scientist Has Gone to the Prairie Dogs, Finds They Talk". *Los Angeles Times*, 5 jun. 1997.

20. Toshitaka N. Suzuki, David Wheatcroft e Michael Griesser, "Experimental Evidence for Compositional Syntax in Bird Calls". *Nature Communications*, v. 7, n. 1, p. 10986, 2016.

21. Monica Gagliano et al., "Learning by Association in Plants". *Scientific Reports*, v. 6, n. 1, p. 38427, 2016.

22. Kasey Markel, "Lack of Evidence for Associative Learning in Pea Plants". *Elife*, v. 9, e57614, 2020.

23. Kristi Onzik e Monica Gagliano, "Feeling Around for the Apparatus: A Radicley Empirical Plant Science". *Catalyst: Feminism, Theory, Technoscience*, v. 8, n. 1, 2022. Disponível em: <doi.org/10.28968/cftt.v8i1.34774>.

6. O CORPO (VEGETAL) CARREGA MARCAS [pp. 125-40]

1. Hans-Jürgen Ensikat, Thorsten Geisler e Maximilian Weigend, "A First Report of Hydroxylated Apatite as Structural Biomineral in Loasaceae — Plants' Teeth against Herbivores". *Scientific Reports*, v. 6, n. 1, p. 26073, 2016.

2. Adeel Mustafa, Hans-Jürgen Ensikat e Maximilian Weigend, "Stinging Hair Morphology and Wall Biomineralization across Five Plant Families: Conserved Morphology versus Divergent Cell Wall Composition". *American Journal of Botany*, v. 105, n. 7, pp. 1109-22, 2018.

3. "A Flower that Behaves Like an Animal". Comunicado à imprensa da Freie Universität Berlin, 12 ago. 2012. Disponível em: <www.fu-berlin.de/en/presse/informationen/fup/2012/fup_12_227/index.html>.

4. Tilo Henning e Maximilian Weigend, "Total Control-Pollen Presentation and Floral Longevity in Loasaceae (Blazing Star Family) Are Modulated by Light, Temperature and Pollinator Visitation Rates". *PLoS ONE*, v. 7, n. 8, e41121, ago. 2012.

5. Moritz Mittelbach et al., "Flowers Anticipate Revisits of Pollinators by Learning from Previously Experienced Visitation Intervals". *Plant Signaling and Behavior*, v. 14, n. 6, p. 1595320, 2019.

6. Joachim Keppler, "The Common Basis of Memory and Consciousness: Understanding the Brain as a Write-Read Head Interacting with an Omnipresent Background Field". *Frontiers in Psychology*, v. 10, p. 2968, 2020.

7. Bessel Van der Kolk, *The Body Keeps the Score: Brain, Mind, and Body in the Healing of Trauma*. Nova York: Penguin, 2014.

8. Laura Ruggles, "The Minds of Plants". *Aeon*, 12 dez. 2017.

9. Michael P. M. Dicker et al., "Biomimetic Photo-Actuation: Sensing, Control and Actuation in Sun-Tracking Plants". *Bioinspiration and Biomimetics*, v. 9, n. 3, p. 036015, 2014.

10. Yuya Fukano, "Vine Tendrils Use Contact Chemoreception to Avoid Conspecific Leaves". *Proceedings of the Royal Society B*, v. 284, n. 1850, p. 20162650, 2017.

11. Roger P. Hangarter, website Plants-In-Motion. Disponível em: <plantsinmotion.bio.indiana.edu>.

12. Justin B. Runyon, Mark C. Mescher e Consuelo M. de Moraes, "Volatile Chemical Cues Guide Host Location and Host Selection by Parasitic Plants". *Science*, v. 313, n. 5795, pp. 1964-7, 2006.

13. Colleen K. Kelly, "Resource Choice in *Cuscuta europaea*". *Proceedings of the National Academy of Sciences*, v. 89, n. 24, pp. 12194-7, 1992.

14. Anthony Trewavas, "The Foundations of Plant Intelligence". *Interface Focus*, v. 7, n. 3, seção 10.3, p. 20160098, 2017.

15. Bettina Kaiseret al., "Parasitic Plants of the Genus *Cuscuta* and Their Interaction with Susceptible and Resistant Host Plants". *Frontiers in Plant Science*, v. 6, p. 45, 2015.

16. Anthony Trewavas, "Intelligence, Cognition, and Language of Green Plants". *Frontiers in Psychology*, v. 7, p. 588, 2016.

17. Ibid.

18. Robin W. Kimmerer, "White Pine", em John C. Ryan, Patrícia Vieira e Monica Gagliano (Orgs.), *The Mind of Plants: Narratives of Vegetal Intelligence*. Santa Fe, NM: Synergetic Press, 2021.

7. CONVERSAS COM ANIMAIS [pp. 141-60]

1. Donna Haraway, "Tentacular Thinking: Anthropocene, Capitalocene, Chthulucene", em id., *Staying with the Trouble: Making Kin in the Chthulucene*. Durham, NC: Duke University Press, 2016, pp. 30-57.

2. Consuelo M. de Moraes et al., "Herbivore-Infested Plants Selectively Attract Parasitoids". *Nature*, v. 393, n. 6685, pp. 570-3, 1998.

3. Foteini G. Pashalidou et al., "Bumble Bees Damage Plant Leaves and Accelerate Flower Production When Pollen Is Scarce". *Science*, v. 368, n. 6493, pp. 881-4, 2020.

4. Ariela I. Haber et al., "A Sensory Bias Overrides Learned Preferences of Bumblebees for Honest Signals in *Mimulus guttatus*". *Proceedings of the Royal Society B*, v. 288, n. 1948, p. 20210161, 2021.

5. Eric C. Yip et al., "Sensory Co-Evolution: The Sex Attractant of a Gall-Making Fly Primes Plant Defences, but Female Flies Recognize Resulting Changes in Host-Plant Quality". *Journal of Ecology*, v. 109, n. 1, pp. 99-108, 2021.

6. Tobias Lortzing et al., "Extrafloral Nectar Secretion from Wounds of *Solanum dulcamara*". *Nature Plants*, v. 2, n. 5, pp. 1-6, 2016.

7. Brigitte Fiala e Ulrich Maschwitz, "Studies on the South East Asian Ant-Plant Association *Crematogaster borneensis/Macaranga*: Adaptations of the Ant Partner". *Insectes Sociaux*, v. 37, n. 3, pp. 212-31, 1990.

8. E. Toby Kiers et al., "Host Sanctions and the Legume-Rhizobium Mutualism". *Nature*, v. 425, n. 6953, pp. 78-81, 2003.

9. Rod Peakall, "Annals of Botany Lecture". Conversa filmada, 28 jul. 2020.

10. Id., "Q&A: Rod Peakall". *Current Biology Magazine*, v. 32, n. 16, pp. R861-3, 2022. Disponível em: <www.cell.com/current-biology/pdf/S09609822(22)01129-0.pdf>.

11. Haiyang Xu et al., "Complex Sexual Deception in an Orchid Is Achieved by Co-opting Two Independent Biosynthetic Pathways for Pollinator Attraction". *Current Biology*, v. 27, n. 13, pp. 1867-77, 2017.

12. Carla Hustak e Natasha Myers, "Involutionary Momentum: Affective Ecologies and the Sciences of Plant/Insect Encounters". *differences*, v. 23, n. 3, pp. 74-118, 2012.

13. Ibid., p. 74. Elas citam Darwin: "Em nenhuma outra planta, ou, aliás, em praticamente nenhum animal, as adaptações de uma parte à outra, e do todo a outros organismos amplamente remotos na escala da natureza, se apresentam de forma mais perfeita do que nessa orquídea".

14. Charles Darwin, *A origem das espécies*, 1866.

15. Nicolas J. Vereecken e Florian P. Schiestl, "The Evolution of Imperfect Floral Mimicry". *Proceedings of the National Academy of Sciences*, v. 105, n. 21, pp. 7484-8, 2008.

16. Robin W. Kimmerer, "Asters and Goldenrod", em id., *Braiding Sweetgrass: Indigenous Wisdom, Scientific Knowledge and the Teachings of Plants*. Minneapolis: Milkweed, 2013.

17. Ferris Jabr, "How Beauty Is Making Scientists Rethink Evolution". *New York Times Magazine*, 9 jan. 2019.

18. Toshiyuki Nagata et al., "Sex Conversion in *Ginkgo biloba* (Ginkgoaceae)". *Journal of Japanese Botany*, v. 91, pp. 120-7, 2016.

19. Jarmo K. Holopainen e James D. Blande, "Molecular Plant Volatile Communication", em Carlos López-Larrea (Org.), *Sensing in Nature*. Nova York: Springer, 2012, pp. 17-31.

20. Sari J. Himanen et al., "Birch (*Betula* spp.) Leaves Adsorb and Re-release Volatiles Specific to Neighbouring Plants – A Mechanism for Associational Herbivore Resistance?". *New Phytologist*, v. 186, n. 3, pp. 722-32, 2010.

21. Jarmo K. Holopainen, Anne-Marja Nerg e James D. Blande, "Multitrophic Signalling in Polluted Atmospheres", em Ülo Niinemets e Russell K. Monson (Orgs.), *Biology, Controls and Models of Tree Volatile Organic Compound Emissions*. Dordrecht, Alemanha: Springer, 2013, pp. 285-314.

22. Gerard Farré-Armengol et al., "Ozone Degrades Floral Scent and Reduces Pollinator Attraction to Flowers". *New Phytologist*, v. 209, n. 1, pp. 152-60, 2016.

23. Amanuel Tamiru et al., "Maize Landraces Recruit Egg and Larval Parasitoids in Response to Egg Deposition by a Herbivore". *Ecology Letters*, v. 14, n. 11, pp. 1075-83, 2011.

24. Kat McGowan, "Listen to the Plants". *Slate*, 18 abr. 2014.

25. Anket Sharma et al., "Worldwide Pesticide Usage and Its Impacts on Ecosystem". *SN Applied Sciences*, v. 1, n. 11, pp. 1-16, 2019.

26. "Pesticides". U.S. Geological Survey, 2017. Disponível em: <www.usgs.gov/centers/ohio-kentucky-indiana-water-science-center/science/pesticides?qt-science_center_objects=0#overview>.

27. Wolfgang Boedeker et al., "The Global Distribution of Acute Unintentional Pesticide Poisoning: Estimations Based on a Systematic Review". *BMC Public Health*, v. 20, n. 1, pp. 1-19, 2020.

28. Fengqi Li et al., "Expression of Lima Bean Terpene Synthases in Rice Enhances Recruitment of a Beneficial Enemy of a Major Rice Pest". *Plant, Cell and Environment*, v. 41, n. 1, pp. 111-20, 2018.

29. Mirian F. F. Michereff et al., "Variability in Herbivore-Induced Defence Signalling across Different Maize Genotypes Impacts Significantly on Natural Enemy Foraging Behaviour". *Journal of Pest Science*, v. 92, pp. 723-36, 2019.

30. Janine Griffiths-Lee, Elizabeth Nicholls e Dave Goulson. "Companion Planting to Attract Pollinators Increases the Yield and Quality of Strawberry Fruit in Gardens and Allotments". *Ecological Entomology*, v. 45, n. 5, pp. 1025-34, 2020.

31. Nathan Hecht, "Berries, Bees, and Borage". Minnesota Fruit Research, University of Minnesota, 3 dez. 2018. Disponível em: <fruit.umn.edu/content/berries-bees-borage>.

8. O CIENTISTA E A TREPADEIRA CAMALEOA [pp. 161-93]

1. Charles Darwin, *The Movements and Habits of Climbing Plants*. 2. ed. Londres: John Murray, 1875.

2. Ken Yokawa, Tomoko Kagenishi e František Baluška, "Root Photomorphogenesis in Laboratory-Maintained Arabidopsis Seedlings". *Trends in Plant Science*, v. 18, n. 3, pp. 117-9, 2013.

3. Ibid.

4. Christian Burbach et al., "Photophobic Behavior of Maize Roots". *Plant Signaling and Behavior*, v. 7, n. 7, pp. 874-8, 2012.

5. J. Scott McElroy, "Vavilovian Mimicry: Nikolai Vavilov and His Little-Known Impact on Weed Science". *Weed Science*, v. 62, n. 2, pp. 207-16, 2014.

6. C. Y. Ye et al., "Genomic Evidence of Human Selection on Vavilovian Mimicry". *Nature Ecology and Evolution*, v. 3, n. 10, pp. 1474-82, 2019.

7. J. Scott McElroy, "Vavilovian Mimicry: Nikolai Vavilov and His Little-Known Impact on Weed Science", op. cit.

8. Frantisek Baluška e Stefano Mancuso, "Vision in Plants via Plant-Specific Ocelli?". *Trends in Plant Science*, v. 21, n. 9, pp. 727-30, 2016.

9. Gottlieb Haberlandt, *Die Lichtsinnesorgane der Laubblatter*. Leipzig, Alemanha: W. Engelmann, 1905.

10. Francis Darwin, "Lectures on the Physiology of Movement in Plants". *New Phytologist*, v. 5, n. 9, p. 74, nov. 1906.

11. Nils Schuergers et al., "Cyanobacteria Use Micro-Optics to Sense Light Direction". *Elife*, v. 5, e12620, 2016.

12. Jason D. Smith et al., "A Plant Parasite Uses Light Cues to Detect Differences in Host-Plant Proximity and Architecture". *Plant, Cell and Environment*, v. 44, n. 4, pp. 1142-50, 2021.

13. Inyup Paik e Enamul Huq, "Plant Photoreceptors: Multi-Functional Sensory Proteins and Their Signaling Networks". *Seminars in Cell and Developmental Biology*, v. 92, pp. 114-21, 2019.

14. María A. Crepy e Jorge J. Casal, "Photoreceptor-Mediated Kin Recognition in Plants". *New Phytologist*, v. 205, n. 1, pp. 329-38, 2015.

15. Ernesto Gianoli e Fernando Carrasco-Urra, "Leaf Mimicry in a Climbing Plant Protects Against Herbivory". *Current Biology*, v. 24, n. 9, pp. 984-7, 2014.

16. Bryan Barlow, "Cryptic Mimicry of Their Hosts — Mistletoes". Australian National Herbarium, 11 set. 2012. Disponível em: <www.anbg.gov.au/mistletoe/mimicry.html>.

17. Olga Plotnikova, Ancha Baranova e Mikhail Skoblov, "Comprehensive Analysis of Human MicroRNA-mRNA Interactome". *Frontiers in Genetics*, v. 10, p. 933, 2019.

18. Scott M. Hammond, "An Overview of MicroRNAs". *Advanced Drug Delivery Reviews*, v. 87, pp. 3-14, 2015.

19. Federico Betti et al., "Exogenous miRNAs Induce Post-Transcriptional Gene Silencing in Plants". *Nature Plants*, v. 7, n. 10, pp. 1379-88, 2021.

20. Kazuki Izawa et al., "Discovery of Ectosymbiotic Endomicrobium lineages Associated with Protists in the Gut of Stolotermitid Termites". *Environmental Microbiology Reports*, v. 9, n. 4, pp. 411-8, 2017.

21. Ernesto Gianoli et al.,"Endophytic Bacterial Communities Are Associated with Leaf Mimicry in the Vine *Boquila trifoliolata*". *Scientific Reports*, v. 11, n. 1, p. 22673, 2021.

22. Rupert Sheldrake, "Morphic Resonance and Morphic Fields — An Introduction" . Disponível em: <www.sheldrake.org/research/morphic-resonance/introduction>.

23. Zoë Schlanger, "Your Microbiome Extends in a Microbial Cloud Around You, Like an Aura". *Newsweek*, 22 set. 2015.

24. Ron Sender, Shai Fuchs e Ron Milo, "Are We Really Vastly Outnumbered? Revisiting the Ratio of Bacterial to Host Cells in Humans". *Cell*, v. 164, n. 3, pp. 337-40, 2016. Ver também James Gallagher, "More Than Half Your Body Is Not Human". *BBC News*, n. 251, 2018.

25. Jean-Christophe Simon et al., "Host-Microbiota Interactions: From Holobiont Theory to Analysis". *Microbiome*, v. 7, n. 1, pp. 1-5, 2019.

26. Bruce Weber, "Lynn Margulis, Evolution Theorist, Dies at 73". *New York Times*, 24 nov. 2011.

27. Michael W. Gray, Gertraud Burger e B. Franz Lang, "Mitochondrial Evolution". *Science*, v. 283, n. 5407, pp. 1476-81, 1999.

28. Thomas C. G. Bosch e Margaret McFall-Ngai, "Animal Development in the Microbial World: Re-Thinking the Conceptual Framework". *Current Topics in Developmental Biology*, v. 141, pp. 399-427, 2021.

29. Margaret McFall-Ngai, "Care for the Community". *Nature*, v. 445, n. 7124, p. 153, 2007.

30. Lynn Margulis e Dorion Sagan, *Microcosmos: Four Billion Years of Microbial Evolution*. Berkeley: University of California Press, 1997.

31. Id., *Acquiring Genomes: A Theory of the Origin of Species*. Nova York: Basic Books, 2008.

9. A VIDA SOCIAL DAS PLANTAS [pp. 194-214]

1. Suzanne Batra, "Nests and Social Behavior of Halictine Bees of India (Hymenoptera: Halictidae)". *Indian Journal of Entomology*, v. 28, p. 375, 1966.

2. Id., "Beyond the Honeybee". *American Scientist*, v. 110, n. 2, pp. 72-4, 2022.

3. Michael R. Warner et al., "Convergent Eusocial Evolution Is Based on a Shared Reproductive Groundplan plus Lineage-Specific Plastic Genes". *Nature Communications*, v. 10, n. 1, p. 2651, 2019.

4. K. C. Burns, Ian Hutton e Lara Shepherd, "Primitive Eusociality in a Land Plant?". *Ecology*, v. 102, n. 9, e03373, 2021.

5. Sivan Kinreich et al., "Brain-to-Brain Synchrony during Naturalistic Social Interactions". *Scientific Reports*, v. 7, n. 17060, dez. 2017.

6. Julia Sliwa, "Toward Collective Animal Neuroscience". *Science*, v. 374, n. 6566, out. 2021.

7. Caroline Szymanski et al., "Teams on the Same Wavelength Perform Better: Inter-Brain Phase Synchronization Constitutes a Neural Substrate for Social Facilitation". *Neuroimage*, v. 152, pp. 425-36, 2017.

8. Laura Astolfi et al., "Cortical Activity and Functional Hyperconnectivity by Simultaneous EEG Recordings from Interacting Couples of Professional Pilots". *Proceedings of the Annual International Conference of the IEEE Engineering in Medicine and Biology Society*. Nova York: IEEE, 2012, pp. 4752-5.

9. Yi Hu et al., "Brain-to-Brain Synchronization across Two Persons Predicts Mutual Prosociality". *Social Cognitive and Affective Neuroscience*, v. 12, n. 12, pp. 1835-44, 2017.

10. Lei Li et al., "Neural Synchronization Predicts Marital Satisfaction". *Proceedings of the National Academy of Sciences*, v. 119, n. 34, e2202515119, 2022.

11. Atiqah Azhari et al., "Physical Presence of Spouse Enhances Brain-to-Brain Synchrony in Co-Parenting Couples". *Scientific Reports*, v. 10, n. 1, pp. 1-11, 2020.

12. Susan A. Dudley e Amanda L. File, "Kin Recognition in an Annual Plant". *Biology Letters*, v. 3, n. 4, pp. 435-8, 2007.

13. Guillermo P. Murphy e Susan A. Dudley, "Kin Recognition: Competition and Cooperation in Impatiens (Balsaminaceae)". *American Journal of Botany*, v. 96, n. 11, pp. 1990-6, 2009.

14. Andy Gardner e Stuart A. West, "Inclusive Fitness: 50 Years On". *Philosophical Transactions of the Royal Society B*, v. 369, n. 1642, p. 20130356, 2014.

15. Ibid.

16. Lisa Stiffler, "Understanding Orca Culture". *Smithsonian Magazine*, ago. 2011.

17. "Baboon Social Life". Amboseli Baboon Research Project, Universidade de Princeton. Disponível em: <www.princeton.edu/~baboon/social_life.html>.

18. Emmett J. Duffy, Cheryl L. Morrison e Kenneth S. Macdonald, "Colony Defense and Behavioral Differentiation in the Eusocial Shrimp *Synalpheus regalis*". *Behavioral Ecology and Sociobiology*, v. 51, pp. 488-95, 2002.

19. Mónica López Pereira et al., "Light-Mediated Self-Organization of Sunflower Stands Increases Oil Yield in the Field". *Proceedings of the National Academy of Sciences*, v. 114, n. 30, pp. 7975-8, 20170.

20. Richard Karban et al., "Kin Recognition Affects Plant Communication and Defence". *Proceedings of the Royal Society B*, v. 280, n. 1756, p. 20123062, 2013.

21. María A. Crepy e Jorge J. Casal, "Photoreceptor Mediated Kin Recognition in Plants". *New Phytologist*, v. 205, n. 1, pp. 329-38, 2015.

22. Kazuki Tagawa e Mikio Watanabe, "Group Foraging in Carnivorous Plants: Carnivorous Plant *Drosera makinoi* (Droseraceae) Is More Effective at Trapping Larger Prey in Large Groups". *Plant Species Biology*, v. 36, n. 1, pp. 114-8, 2021.

23. Xue-Fang Yang et al., "Kin Recognition in Rice (*Oryza sativa*) Lines". *New Phytologist*, v. 220, n. 2, pp. 567-78, 2018.

24. Rubén Torices, José M. Gómez e John R. Pannell, "Kin Discrimination Allows Plants to Modify Investment towards Pollinator Attraction". *Nature Communications*, v. 9, n. 1, 2018.

25. Guillermo P. Murphy et al., "Kin Recognition, Multilevel Selection and Altruism in Crop Sustainability". *Journal of Ecology*, v. 105, n. 4, pp. 930-4, 2017.

26. Akira Yamawo e Hiromi Mukai, "Seeds Integrate Biological Information about Conspecific and Allospecific Neighbours". *Proceedings of the Royal Society B*, v. 284, n. 1857, p. 20170800, 2017.

27. Howard J. Dittmer, "A Quantitative Study of the Roots and Root Hairs of a Winter Rye Plant (*Secale cereale*)". *American Journal of Botany*, pp. 417-20, 1937.

28. Suzanne W. Simard, "Mycorrhizal Networks Facilitate Tree Communication, Learning, and Memory", em F. Baluska, M. Gagliano e G. Witzany (Orgs.), *Memory and Learning in Plants*. Nova York: Springer, 2018, pp. 191-213.

29. Merlin Sheldrake, *Entangled Life: How Fungi Make Our Worlds, Change Our Minds and Shape Our Futures*. Nova York: Random House, 2021. [Ed. bras.: *A trama da vida: Como os fungos constroem o mundo*. Trad. de Gilberto Stam. São Paulo: Fósforo, 2021.]

30. Zoë Schlanger, "Our Silent Partners". *New York Review of Books*, 7 out. 2021.

31. A. Copetta et al., "Fruit Production and Quality of Tomato Plants (*Solanum lycopersicum* L.) Are Affected by Green Compost and Arbuscular Mycorrhizal Fungi". *Plant Biosystems*, v. 145, n. 1, pp. 106-15, 2011.

32. A. Copetta, G. Lingua e G. Berta, "Effects of Three AM Fungi on Growth, Distribution of Glandular Hairs, and Essential Oil Production in *Ocimum basilicum* L. var. *Genovese*". *Mycorrhiza*, v. 16, pp. 485-94, 2006.

33. Ghada Araim et al., "Root Colonization by an Arbuscular Mycorrhizal (AM) Fungus Increases Growth and Secondary Metabolism of Purple Coneflower, *Echinacea purpurea* (L.) Moench". *Journal of Agricultural and Food Chemistry*, v. 57, n. 6, pp. 2255-8, 2009.

34. J. Arpana et al., "Symbiotic Response of Patchouli [*Pogostemon cablin* (Blanco) Benth.] to Different Arbuscular Mycorrhizal Fungi". *Advances in Environmental Biology*, v. 2, n. 1, pp. 20-4, 2008.

35. Nello Ceccarelli et al., "Mycorrhizal Colonization Impacts on Phenolic Content and Antioxidant Properties of Artichoke Leaves and Flower Heads Two Years after Field Transplant". *Plant and Soil*, v. 335, pp. 311-23, 2010.

36. Merlin Sheldrake, *Entangled Life*, op. cit.

37. E. Toby Kiers et al., "Reciprocal Rewards Stabilize Cooperation in the Mycorrhizal Symbiosis". *Science*, v. 333, n. 6044, pp. 880-2, 2011.

38. Marzena Ciszak et al., "Swarming Behavior in Plant Roots". *PLoS ONE*, v. 7, n. 1, e29759, 2012.

39. Suqin Fang et al., "Genotypic Recognition and Spatial Responses by Rice Roots". *Proceedings of the National Academy of Sciences*, v. 110, n. 7, p. 2670-5, 2013.

40. James F. Cahill Jr. e Gordon G. McNickle, "The Behavioral Ecology of Nutrient Foraging by Plants". *Annual Review of Ecology, Evolution, and Systematics*, v. 42, pp. 289-311, 2011.

41. James F. Cahill, "Introduction to the Special Issue: Beyond Traits: Integrating Behaviour into Plant Ecology and Biology". *AoB Plants*, v. 7, 2015. Ver também id., "The Inevitability of Plant Behavior". *American Journal of Botany*, v. 106, n. 7, pp. 903-5, 2019.

42. Akira Yamawo, Haruna Ohsaki e James F. Cahill Jr., "Damage to Leaf Veins Suppresses Root Foraging Precision". *American Journal of Botany*, v. 106, n. 8, pp. 1126-30, 2019.

43. Jordan Skrynka e Benjamin T. Vincent, "Hunger Increases Delay Discounting of Food and Non-Food Rewards". *Psychonomic Bulletin and Review*, v. 26, n. 5, pp. 1729-37, 2019.

44. Megan K. Ljubotina e James F. Cahill Jr., "Effects of Neighbour Location and Nutrient Distributions on Root Foraging Behaviour of the Common Sunflower". *Proceedings of the Royal Society B*, v. 286, n. 1911, p. 2019 0955, 2019.

10. HERANÇA [pp. 215-37]

1. Alex V. Popovkin et al., "*Spigelia genuflexa* (Loganiaceae), a New Geocarpic Species from the Atlantic Forest of Northeastern Bahia, Brazil". *PhytoKeys*, v. 6, p. 47, 2011.

2. "Amateur Botanists Discover a Genuflecting Plant in Brazil". Rutgers University, 18 set. 2011. Disponível em: <www.rutgers.edu/news/amateur-botanists-discover-genuflecting-plant-brazil>.

3. Elizabeth P. Lacey e David Herr, "Phenotypic Plasticity, Parental Effects, and Parental Care in Plants? I. An Examination of Spike Reflectance in *Plantago lanceolata* (Plantaginaceae)". *American Journal of Botany*, v. 92, n. 6, pp. 920-30, 2005.

4. Sonia E. Sultan, *Organism and Environment: Ecological Development, Niche Construction, and Adaptation*. Nova York: Oxford University Press, 2015, p. 88, e referências que constam do livro.

5. Anna Wied e Candace Galen, "Plant Parental Care: Conspecific Nurse Effects in *Frasera speciosa* and *Cirsium scopulorum*". *Ecology*, v. 79, n. 5, pp. 1657-68, 1998.

6. Alison G. Scoville et al., "Differential Regulation of a MYB Transcription Factor Is Correlated with Transgenerational Epigenetic Inheritance of Trichome Density in *Mimulus guttatus*". *New Phytologist*, v. 191, n. 1, pp. 251-63, 2011.

7. Anurag A. Agrawal, Christian Laforsch e Ralph Tollrian, "Transgenerational Induction of Defences in Animals and Plants". *Nature*, v. 401, n. 6748, pp. 60-3, 1999.

8. "Genomics and Its Impact on Science and Society". U.S. Department of Energy Genome Research Programs. Disponível em: ‹www.ornl.gov/sci/techresources/Human_Genome/publicat/primer2001/primer11.pdf›.

9. "Extending Evolution, an Interview with Prof. Sonia Sultan". Podcast *Naturally Speaking*, episódio 60, abr. 2018.

10. Sonia E. Sultan, Armin P. Moczek e Denis Walsh, "Bridging the Explanatory Gaps: What Can We Learn from a Biological Agency Perspective?". *BioEssays*, v. 44, n. 1, p. 2100185, 2022.

11. Sonia E. Sultan, "Plant Developmental Responses to the Environment: Eco-Devo Insights". *Current Opinion in Plant Biology*, v. 13, n. 1, pp. 96-101, 2010.

12. Jørund Sollid e Göran E. Nilsson, "Plasticity of Respiratory Structures — Adaptive Remodeling of Fish Gills Induced by Ambient Oxygen and Temperature". *Respiratory Physiology and Neurobiology*, v. 154, n. 1-2, pp. 241-51, 2006.

13. Jacob J. Herman et al., "Adaptive Transgenerational Plasticity in an Annual Plant: Grandparental and Parental Drought Stress Enhance Performance of Seedlings in Dry Soil". *Integrative and Comparative Biology*, v. 52, n. 1, pp. 77-88, jul. 2012.

14. Margaret R. Spitz et al., "Dietary Intake of Isothiocyanates: Evidence of a Joint Effect with Glutathione S-transferase Polymorphisms in Lung Cancer Risk". *Cancer Epidemiology Biomarkers and Prevention*, v. 9, n. 10, pp. 1017-20, 2000.

15. Julie E. Bauman et al., "Randomized Crossover Trial Evaluating Detoxification of Tobacco Carcinogens by Broccoli Seed and Sprout Extract in Current Smokers". *Cancers*, v. 14, n. 9, p. 2129, 2022.

16. Sonia E. Sultan, *Organism and Environment*, op. cit., p. 31.

17. Mary E. Rumpho et al., "The Making of a Photosynthetic Animal". *Journal of Experimental Biology*, v. 214, n. 2, pp. 303-11, 2011.

18. Sonia E. Sultan, *Organism and Environment*, op. cit., p. 32.

19. Emanuele Coccia, *The Life of Plants: A Metaphysics of Mixture*. Hoboken, NJ: John Wiley, 2019.

20. Zoë Schlanger, "Choking to Death in Detroit: Flint Isn't Michigan's Only Disaster". *Newsweek*, 30 mar. 2016.

21. Teri A. Manolio et al., "Finding the Missing Heritability of Complex Diseases". *Nature*, v. 461, n. 7265, pp. 747-53, 2009.

22. "Research: Current Projects". Sultan Lab, Wesleyan University. Disponível em: ‹sultanlab.research.wesleyan.edu/currentprojects›.

23. Robin Waterman e Sonia E. Sultan, "Transgenerational Effects of Parent Plant Competition on Offspring Development in Contrasting Conditions". *Ecology*, v. 102, n. 12, e03531, 2021.

24. Brennan H. Baker et al., "Transgenerational Effects of Parental Light Environment on Progeny Competitive Performance and Lifetime Fitness". *Philosophical Transactions of the Royal Society B*, v. 374, n. 1768, p. 2018 0182, 2019.

25. Peter Del Tredici, "The Introduction of Japanese Knotweed, *Reynoutria japonica*, into North America". *Journal of the Torrey Botanical Society*, v. 144, n. 4, pp. 406-16, 2017.

26. Philip Santo, "New Japanese Knotweed Standard Comes into Effect". *Property Journal*, RICS, 21 mar. 2022.

27. Sophia Cameron, "Invasive Plant Profile: Japanese Knotweed". Acadia National Park, National Park Service. Disponível em: <www.nps.gov/articles/000/japanese-knotweed-acadia.htm>.

28. David Taft, "Japanese Knotweed Is Here to Stay". *New York Times*, 6 set. 2018.

29. Sonia E. Sultan, Armin P. Moczek e Denis Walsh, "Bridging the Explanatory Gaps: What Can We Learn from a Biological Agency Perspective?", op. cit.

11. FUTUROS VEGETAIS [pp. 238-56]

1. Bruno Latour, "A Collective of Humans and Nonhumans: Following". *Readings in the Philosophy of Technology*, 2009, p. 156.

2. C. A. Safina, "Why Anthropomorphism Helps Us Understand Animals' Behavior". Medium.com, 9 set. 2016.

3. Teofrasto, *Historia plantarum*, 1.2.5.

4. Natasha Myers, "Conversations on Plant Sensing: Notes from the Field". *NatureCulture*, v. 3, pp. 35-66, 2015.

5. Jeffrey T. Nealon, *Plant Theory: Biopower and Vegetable Life*. Stanford, CA: Stanford University Press, 2015.

6. Suprema Corte dos Estados Unidos, *Sierra Club v. Morton*, 405 U.S. 727, 1972.

7. Christopher D. Stone, "Should Trees Have Standing? Toward Legal Rights for Natural Objects". *Southern California Law Review*, v. 45, p. 450, 1972.

8. *Manoomin v. Minnesota Department of Natural Resources*, caso n. GC21-0428. White Earth Band of Ojibwe Tribal Ct., 2021.

9. "Rights of Manoomin". Seção 1, "White Earth Reservation Business Committee, White Earth Band of Chippewa Indians", resolução n. 001-19-009, 31 dez. 2018.

10. Deborah Bird Rose, "Indigenous Ecologies and an Ethic of Connection", em Nicholas Low (Org.), *Global Ethics and Environment*. Londres: Routledge, 1999, p. 175.

11. Báyò Akómoláfé, "When You Meet the Monster, Anoint Its Feet". *Emergence Magazine*, 16 out. 2018.

Índice remissivo

ESTA OBRA FOI COMPOSTA PELA ABREU'S SYSTEM EM INES LIGHT
E IMPRESSA EM OFSETE PELA GRÁFICA SANTA MARTA SOBRE PAPEL PÓLEN NATURAL
DA SUZANO S.A. PARA A EDITORA SCHWARCZ EM OUTUBRO DE 2024

A marca FSC® é a garantia de que a madeira utilizada na fabricação do papel deste livro provém de florestas que foram gerenciadas de maneira ambientalmente correta, socialmente justa e economicamente viável, além de outras fontes de origem controlada.